航天科工出版基金资助出版

航天产品保证系列培训教材

型号质量管理

《型号质量管理》编写组　编著

中国宇航出版社

·北京·

图书在版编目(CIP)数据

型号质量管理/《型号质量管理》编写组编著．--

北京：中国宇航出版社，2017.1

航天产品保证系列培训教材

ISBN 978-7-5159-1265-3

Ⅰ.①型… Ⅱ.①型… Ⅲ.①航空航天工业－工业产品－产品质量－质量管理－技术培训－教材 Ⅳ.①V1

中国版本图书馆 CIP 数据核字(2016)第 325899 号

责任编辑　侯丽平

责任校对　祝延萍　　　**装帧设计**　宇星文化

出　版 发　行	**中国宇航出版社**		
社　址	北京市阜成路 8 号　　邮　编　100830	版　次	2017 年 1 月第 1 版
	(010)60286808　　　(010)68768548		2017 年 1 月第 1 次印刷
网　址	www.caphbook.com	规　格	787×1092
发行部	(010)60286888　　　(010)68371900	开　本	1/16
	(010)60286887　　　(010)60286804(传真)	印　张	19.75
零售店	读者服务部	字　数	481 千字
	(010)68371105	书　号	ISBN 978-7-5159-1265-3
承　印	北京画中画印刷有限公司	定　价	148.00 元

本书如有印装质量问题，可与发行部联系调换

航天产品保证系列培训教材
型号质量管理

编审委员会

主　任　符志民

副主任　高　原　余艳兵

委　员　（以姓氏笔画为序）

计贤春　祁东明　时国忠　李海峰　陈亚茹　金玉华

南兆彦　郝云峰　唐学清　郭苑沁　龚秋平

编写组

组　长　郝云峰

副组长　李春雪　李　兵　李战军

成　员　（以姓氏笔画为序）

于　波　王　平　王　珍　王　敏　王云燕　王文斌

乐　安　刘　颖　余国辉　吴华杰　张　文　张立明

张翔羽　李　锦　沈　枫　陈　皓　陈温成　林艳华

赵崧成　徐　营　殷　勤　梁　璇　程少明　葛　军

董金刚　鲁　扬　戴小江

前　言

　　航天产品是国家最高科学技术与工业基础的凝结，航天的质量管理更是在理念、理论、实践等各个方面代表着我国大型国有企业的管理水平。在新的历史时期，一方面以信息技术、微电子技术为代表的先进科学技术迅猛发展，为航天产品和管理工作提供了更加广阔的空间；另一方面，以航天行业为代表的整个国防科技工业在面临着深化改革和市场竞争巨大压力的同时，肩负着保障军事装备跨越式发展，保证国防产品、技术和质量持续提升的使命。

　　航天科工集团二院以落实国家《质量发展纲要》和《武器装备质量管理条例》为基础；以深化科工集团公司质量制胜战略，扎实推进"两个工程"为核心；充分发挥自身在专业技术、技术基础、质量管理等方面的优势，在航天科工二院二部、天剑学院等单位的支持和配合下，系统开展了产品保证教育培训体系策划和建设工作，初步形成了由"基础教材"、"专业手册"、"系统课件"、"培训组织"、"资质与考核"等5方面内容组成的企业级质量基础教育保障模式，并在逐步地实施和完善。

　　本书是航天科工二院在产品保证教育培训体系实施推进过程中，"基础教材"部分的重要组成内容和成果之一，适用于航天行业、国防科技工业或相似企业的质量培训和学习，也为各类相似企业、单位提高质量管理水平和工作水平提供了依据。

　　本书是《航天产品保证系列培训教材》的组成部分，系统总结了航天行业多年来质量管理工作的经验和成果，充分结合法规、标准的要求，系统地阐述了航天型号质量管理工作的有关内容，既可配合全套教材进行系统化的型号产品保证培训和教育，也可作为独立内容用于航天企业基础质量、型号质量相关的通用宣贯培训。

　　本书分为"质量基础"、"型号质量管理"、"型号质量保证"、"质量方法与质量创新"、"质量基础技术"共5篇32章以及附录，其中：

　　"质量基础"主要讲述了质量的基本理念和航天质量的基本特点，是各类人员，特别是航天新员工的质量基础培训教材，主要用于帮助各类人员初步建立航天质量的概念，形成初步的质量意识。

　　"型号质量管理"以型号过程为主线，主要讲述了航天型号产品质量管理的要求和工作内容，重点是帮助型号工程技术人员、管理人员深入了解型号质量管理工作的内容与要求，做好型号的各项质量工作。

"型号质量保证"从型号质量保证的有关专业角度，系统地梳理了型号质量所包含的可靠性、工艺、标准化和"归零"等有关专业和工作的内容与要求，重点帮助工程技术人员和专业管理人员完善工作质量，提高产品质量。

"质量方法与质量创新"重点介绍了目前航天行业实施的多项质量方法，重点推进这些方法在型号研制和生产过程、质量管理过程中的应用，进一步提升型号产品的工作质量和产品质量。

"质量基础技术"重点介绍了目前国内外主流的、航天行业有所涉及的质量基础技术和方法，供航天行业企业质量管理和型号质量管理工作借鉴吸收。

"附录"介绍了常见的质量工具原理，为希望通过质量工具提升工作水平的同志提供借鉴和参考。

在本书编写过程中，参考和摘录了国防科技工业局、708 所、中国航天工业质量协会等单位编著的诸多成熟文稿，并得到了有关专家的悉心指导，在此表示由衷的感谢。

在本书编写和出版过程中，我们得到了航天科工集团公司领导和科技质量部的指导帮助，得到了院领导和机关各部（办）、有关厂所的大力支持。我们谨向上述领导、专家及各级机关、单位表示衷心感谢。

由于编者水平所限，书中存在的不尽完善之处，恳请广大读者批评指正。

编写组

2015 年 10 月

目　　录

第1篇　质量基础

第 2 篇　型号质量管理

第 3 篇　型号质量保证

第4篇　质量方法与质量创新

第 5 篇　质量基础技术

第 1 篇
质 量 基 础

第1章　质量管理的发展及航天质量工作回顾

现代科学技术的迅猛发展，正引起经济和军事的巨大变革。未来军事的发展以高科技为特点、以高质量为标志，提高武器装备的质量已成为武器装备发展的核心。为提高武器装备的质量，除了加快技术进步外，必须进一步加深对质量管理的认知，以科学的管理推动我们的工作。

本章回顾了质量管理的发展和国防科技工业质量工作的历程，重点介绍了质量及相关概念、质量管理原则、质量管理体系、有关的法规与标准等。

1.1　质量管理的发展

随着人类社会的发展，科学管理的进步，质量管理也遵循着一定的客观规律，形成了自己的发展史。归结起来，质量管理的发展大致经历了质量检验、统计质量控制、全面质量管理三个阶段。

1.1.1　质量检验阶段（传统质量管理阶段）

第二次世界大战以前，人们对质量管理的理解还仅仅限于质量检验，即通过严格检验来控制和保证出厂或转入下道工序的产品质量。检验工作是这一阶段执行质量职能的主要内容。由谁来执行这一职能则有一个变化的过程：

1）20 世纪以前，主要是依靠操作者个人的手艺和经验来保证产品质量，产品的制造者也是产品的检验者。故有人将其称为"操作者的质量管理"。

2）20 世纪初，美国出现了以泰勒的"科学管理"为代表的管理运动，强调工长在保证质量方面的作用，工厂中设专职检验的职能工长，于是执行质量管理的责任就由操作者转移给工长，这被称为"工长的质量管理"。

3）1918—1938 年，由于公司的规模扩大，生产规模和生产批量也都相应扩大。为适应需求，这一职能又由工长转移给了专职的检验人员，多数企业还设置了专职的检验部门并直属厂长领导，负责全厂的产品检验，这又被称为"检验员的质量管理"。

这一时期的特点是"三权分立"，即：有人专职制定标准（计划）；有人负责制造（执行标准或计划）；有人专职按照标准检验产品质量。而检验的手段是各种各样的检测工具、设备以及仪器仪表（包括目测）等。为实现严把质量关，对产品进行的是百分之百的检验。

这种单纯靠检验把关的做法实质上是依靠检验从产品中剔除废品，以保证质量。这种做法在一定历史时期较好地保证了产品的质量，但是却有其固有的弱点，就是管理的效能非常差。究其原因，第一，出现质量问题容易扯皮、推诿，缺乏系统的观念，责任不明。第二，它属于"事后检验"，无法在生产过程中起到预防、控制的作用，一旦发现废品，就是"既成事实"，一般很难补救，充其量只能是"防止以后再发生"。第三，它要求对成品进行百分之百的检验，这样做既在经济上不合理（因为它增加了检验费用，并延误了出厂交货期限），从技术上考虑有时也不可能实现（例如破坏性检验）。在生产规模不断扩大和大批量生产的情况下，这一弱点暴露得更为突出。

20 世纪 20 年代前后，一些著名统计学家和质量管理专家就注意到仅靠质量检验的不足之处，并设法运用数理统计学的原理去解决这些问题。1924 年，美国电报电话公司贝尔实验室的休哈特（W. A. Shewhart）提出了控制和预防缺陷的概念。后来他应西屋电气公司的邀请，参加该公司所属霍桑工厂关于加强与改善质量检验工作的调查研究工作，在这里，他提出了用数理统计中正态分布"6σ"的方法来预防废品，把控制图即预防缺陷法应用到工厂中去。根据测定的产品质量特性值绘制出质量控制图，不仅能了解产品或零部件的质量状况，而且能敏捷地发现问题，大大降低不合格品率，从而使生产处于受控状态。1931 年，休哈特的《工业产品质量的经济控制》一书问世。与此同时，贝尔实验室成立一个检验工程小组，成员有休哈特、G·D·爱德华兹、D·A·柯勒斯、H·E·道奇，以及 H·G·罗米格、戴明等人，他们成了最早系统地把数理统计方法引入质量管理的先驱，他们的研究成果为产品质量管理奠定了科学基础。但是由于 30 年代资本主义国家发生严重经济危机，而运用数理统计方法需要增加大量的计算工作，因此这些理论与方法并没有被普遍接受。据统计，第二次世界大战以前，全美国只有十家公司接受并实际运用了休哈特等人的理论和方法。可以认为，他们的理论和方法仅为后两个阶段作了理论准备。传统质量管理阶段一直延续到 20 世纪 40 年代。

1.1.2　统计质量控制阶段

第二次世界大战爆发后，由于军需品需求的带动，相关产品批量生产规模越来越大，此时质量检验工作立刻显现出不适应，检验成了生产中最薄弱的环节——质量无法事先控制，且检验的工作量大，使交货期常常延误，直接影响了对前线的军需供应。为解决这些实际问题，美国政府和国防部组织一批数理统计专家制定了战时国防标准，即：

- ANSI/ASQCZ 1.1《质量控制指南》；
- ANSI/ASQCZ 1.2《数据分析用的控制图法》；
- ANSI/ASQCZ 1.3《生产中质量管理用的控制图法》。

这三个标准实际上是以休哈特的质量控制图为基础，使抽样检验和预防缺陷都得以标准化。为贯彻这些标准，美国国防部强令有关公司严格执行，陆海军采购署要求在所有采购合同中都要包含有关质量管理方面的条款，否则不予审批订货。由于这三项标准的贯彻，扭转了军需品的生产局面，检验人员减少了，生产企业既保证了产品的质量，又保证了交货期。这种质量控制是利用数理统计原理来进行的，所以称为统计质量控制。

由于实施统计质量控制大见成效，同时也给公司带来了巨额利润，战后，许多公司转民用产品生产时继续采取这种做法，50 年代初期达到高峰。在联合国教科文组织的赞助下，通过国际统计学会等一些国际性组织的努力，战后很多国家，如日本、墨西哥、印度、挪威、瑞典、丹麦、西德、荷兰、比利时、法国、意大利以及英国等都积极开展统计质量控制活动，并取得了成效。

这一阶段质量管理的手段是利用数理统计原理，预防产生废品并检验产品的质量，质量管理的职能在方式上由专职检验人员转移给专业的质量控制工程师和技术人员承担。这标志着将事后检验的观念改变为预测质量问题的发生并事先加以预防的观念。

但是，在这个阶段，由于过分强调质量控制的统计方法，忽视了其组织管理工作，使得人们误认为"质量管理就是统计方法"，而数理统计方法理论深奥，所以"质量管理是统计学家的事"，这在一定程度上限制了质量管理统计方法的普及和推广。

1.1.3　全面质量管理阶段

（1）全面质量管理的产生

20 世纪 50 年代以来，生产力迅速发展，科学技术日新月异，社会经济、文化等各方面进步很快，出现了许多新情况：

1）人们对产品质量的要求越来越高。过去，对产品的要求多注重于性能，现在，又增加了耐用性、可靠性、安全性以及经济性等要求。

2）在生产技术和企业管理活动中广泛应用了系统分析的概念，要求用系统的观点分析研究质量问题，把质量管理看成是处于较大系统（如企业管理，甚至整个社会）中的一个子系统。

3）管理理论又有了一些新发展，其中突出的一点就是"重视人的因素"，强调要依靠员工搞好管理，而质量管理也不例外。

4）"保护消费者利益"运动兴起。20 世纪 60 年代初，广大消费者以及中小企业主在大公司垄断控制市场的情况下，为了保护自己的利益，纷纷组织起来同垄断组织抗争。

5）随着市场的竞争，尤其是国际市场竞争的加剧，各国企业都很重视"产品责任"和质量保证问题。

由于出现了上述种种新情况，显然仅仅依靠质量检验和运用统计方法是很难满足要求的。同时，把质量职能完全交给专业的质量控制工程师和技术人员，显然也是不妥的。因此，在 20 世代 50 年代，许多企业就有了全面质量管理的实践。

最早提出全面质量管理（Total Quality Control，TQC）概念的是美国通用电气公司质量总经理、美国质量管理专家菲根堡姆博士（Armand V. Feigenbaun）。1961 年，他出版了一本著作《全面质量管理》，该书强调执行质量职能是公司全体人员的责任，应该使全体人员都具有质量的概念和承担质量的责任。要解决质量问题不能仅限于产品制造过程，在产品质量产生、形成、实现的全过程中都需要进行质量管理，同时解决问题的方法手段也应该是多种多样的，不仅限于检验和数理统计方法。他指出："全面质量管理是为了能够在最经济的水平上并考虑到充分满足用户要求的条件下进行市场研究、设计、生产和服务，把企业各部门的研制质量、维持质量和提高质量的活动构成一体的有效体系。"这里强调了：

    1）质量的经济性和用户要求的满足；

    2）开发、设计、生产和服务的全过程；

    3）研制质量、维持质量和提高质量相结合的质量管理活动；

    4）要形成有效的体系。

    （2）日本的全面质量管理

菲根堡姆的全面质量管理概念逐步被世界许多国家所接受，各国结合本国的国情发展了全面质量管理并在实践中取得了丰硕的成果。特别是日本，TQC 取得了巨大成功。日本质量管理的奠基人石川馨博士把日本式的 TQC 称为"全公司性质量管理"（Company - Wide Quality Control，CWQC），并在他的著作《日本的质量管理》中，对 CWQC 的内容作了以下几点描述：

    1）所有部门参加的质量管理——就是企业所有部门的人都学习、参与和实施质量管理。

    2）全员参加的质量管理——就是企业的经理、处科长、职能人员、工班长、操作人员、销售人员等全体人员都参加、实施质量管理，并且还扩展到外协、流通机构等全员参与质量管理。

    3）综合性的质量管理——把质量管理作为中心来进行，同时还要推进成本管理（利润管理、价格管理）、数量管理（产量、销售量、库存量）、交货期管理。这基于开发、生产、销售让消费者满意的产品的质量管理基本思想。就是说，经营必须综合地进行，不能把质量管理、成本（利润）管理、数量（交货期）管理割裂开来，要以质量管理为中心进行经营。

日本实施 CWQC 的结果，使许多日本产品以世界第一的质量出口到了世界各地，其管理方法也被世界各国所关注。

    （3）我国的质量管理及全面质量管理

    • 1978 年，北京内燃机总厂引进了由日本小松制作所的专家讲授的全面质量管理。

    • 1979 年 8 月 31 日，中国质量管理协会成立。

    • 1980 年，财经委颁发了《工业企业全面质量管理暂行办法》。

    • 1992 年 7 月，我国决定等同采用 ISO 9000 标准，并于 1993 年正式发布 GB/T 19000—ISO 9000 标准。

    • 1993 年 9 月 1 日，正式实施《中华人民共和国产品质量法》。

    • 1996 年 4 月，成立了中国质量体系认证机构——国家认可委员会（CNACR）。

    • 1996 年 12 月 24 日，国务院发布了印发《质量振兴纲要（1996—2010 年）》的通知。

我国于 1978 年从日本引入了全面质量管理，大体经过了试点、普及推广和深化提高三个阶段。概括起来，中国特色的全面质量管理的基本思想如下：

1）为用户服务的思想。企业要千方百计地满足用户的需求，"质量第一，用户至上"应作为企业的座右铭。在企业内部，各部门、各工序之间的关系也应看成是生产者与消费者间的关系，不符合质量要求的零部件不送到下一道工序。

2）预防为主的思想。把产品质量管理的重点，从事后检验转移到事先预防上来，把不合格品消灭在产品质量形成的过程中。

3）一切用数据说话的思想。要用数理统计的方法大量收集和整理数据，分析问题和提出问题，在制定质量措施计划时，都要拿出具体的数据，做到定量管理。

4）发动群众参与管理的思想。广泛开展群众性的 QC 小组活动和各种形式的质量管理活动，使质量第一的思想深入人心，人人都关心和参加质量管理活动。

我国全面质量管理的特点是：

1）对全面质量的管理。不仅要管理产品的质量，还要管理过程质量、工作质量，用工作质量来保证过程质量，从而保证产品质量。

2）全过程的管理。从产品的设计、制造、销售直到使用服务的全过程，都要进行管理。

3）全员参加的管理。企业中的每个人、每个部门都与企业的产品质量有关。

应该看到，我国推行 TQC 取得了显著的成效，但也不能否认，在这一过程中还存在着一些问题，需要在以后的工作中改进。

1.1.4　质量管理的社会化和绩效化发展

在企业实施全面质量管理的推动下，质量管理工作已经成为社会的主要议题之一，许多国家的政府也开始将全面质量管理加工、改造、运用于公共部门（政府）管理，政府全面质量管理登上历史舞台。美国率先掀起了政府全面质量管理运动。1988 年由质量改进总统政务会建立了联邦政府质量学院，出版了《联邦总体质量管理手册》，以顾客的满意度为评判标准，设立了美国联邦政府质量管理的标准体系。1993 年克林顿还签署了《政府绩效与结果法案》（Government Performance and Results Act），将质量标准、顾客服务标准、效率标准、效果标准和产出标准作为绩效标准。

为了推动质量管理工作不断发展，许多国家设立了质量奖，引导和帮助企业提高竞争力，从而更好地满足顾客的要求。目前，世界上已有 50 多个国家和地区设立了质量奖，并制定了一系列的卓越绩效模式标准作为质量奖的评价依据。最为著名的有美国的波多里奇国家质量奖标准和欧洲质量管理基金标准（European Foundation for Quality Management，EFQM）。在 2004 年，我国质检总局发布了《卓越绩效评价准则》国家标准及实施指南，它主要参照美国波多里奇国家质量奖标准，从 2005 年起该标准就作为我国质量管理奖评审标准。卓越绩效标准引导企业追求的"质量"，不仅限于产品和服务的质量，而且是整个企业的经营质量。与"六西格玛"和 ISO 9000 标准所不同的是，采用波多里奇卓越绩效标准的组织真正获得了一个全面衡量自己的组织绩效体系。一些研究表明，波多里奇质量奖的获得者具有很强的财务业绩，也就是说该质量项目会为在改善质量方面投资的公司带来更多的市场价值。

我国质量强国（省、市）战略的实施，极大触发了以波多里奇质量奖（MBNQA）为代表的质量管理实践的实施与导入。截至 2014 年，已有来自香港在内的 30 个省、自治区、直辖市和特别行政区的企业参与全国质量奖。

数据表明，我国以卓越绩效模式为代表的质量管理实践正蓬勃兴起与快速扩散。企业质量管理实践已然不是偶发性地点缀于公司运营中，而是逐渐渗透到企业的市场定位、日常经营、绩效考核等目标行动中，并与企业的文化、战略和产品制造相结合。

1.2　国防科技工业质量管理工作回顾

我国国防科技工业质量管理工作基本上遵循着质量管理发展的客观规律，并伴随着国防科技工业的发展形成了自己的发展历史，既有丰富的实践经验，也有需汲取的惨痛教训，可供我们在以后的工作中借鉴。

1.2.1　从检验把关起步

国防科技工业质量管理工作起步于新中国成立以前的革命根据地。革命根据地的军工企业刚刚开始时，虽然没有专设的检验机构，但对铸造、锻造、机械加工零件，除工人自检及班组长抽检外，每个工序都有专人负责检验，严格把关。1940 年 4 月，彭德怀副总司令指示工厂要实行企业管理，各工厂制定了包括检验制度在内的各项管理制度。在军工检验制度中，规定了产品质量检验工作由厂长、所长直接领导，军工部的检验工作由工程科负责，各厂、所的检验工作由工务机关担任，晋察冀的兵工厂还制定和实施了产品质量个人负责制。1947 年，在兵工厂产生了专职检验机构——质量检验组，并在修订的检验制度中规定要挑选政治条件好、责任心强、细心、耐心、肯钻研、技术水平高的同志担任检验员，对产品质量严格检查，可修品立即返修，不可修的坚决报废，及时反映与纠正各种偏向。之后，又专项制定了质量检验组办事细则，对木型、毛坯、半成品和成品以及修配品、特殊工具等的检验，废次品的处理等都作了详尽而明确的规定。为了进一步调动检验人员的积极性，提高检验工作质量，1949 年 5 月，制定颁发了《完成监督与检验包工办法》，规定检验部门的职工在计件工资以外，增加了"质量奖"、"检查奖"等几种办法来保证产品质量。这一办法的制定和实施，对提高检验工作质量，保证产品质量，起到了积极的促进作用。

新中国建立以后，随着形势的变化和抗美援朝战争的爆发，武器的生产任务大量增加，产品的复杂程度也随之增大，现行的质量检验工作已不能满足要求，主要表现在以下两个方面：一是检验机构不健全，有些还没有完全独立。据对当时兵器工业 29 个工厂的统计，有 21 个厂建立了质量检验机构，其中只有 5 个厂的检验组织直属厂长领导，还有 8 个厂没有建立检验机构。二是检验制度不完善，检验人员的职责不够明确，检验人员素质不高，有的还不能独立掌握质量标准和行使把关职能，加之产品型号杂乱，式样落后，规格不一，因而使产品质量得不到保证。1951 年 4 月，在中央人民政府颁发的《兵工总局组织条例（草案）》中要求：各局、各区、各工厂都要建立检验机构，使技术检验监督工作具有法定的执行单位；中央军委和政务院颁发的《关于航空工业建设的决定》中专门写了一条"为提高产品质量，航空工业局和空军司令部应分别成立检验机构和验收机构"。1950—1952 年，各军工企业都先后建立了独立的检验机构，在采用苏联的管理模式和工作经验的基础上，制定了相应的管理制度。1953 年原第二机械工业部设立了质量检查司，先后制定了《检验科工作条例》、《新产品试制条例》等法规性文件，1954 年原航空工业局下达了"严格执行十二条检验工作技术条令"的命令，这些文件和技术条令的建立和贯彻，大大改变了质量管理无章可循的局面。在此基础上建立起来的检验工作制度开始从控制最终成品质量延伸到生产过程的控制，严格了质量责任制。

从试制制式产品开始，国防科技工业逐步形成了质量技术监督制度。1952 年 5 月，中央决定试制第一批陆军制式武器（其中多数是苏联制式产品）。在试制生产中，检验部门派员参加试制委员会，参与各项试验和研究分析，提出控制质量方案和预防措施，协助拟定各项技术规程，并对工艺装备、加工设备和生产环境等进行监督，试行了"质量事故分析通知书"，对废品进行严格管理等，保证了制式产品试制生产的顺利进行。从 1954 年开始，国防科技工业企业逐步加强了标准化和计量、理化等各项技术基础工作，到 1957 年，各企业已建立起从生产准备、原材料投入到产品出厂的一整套技术检验监督制度，初步形成了技术检验监督的工作体系。

1.2.2　质量工作的起伏

1958 年，我国开始了"大跃进"运动，质量工作受到了严重冲击。质量检验被认为是不相信群众，对群众实行"管、卡、压"的手段，因而取消了对质量检验工作统一负责的总检验师职务，检验机构下放到车间甚至工段、班组，原来行之有效的"首检三检"、"工序检验"由工人自己承担，许多技术管理和检验工作的制度或明令废除或名存实亡，其结果是产品质量严重下降，质量事故屡有发生，给国家造成了巨大的损失。在"大跃进"群众运动中，航空工业领导机关迫于当时的主、客观形势，向所属企事业单位发出了不要再提"质量第一"的口号的通知。到了 1960 年，大批飞机、发动机、仪表、电器、附件都发生了质量问题，空、海军部队连续发生了由于制造质量而造成的飞行事故，厂内的大量返修排故实际上已导致生产瘫痪，用户失去了信任感和安全感。

在问题成堆，多生产就意味着多浪费，可能造成更大损失的形势下，国防工业系统开始进行整顿。1960 年 12 月，中央军委主持召开了国防工业系统三级干部会议。这次会议提出用"一刀两断"的精神整顿质量、整顿队伍、整顿纪律，要求对产品重新组织优质过关，开展了以整顿领导干部思想作风、整顿产品质量为中心的质量整风运动，使产品质量低劣、大量返修、成批报废的状况得到了根本好转。

国防工业三级干部会议后，被冲掉的规章制度得到了恢复和发展，全行业的质量状况得到稳定和提高。航空工业经过三年的艰苦努力，各厂才又陆续生产出合格的飞机、发动机。1962 年，强调要按研制程序办事，充分做好地面试验，要求全体航天从业人员具有"三严"作风，树立"严格的要求，严肃的态度，严密的方法"。为了保证和提高导弹的质量与可靠性，按照钱学森同志的倡议，航天工业组建了专家工作组，培训质量管理干部，推行、应用统计质量控制方法和可靠性技术，并在原七机部组建了"质量控制研究所"。

但是，1966 年开始的"文化大革命"使国防科技工业，尤其是航空工业和兵器工业的质量管理工作受到了严重摧残。质量检验成了被"砸烂"的对象，当时的"斗、批、改"和"革命大批判"把反映复杂生产过程和技术要求相适应的规章制度当作修正主义的产物，对产品质量的控制被认为是束缚群众运动的绊脚石。各基层单位普遍把集中领导的检验体制下放到车间、班组，或者干脆取消了检验机构。

这种严重的事态使周总理焦虑万分，要求检验制度马上恢复。1971 年年底，周总理委托中央军委副主席叶剑英主持召开了航空产品质量座谈会，周总理、叶剑英、李先念等领导一道听取了有关企业的质量汇报，并作了重要指示。这次座谈会之后，各企事业单位紧急行动起来，采取思想发动、充分暴露、系统整改、检查总结等具体措施，初步纠正了取消检验和合理规章制度的不正常状况，产品质量开始好转。但是，1974 年 1 月的"批林批孔"运动又一次使企业管理陷入混乱。1975 年年初，邓小平同志主持国务院和中央军委日常工作，坚持整顿的方针，旗帜鲜明地指出："质量第一是个重大政策"。1975 年 7 月，中央召开了国防工业重点企业会议，专题研究了整顿企业的问题。邓小平、叶剑英、李先念同志到会作了重要指示。针对国防工业的整顿问题，邓小平同志指出："一定要坚持质量第一。这个问题很重要，特别是军工产品。在战场上关键时刻有几发炮弹打不响，就可能影响整个战斗。现在的军工产品是现代化的武器，更要注意这个问题。"但由于"四人帮"刮起了"反击右倾翻案风"，使整顿工作又受到了严重干扰。质量反复的问题一直持续到 1976 年"四人帮"的垮台才从根本上扭转了局势。

1.2.3　走向法治

1978 年，国务院、中央军委批转国防工办《关于发动群众彻底整顿产品质量的请示报告》。遵照国务院、中央军委的批示，军工企业进行了全面的质量整顿，大体上用了三年时间，在岗位责任制、检验机构、原材料和配套产品、设计图纸和工艺文件、工艺纪律、工艺装备、机床设计、不合格品管理、质量原始记录、职工培训等十个方面开展十查十整，并逐个组织了整顿验收和复查，基本上改变了十年内乱造成的混乱状态，扭转了军工产品质量失控的被动局面。

1979 年，军工企业在整顿质量的基础上，从教育培训入手，经过试点，逐步推行全面质量管理，在开展群众性的质量管理小组活动、加强质量控制、以工作质量保证产品质量，以及创优质产品等方面，进行了有益的尝试。1983 年，在推行全面质量管理的基础上，借鉴美国的经验，国防科工委颁发了《军工产品质量控制暂行条例》，对研制、生产全过程提出了全面、有效的质量控制要求。1987 年 5 月，经国务院、中央军委批准，国防科工委正式发布《军工产品质量管理条例》，使国防科技工业质量管理开始了从人治走向法治的征途。

20 世纪 80 年代中期至 90 年代初，国防科技工业系统的质量工作是以贯彻《军工产品质量管理条例》（简称"条例"），实行质保体系考核为主线展开的。《条例》是国防工业质量法规、经验的总结，根据"一次成功，系统管理，预防为主，实行法治"的指导思想，系统地规范了型号研制、制造过程的质量保证和质量管理活动，其中研制过程质量保证要求主要是总结了航天工业经验。通过《条例》的宣传贯彻，培养了队伍，加强了质保组织，促进了质量责任制的落实和设计、制造过程的改进，完善了质量监督，建设了文件化的质量体系，提高了质量保证能力。

《条例》规定承担研制任务的单位要编制可靠性大纲，运用可靠性维修性分析技术，加强质量与可靠性信息管理，这也极大地推动了国防科技工业可靠性工作的发展。随后，于 1987 年 9 月发布了 GJB 368—87《装备维修性通用规范》，于 1988 年 3 月发布了 GJB 450—88《装备研制与生产的可靠性通用大纲》，这些标准的发布与实施，促进了武器装备可靠性工程和管理的规范化、标准化。

根据《条例》的规定，从 1988 年开始，对军工产品承制单位的质量保证体系进行了考核。经过近五年的努力，共考核 809 个单位，其中 804 个单位获得了《军工产品承制单位质量保证体系合格证书》。对军工产品承制单位质量保证体系普遍进行考核，强有力地推动了《条例》的深入贯彻落实，提高了军工企事业单位的管理素质，增强了产品质量的保证能力。这也为随后实施质量体系认证制度准备了条件。

1.2.4　与国际接轨

随着科学技术和世界范围的经济、贸易交往迅速发展，质量成为一个永恒的、跨越国界的主题。按照国际质量管理体系标准建立质量体系，以促进经济和社会发展已受到普遍重视。为了适应军工质量管理面临的新形势，进一步加强军工产品的质量管理和质量体系建设，实现与国际接轨，从 1993 年起，国防科技工业开始实行质量保证体系考核向认证管理转变，并指导军工产品承制单位的质量体系走"军民一体化"的道路。经过几年的探索，国防科技工业系统在国家系列标准《质量管理和质量保证标准》的基础上，增加了军工的特殊要求，于 1996 年编制了《质量管理和质量保证》国家军用系列标准，作为军工产品承制单位质量体系认证的依据，军工产品承制单位依据此标准进一步完善了质量体系。

与此同时，国防科技工业加强了对外合作和技术引进工作。如航空系统与波音、美国通用电气公司、麦道公司等在民用航空产品生产和外来加工方面进行了卓有成效的合作，在引进技术的同时，引入了大量的质量管理技术和方法；航天系统引进了国外空间产品保证管理技术，并在一些型号中开始推广应用。这一时期，国防科技工业在抓质量体系建设的基础上，进一步加强了型号的质量与可靠性工作，在实践的基础上，形成了一些行之有效的办法，如航天系统颁发了《强化航天科研生产管理的若干意见》（72 条）和《强化型号质量管理的若干要求》（28 条），《归零双五条》等。

1.2.5　质量管理逐步完善

1999 年初，根据国务院领导的批示，以航空工业总公司为重点在全行业开展了质量整顿工作，各单位围绕军工科研生产管理和质量可靠性工作的薄弱环节开展了一系列的整顿工作，取得了一定的效果。这一年，国防科技工业管理体制发生了重大变化，质量管理也开始了新的开端。为使国防科技工业质量工作在较短时期内取得突破性进展，国防科工委根据当时国防科技工业质量工作存在的问题，采取了一系列重大举措：2000 年，发布了《国防科工委关于加强国防科技工业质量工作若干问题的决定》，明确了这一时期国防科技工业质量工作的重点是加大管理力度，落实质量责任，强化素质教育，深化体系建设，严格过程控制，健全监督机制；2001 年，印发了《关于加强××质量工作的若干规定》和《军工产品软件质量管理规定》等文件，要求各单位在科研生产中严格贯彻落实；同年，国防科工委发布了 2001 年版质量管理体系国家军用系列标准，引导军工产品承制单位的质量管理体系建设与国际接轨；2004 年，发布了《军工产品质量监督管理暂行规定》，明确了军工产品质量监督管理的原则、监督管理方式、监督管理内容和要求；2005 年，围绕贯彻落实胡锦涛主席"保质量，就是保战斗力，就是保胜利"的重要指示，总装备部与国防科工委联合制定发布了《关于进一步加强××武器装备质量工作的若干要求》。

国防科技工业质量管理的实践证明：坚持"军工产品质量第一"的方针，质量管理就迅速发展，产品质量就不断提高；反之，当这一方针的贯彻受到干扰破坏，质量管理就停滞不前，产品质量就严重下降，国防科技工业生产就遭受损失。建国以来，国防科技工业贯彻"军工产品质量第一"的方针并非一帆风顺。在实际工作中，特别是在处理数量与质量的关系上，往往出现偏差，致使一些型号研制过程中出现重大质量事故，造成重大经济损失和社会影响。"大跃进"和"文化大革命"运动，对质量管理的干扰，都集中破坏了"军工产品质量第一"的方针，使国家和国防科技工业遭受了严重损失。多年来，国防科技工业领域广大干部和职工，经过长期的实践，深刻认识到，任何军工产品，数量和质量都是不可分割的，没有质量的数量是没有任何意义的，以质量求生存是国防科技工业发展的必由之路。

产品质量改进是没有终结的，质量管理的深化也是没有止境的。只有坚持"军工产品质量第一"的方针，实施科学的质量管理，才能确保军工产品的质量满足要求。在当前的新形势下，我们应从国防科技工业的实际情况出发，不断地跟踪、分析和研究国外有关质量管理的演变和发展，悉心研究新形势下国防科技工业质量管理面临的新情况、新问题，以适应武器装备发展和国防科技工业发展的需要。

1.2.6　质量管理的创新发展

2006 年，国防科工委领导在某重要会议上强调国防科技工业面临着一个新的加速发展时期，对我们的技术工作和管理工作都是严峻的考验，充分继承传统的经验十分必要，但仅依靠传统的管理方式方法已经不适应当前的形势和发展的需要，我们的质量管理面临着新的挑战。胡锦涛总书记在十七大报告中指出"要提高武器装备研制的自主创新能力和质量效益"，更是将国防科技工业质量管理工作提高到一个新的水平。

这一时期，国防工业部门围绕开展武器系统全寿命期可靠性保障工程建设，对质量与可靠性工作的设计、试验和管理基础建设作了全面的规划，并启动实施，强化了产品保证基础工作。狠抓型号质量工作，普遍加大了对设计源头和生产源头质量的控制，航天科工集团公司推广的"一次成功技术保障分析"方法在各型号得到普遍应用。加强了三个状态的控制，即技术状态管理及技术更改的复核复算、产品质量状态复查、操作程序状态复查。加强了型号可靠性工作，重视开展地面试验验证以及技术风险分析，认真开展了质量复查和"双想"等工作。质量问题的技术归零和管理归零方法、要求从航天行业向整个国防工业部门推广。可靠性、标准化、计量、工艺等质量技术基础科研项目研究得到更加广泛的重视和加强，软件、元器件、环境与可靠性以及无损检测与理化分析等方面的技术支撑体系逐步完善。以贯彻国防科工委《军工质量文化建设实施指南》为主线，开展卓越绩效经营，6S 管理达标活动有力地促进了群众性质量文化活动的开展。

2008 年《武器装备科研生产许可证管理条例》以及《武器装备科研生产许可证实施办法》、《武器装备科研生产许可证监督检查工作规程》等法规制度的发布从宏观上降低了武器装备对国民经济的发展造成负担的可能性，通过建设"寓军于民"的军工经济，以及技术、专业与就业上的"溢出效应"，带动整个国民经济的发展，更将产品质量上升到一个新的高度。2010 年《武器装备质量管理条例》的颁布施行，不仅是我国武器装备法规建设史上的又一件大事，而且是我国武器装备质量管理史上的一件大事，对于建立和完善我国武器装备质量管理法规体系，依法加强武器装备质量管理，促进武器装备现代化建设，提高武器装备建设的整体质量和效益，具有十分重要的意义。《武器装备质量管理条例》进一步强化了武器装备全系统全寿命质量管理，既是新世纪新阶段武器装备管理的必然趋势，也是新形势下武器装备建设对武器装备质量管理的基本要求。

胡锦涛总书记更是作出了"要充分认识到，保质量就是保安全、保战斗力、保胜利，有关部门和单位，尤其是承担装备研制生产任务的工业部门一定要以高度负责的精神，严把质量关，为部队提供技术先进、质量优良、安全可靠的武器装备"的重要批示。

伴随着信息技术的发展，国防工业的数字化、信息化水平有了一个巨大的提升，而质量管理信息化工作也从简单的报表传递，提升为数字化、过程化、规范化的新的阶段，并在产品全寿命期各阶段发挥着重要作用。

1.3　航天科工集团及航天二院的质量管理工作

1.3.1　航天科工集团质量管理工作

中国航天科工集团公司（简称航天科工）是中央直接管理的国有特大型高科技企业，

以"科技强军、航天报国"为企业使命，从事着关系国家安全的战略性产业。工作中始终坚持聚精会神搞建设、一心一意谋发展，经济持续保持了稳中提质、稳中向好的发展态势，连续 6 个年度在国务院国资委公布的中央企业负责人经营业绩考核中位列 A 级，连续两个任期获得"业绩优秀企业奖"，连续三个任期获得"科技创新企业奖"；荣获多项国家科学技术进步奖特等奖，在"2013 年中国制造业自主品牌价值评价"中获机械制造行业第一名。2012 年以来所属单位多次获得"全国质量奖"。

航天科工成立以来，质量工作继承航天优良传统，以型号研制生产为主线，开展质量管理体系建设、技术基础建设和质量文化建设，在实践中深化，在探索中创新，取得了显著的效果，积累了宝贵的经验，促进了以型号任务为重点的科研生产的快速发展。

在型号研制生产中积极倡导"照章办事，一次做对，缺陷为零"的质量行为准则；根据型号研制生产不同阶段的特点开展质量策划，通过质量管理体系文件和产品保证实施细则使产品质量要求得以层层分解、逐级落实。

集团公司和各院、基地积极开展本级质量管理体系建设工作，促进了质量体系持续改进和质量管理水平的稳定提高。积极推进导弹武器系统全寿命期可靠性保障工程，各单位按照集团公司总体方案的指导，在各类技术改造项目建设中加大对质量与可靠性基础能力建设的投入，一批基础设施和手段已经发挥重要作用，可靠性基础数据和数据库建设、质量管理信息化日益深入。

集团公司先后组织实施了《质量文化建设纲要（2006—2010 年）》、《质量制胜战略》等纲领性工作，全面建设以"重心前移、系统预防"为重要特征的预防型航天科工质量文化，质量行为规范逐步成为广大员工的行为准则，持续推进了产品质量水平的提升。

1.3.2　航天科工集团二院质量管理工作

中国航天科工集团第二研究院（简称"中国航天科工二院"或"二院"）创建于 1957 年 11 月 16 日，建院初期为国防部第五研究院二分院，现为国家空天防御技术总体研究院，是我国最重要的防天、反导和防空导弹武器装备研制生产基地，空天防御事业发展的领军单位，国防科技工业的中坚力量。2013 年二院二部获得全国质量奖（组织类）最高荣誉。

二院质量管理组织机构一直是二院组织管理职能中的重要环节，1957 年国防部第五研究院二分院成立之初，二分院机关设技术保障处，分管质量、标准化、计量、资料等各项工作；1960—1988 年，先后经历院科技部技术处、技术部等调整，资料、计量等业务分离并成立专业研究所，其他主要职责未发生变化，1988—1999 年，院质量技术部设质量处，后在科研生产部设质量标准化处，2001 年 1 月设立产品保证部，全面管理质量、标准化等各项工作至今。

二院重视并积极推进质量文化建设，制定并发布了《二院质量文化建设纲要》、《二院质量文化手册》、《组织质量文化评价准则及实施指南》等指导文件。在全院范围内积极开展了形式多样的质量文化建设活动，大力弘扬航天先进质量文化，成果显著，二院荣获了

"全国实施卓越绩效模式先进企业"荣誉称号，二院及所属单位多次荣获"航天科工质量奖"，283 厂荣获首届"中国航天质量奖"。

结合二院科研生产实际，编制包括质量师队伍、质量奖励和责任追究、质量考核、质量审核、外协外购、质量信息、质量技术基础管理、"三率"考核管理、型号产品（质量）保证的管理和技术规范等在内的质量管理规章制度多项，为全院质量工作的规范有效开展发挥了重要作用。

院本级质量管理体系 2010 年通过 GJB 9001B—2009《质量管理体系要求》换版审核，是集团公司首家建立并通过认证和换版审核的机关本级单位。

针对型号生产任务激增，"三边"工作同步开展，涉及军品、军贸两个领域的特点，制定并推进了"型号批生产厂（所）质量保证体系管理要求"、"型号故障报告、分析和纠正措施系统管理要求"等管理办法，有效降低了质量隐患。

高度重视质量队伍和支持机构的建设，率先取得了"国防科技工业软件测试和评价实验室"资质，实现了从元器件检测、软件评测、原材料检测到产品的可靠性试验，为不断提高武器装备的质量可靠性发挥了重要作用。

二院紧密围绕型号质量与可靠性的需要，针对共性、薄弱、急需解决的技术难题加大了基础投入力度，确立了质量与技术基础自主投入机制，突破了多项关键技术，研究成果已开始应用于型号的研制生产和全院的管理工作中，并日益发挥着重要作用。

第2章　质量及其相关概念

2.1　质量

2.1.1　质量的定义及其内涵

GJB 9001B—2009 对质量的定义是：一组固有特性满足要求的程度。

注 1：术语"质量"可使用形容词，如差、好或优秀来修饰；

注 2："固有的"（其反义是"赋予的"）就是指在某事或某物中本来就有的，尤其是那种永久的特性。

对于质量的这一定义及其内涵，可以从以下几方面予以理解：

（1）质量的主体可以是产品、过程、体系等

在质量管理体系所涉及的范畴内，组织的相关方对组织的产品、过程或体系都可能提出要求，而产品、过程和体系又都具有各自的固有特性，因此，质量不仅指产品质量，也可指过程和体系的质量。

质量是对程度的一种描述，因此可使用形容词来表示质量，通常人们用质量好或质量差来表述产品的质量，用工作完成的好坏来表述工作的质量。

（2）核心是满足要求

要求是指"明示的、通常隐含的或必须履行的需求或期望"。要求是需求或期望的反映，而需求或期望可能是明示的，可能已纳入了某项法规，也可能是共识的、不言而喻的。例如，顾客在合同中引用的规范、标准等可谓是明示的；食品卫生安全法、电工产品安全标准等涉及人身及财产安全的强制性法规和标准，可谓是必须履行的；银行对顾客存款的保密性、化妆品对顾客皮肤的保护性等，这些顾客的需求或期望不会明确规定，组织一般应根据产品的用途和特性进行识别，这就是所谓的通常隐含的。

要求可以由不同的相关方提出，不同的相关方对同一产品的要求可能是不相同的，例如，对汽车来说，顾客要求美观、舒适、轻便、省油，但社会要求其对环境不产生污染。组织在确定产品要求时，应兼顾各相关方的要求。

要求可以是多方面的，当需要特指时，可以采用修饰词表示，如产品要求、质量管理体系要求、顾客要求等。

（3）质量具有"动态性"

由于组织的顾客和其他相关方对组织产品、过程和体系的需求和期望是不断变化的，

因而质量要求不是固定不变的。例如，原先被顾客认为质量好的产品，会因为顾客要求的提高而不再受到顾客的欢迎。因此，组织应不断地调整对质量的要求。

（4）衡量质量好坏的标准是固有特性，而不是赋予特性

特性是指"可区分的特征"。特性可以是固有的或赋予的。"固有的"就是指某事或某物中本来就有的，尤其是那种永久的特性，如螺栓的直径、机器的生产率或接通电话的时间等技术特性。有的产品只具有一种类别的固有特性，有的产品可能具有多种类别的固有特性。对军工产品而言，可靠性、维修性、安全性、保障性是很重要的固有特性。

赋予特性不是某事或某物中本来就有的，而是完成产品后因不同的要求而对产品所增加的特性，如产品的价格、硬件产品的供货时间和运输要求（如运输方式）、售后服务要求（如保修时间）等特性。

不同产品的固有特性与赋予特性是不相同的，某些产品的赋予特性可能是另一些产品的固有特性，例如，供货时间及运输方式对硬件产品而言，属于赋予特性；但对运输服务而言，就属于固有特性。

在产品研制、生产中，对产品单元件还可根据其特性的重要程度分为关键特性、重要特性和一般特性三类。关键特性是指如果不满足要求，将危及人身安全、导致产品不能完成主要任务的特性。重要特性是指虽然不是关键特性，但如果不满足要求，将导致产品不能完成主要任务的特性。对于关键特性和重要特性，要实施重点控制。

（5）"符合性"和"适用性"是产品质量的一部分

所谓符合性，是指生产的产品符合设计的程度，而适用性是指产品在使用时能成功地适合用户目的的程度。质量的概念最早是指生产要符合设计的"符合性"要求，随着社会生产的发展，质量的概念逐步扩展到了产品在使用时能成功地适合用户目的的"适用性"要求，发展到今天，"符合性"和"适用性"仅是质量的一部分。

（6）质量贯穿于产品形成的各个阶段

产品寿命周期包括了产品形成和使用的全过程，产品质量是由产品寿命周期各过程的质量来保证的。因此，根据产品的寿命周期，产品质量主要基于以下四个方面：

1）与确定产品需要有关的质量（需求质量）；

2）与产品设计有关的质量（设计质量）；

3）与产品设计符合性有关的质量（制造与试验质量）；

4）与产品保障有关的质量（保障质量）。

2.1.2　武器装备质量的内涵

武器装备的复杂及技术先进，研制、生产的巨额投资，用于军事目的这一特殊用途等特点，决定了武器装备质量的重要性。

（1）武器装备质量的特性

武器装备的质量，是武器装备的一组固有特性满足要求的程度。除功能、性能外，还包括装备的可靠性、维修性、保障性、安全性、环境适应性等通用质量特性，这些是武器

装备重要的固有特性，因此，武器装备除满足功能、性能要求外，还必须满足包括可靠性、维修性、保障性、安全性、环境适应性等通用质量特性的要求。

① 可靠性

武器装备在规定的条件和规定的时间内，完成规定功能的能力。可靠性的概率度量亦称可靠度。可靠度的一种度量方法为：对可修复产品，是在规定的时间内，无故障持续时间区间长度等于或大于规定值的个数与无故障持续时间区间总个数之比。对不可修复产品，是在规定的时间内，能完成规定功能的产品数与投入工作的产品数之比。可靠性要求是对武器装备在服役期间保持其功能、性能，而不出故障的一种能力的要求。

② 维修性

武器装备在规定的条件下和规定的时间内，按规定的程序和方法进行维修时，保持或恢复到规定状态的能力。维修性的概率度量亦称维修度。维修性要求是对装备出故障后能尽快恢复到正常状态的一种能力要求，是对装备中断完成任务的一种限制要求。

③ 电磁兼容性

电磁兼容性是指设备（分系统、系统）在共同的电磁环境中能一起执行各自功能的共存状态。即：该设备不会由于受到处于同一电磁环境中其他设备的电磁发射导致或遭受不允许的降级；它也不会使同一电磁环境中其他设备因受其电磁发射而导致或遭受不允许的降级。

④ 安全性

安全性是指不导致人员伤亡、危害健康及环境，不给设备或财产造成破坏或损失的能力。安全性要求是对装备在使用中可能造成人身伤亡或设备损坏事故出现概率的限制要求。

⑤ 保障性

保障性是指系统的设计特性和计划的保障资源能满足平时战备及战时使用要求的能力。为了达到保障性要求，设计过程要考虑综合保障、规划资源要求和配置，以尽可能提高保障能力，降低保障费用。

提高装备的可靠性、维修性、安全性、保障性，将极大提高装备的作战能力，增强生存能力，提高部署机动性，减少维修人力，降低使用和保障费用。如：F-15A 战斗机由于可靠性差、维修困难而且缺少备件，其战备完好率长期保持在 50% 左右，经过改型的 F-15E，由于显著地提高了可靠性和维修性，在海湾战争中的战备完好率高达 95.5%，其连续作战能力几乎提高了一倍。美国 F-4E 战斗机由于可靠性、维修性水平低，平均故障间隔飞行小时 MFHBF=1.1 h，每飞行小时维修工时 MMH/FH=33 工时/飞行小时，装备一个 F-4E 中队需要 588 名维修人员；F-15A 的可靠性、维修性水平比 F-4E 有较大提高，装备一个 F-15A 中队所需的人员为 554 人；F-22 的可靠性比 F-15A 提高一倍多，维修工时减少一半多，装备一个 F-22 中队所需的维修人员只有 277 人，仅为 F-15A 的一半。

⑥ 测试性

测试性是指产品能及时并准确地确定其状态（可工作、不可工作或性能下降），并隔离其内部故障的一种设计特性。

　　⑦ 环境适应性

　　环境适应性是指产品在其寿命期在预计可能遇到的各种环境的作用下能实现其所有预定功能、性能和（或）不被破坏的能力，是装备的重要质量特性之一。

　　可见，一个好的装备不仅要具备所需要的性能（固有能力），而且要能长期保存这种性能，使用中无故障或少故障；发生故障后要好修理，使功能迅速得到恢复；同时还要使用安全、易于保障等。

　　由于历史的原因，在相当长的一段时间内，我们只注重装备的性能，而忽视了装备的通用质量特性。树立现代质量观念就必须把通用质量特性视为与性能同等重要的特性，在研制装备时，必须把通用质量特性的要求和性能要求一样纳入装备的战术技术指标中。

　　另外，对于武器装备而言，不仅要重视其固有特性，也要重视其赋予特性，如产品的价格、交货期等，武器装备的这些经济性、时间性特性等对武器装备战斗力的形成会产生重大影响。

　　（2）武器装备的质量保证

　　武器装备的质量靠设计确立、制造保证，通过试验加以验证并在使用中表现出来。要保证武器装备具有所要求的质量，就必须对武器装备使用过程中的各种要求进行全面分析、详细描述，制定出反映实际需要而又明确具体的设计要求。

　　设计要求取决于武器装备寿命周期要完成的任务和经历的各种使用条件。必须在任务分析的基础上制定详细完整的任务剖面，对不同任务阶段所经历的所有事件、环境和持续时间加以具体描述，对什么是不期望的事件或状态给出明确的判据，针对各任务阶段系统所完成任务的特点，选择合适的参数，规定相应的定量和定性要求。

　　把使用要求转化为设计要求，再转化为制造要求，以确立产品的固有质量特性，是研制工作的主要任务。通过设计确立的固有质量特性实际上是代用特性，又称为制造规格。对使用要求必须全面考虑，采取相应的技术和管理措施，保证把各方面要求都综合到设计中去。武器装备真正的价值体现在产品使用阶段。因此，必须强调影响产品使用及使用效果的保障工作，包括物质资源、人力资源、组织和管理。武器装备研制、生产和使用过程就是定义要求、转化要求、保证要求、实现和测定要求达到状况的过程。

2.2　质量管理

2.2.1　质量管理的定义及内涵

　　GJB 9001B—2009 对质量管理的定义是：在质量方面指挥和控制组织的协调的活动。

　　注：在质量方面的指挥和控制活动，通常包括制定质量方针和质量目标，以及质量策划、质量控制、质量保证和质量改进。

为实现组织的经营目标，组织应对各个方面实行管理，如行政管理、物料管理、人力资源管理、财务管理、生产管理、技术管理和质量管理等。质量管理是组织各项管理工作的重要组成部分。

质量管理是一项系统性的活动，主要体现在建立和运行一个有效的质量管理体系上。根据不同的目的，质量管理活动包括：质量策划、质量控制、质量改进、质量保证。

（1）质量策划

质量管理的一部分，致力于制定质量目标并规定必要的运行过程和相关资源以实现质量目标。

注：编制质量计划可以是质量策划的一部分。

质量策划涉及质量管理体系的策划、产品实现的策划、设计和开发的策划、生产和服务提供策划，以及测量、分析和改进的策划等方面，主要包括以下活动：

- 确定质量目标和要求；
- 针对质量目标和要求确定过程和所需资源；
- 明确职责权限；
- 规定质量控制活动及其接收准则。

必须注意质量策划与质量计划的差别，质量策划强调的是一系列活动，而质量计划是质量策划的结果之一，通常是一种书面的文件。

（2）质量控制

质量管理的一部分，致力于满足质量要求。

质量控制的目标就是确保产品的质量能满足顾客、法律法规等方面所提出的质量要求（如适用性、可靠性、安全性等）。质量控制的范围涉及产品质量形成全过程的各个环节，围绕着确保质量环每一阶段的作业技术和活动满足要求，应对影响其质量的人、机、料、法、环（4M1E）因素进行控制，并对质量活动的结果进行分阶段验证，以便及时发现问题，查明原因，采取相应纠正措施，防止不合格品重复发生。同时，为了使每项质量活动能够真正做好，质量控制必须对干什么，为何干，怎么干，谁来干，何时干，何地干（5W1H）做出规定，并对实际质量活动进行监控。

（3）质量改进

质量管理的一部分，致力于增强满足质量要求的能力。

注：要求可以是有关任何方面的，如有效性、效率或可追溯性。

质量改进是质量管理的一部分，质量改进的目的在于增强组织满足质量要求的能力，由于要求可以是任何方面的，因此，质量改进的对象会涉及质量管理体系、过程和产品。质量改进与组织质量管理体系覆盖范围内的所有产品、部门、场所、活动和人员均有关系。

顾客、相关方以及组织自身都会对组织的质量管理体系、过程和产品提出各自不同的任何方面的要求，例如，有效性、效率、可追溯性、安全性、先进性、协调性、稳定性、可靠性、准时性、适宜性、充分性等。组织应能识别需改进的关键质量要求，考虑改进所需过程，以增强能力。

改进本身是一项活动，也可以理解为一个过程，因此，对改进过程也应按过程方法进行管理。在分析现状的基础上，确定改进的目标；针对目标，寻找并选择合适的解决方案；实施并评价其结果，以确保目标的实现。

（4）质量保证

质量管理的一部分，致力于提供质量要求会得到满足的信任。

质量保证的核心是"提供信任"。即对达到预期质量要求的能力提供足够的信任。

质量保证是一种有目的、有计划、有系统的活动。通过质量保证活动的开展，有利于组织的质量方针和目标及长远效益的实现。

质量保证分为内部质量保证和外部质量保证。内部质量保证是在组织内部向各层次管理者提供足够的信任。外部质量保证是在合同或其他情况下，向顾客以及第三方、上级主管部门等其他各方提供足够的信任。显然，外部质量保证建立在内部质量保证的基础上。

只有当质量要求全面和正确地反映了顾客要求，质量保证才可能提供足够的信任。因此，质量要求是质量保证的前提和基础。

质量保证是在质量体系中实施的活动。也就是说，质量保证依赖于质量体系的建立和运行。因为质量体系将所有影响质量的因素，包括技术管理和人员管理，都采取了有效的控制措施，因而具有减少、消除，特别是预防不合格品的机制，即具有持续稳定地满足规定质量要求的能力。

质量保证活动根据需要应进行证实，即重视验证工作，重视提供证据。

质量保证的某些活动是和质量控制相关联的，有效的质量控制才能达到质量保证的目的。

2.2.2　型号研制质量管理

（1）型号的特点

与一般产品相比，型号产品的特点：一是技术密集、新技术比例高、研制风险大；二是系统复杂、综合性强，任何一个环节，甚至一个部件、一个零件、一个元器件出问题，都会影响整个系统的质量；三是研制周期长，参加单位多，协作面广，需长时间保证各单位、各方面协调一致地开展工作，难度大。型号研制的这些特点，决定了其质量管理不同于一般产品。

（2）型号研制质量管理重点

型号研制的目标是在综合考虑性能、成本、进度和风险等因素下，确保研制出"长期保持良好性能"和"最佳的全寿命周期费用"，即最佳费用效能的武器装备。为实现型号研制的目标，一个型号的管理活动涉及多个方面，如技术管理、人力资源管理、财务管理、质量管理等。型号研制质量管理就是以型号为对象，以提高装备的费用效能为目的，在质量方面进行控制和协调的活动。型号质量管理也是一项系统性的活动，包括制定型号质量目标，进行型号质量策划、质量控制、质量保证和质量改进活动。

根据型号研制的特点，型号质量管理应遵循预防为主、一次成功的原则，从源头抓起，全过程控制，实施零缺陷管理，确保型号研制成功。为此，应重点抓好以下工作：

① 策划在先

包括确定装备的质量目标和型号研制的质量管理目标，建立责任制，根据研制程序制定具体的研制计划，编制质量与可靠性保证大纲，明确资源需求和文件需求。

② 及时发现

加强"三件"（材料与机械零件、元器件、软件）和"两个过程"（设计过程与制造过程）的控制，把预防、发现和纠正产品设计、工艺、基础件、元器件和软件等方面的质量问题作为质量控制的重点，及早发现并解决。

③ 持续改进

建立型号故障报告、分析和纠正措施系统（FRACAS），对研制、生产中的质量问题按"定位准确、机理清楚、问题复现、措施有效、举一反三"的原则做好归零工作，实现质量改进。

④ 强化监督

根据"过程跟踪、节点控制、里程碑考核"的要求，建立健全型号研制全过程的质量监督机制，确保在各研制阶段完成规定的工作项目，不满足规定要求的不转入下一阶段。利用报告、检查、评审等活动，监督各项质量活动按计划进行。

（3）要积极探索型号研制质量管理的新模式

当前的型号研制工作具有进度紧、任务重、技术难度大、质量要求高的特点。这决定了其质量管理具有特殊的重要性，必须做到高质量、高可靠，满足实战要求。在很短的研制周期内，要达到这样的目标难度很大。因此，必须本着预防为主、一次成功的原则，抓好型号研制的质量管理，以质量保进度，加快研制、生产的步伐。

过去型号研制周期长，其中一个重要的原因是研制过程中不断出现技术攻关问题、质量问题、可靠性问题和一些管理问题，这些问题直接影响研制生产的顺利进行，造成进度一拖再拖，经费一超再超，指标一降再降。要改变现状，加速完成型号的研制生产任务，从根本上要靠科学的管理，靠技术进步，靠队伍素质的提高和基础条件的不断改善，减少技术问题和质量问题的发生，保证按照进度节点完成研制生产任务，减少研制过程的反复，实现以质量保进度，以质量促进度。要做到这一点，需要加大管理力度，改进型号的质量管理，提高其有效性和效率。

针对当前多型号并举、研制周期短的问题，尚缺乏研制过程并行交叉管理的经验和做法，很多单位管理上压力很大，技术状态、配套产品管理、现场管理等方面，不断出现低层次的管理问题和质量问题。这些问题的存在制约着研制工作的顺利进行，使研制质量和进度受到影响，风险增加。在武器装备系统工程管理方面，质量工作如何有效地在各个环节贯彻落实，并发挥其预防、把关作用，需要不断地研究、实践。尤其是技术状态管理，如何实现高效、准确，保持文实一致，都需要通过改进管理方法，来提高工程管理和质量管理的水平。因此，要积极探索型号研制质量管理的新模式。

第 3 章　质量管理理念与原则

3.1　世界著名质量管理专家的理念

多年来，基于质量管理的实践经验和理论研究，在质量管理领域形成了一些有影响的质量管理的基本原则和思想。但不同的学者和专家对这些原则和思想有不同的表述，如戴明提出的质量信条十四点，朱兰关于质量策划、质量控制和质量改进的质量三部曲，克劳斯比的零缺陷管理等，这些学者和专家的理念和思想已在质量界传播并用于指导实践。

3.1.1　戴明的理念

（1）戴明的十四要点

1987 年在美国召开的戴明国际学术讨论会上，戴明提出了著名的《十四条》，阐述了质量管理职责或建议。《十四条》的全称是《领导职责的十四条》，这是戴明针对美国企业领导提出来的。这十四条是：

第一条　要有一个改善产品和服务的长期目标，要投入和挖掘各种资源。

第二条　要有一个新的管理思想，不允许出现交货延迟或差错和有缺陷的产品。

第三条　要有一个从一开始就把质量造进产品中的办法，而不要依靠检验去保证产品质量。

第四条　要有一个最小成本的全面考虑。在原材料、标准件和零部件的采购上不要只以价格高低来决定。

第五条　要有一个识别系统和非系统原因的措施。85％的质量问题和浪费现象是由于系统的原因造成的，只有 15％是由于岗位上的原因造成的。

第六条　要有一个更全面、更有效的岗位培训。不仅仅是培训现场操作者怎样干，还要告诉他们为什么要这样干。

第七条　要有一个新的领导方式，不只是管，更重要的是帮，领导者也要有个新风格。

第八条　要在组织内有一个新风气。消除员工不敢提问题、提建议的恐惧心理。

第九条　要在部门间有一个协作的态度。帮助从事研发、销售的人员多了解制造部门的问题。

第十条　要有一个激励、教导员工提高质量和生产率的好办法。不能只对他们喊口号、下指标。

第十一条　要有一个随时检查工时定额和工作标准有效性的程序，并且要关注其实效性（是真帮助员工，不是妨碍员工提高劳动生产率）。

第十二条　要把重大的责任从数量上转到质量上，要使员工都能感到他们的技艺和本领受到尊重。

第十三条　要有一个强而有效的教育培训计划，以使员工能够跟上原材料、产品设计、加工工艺和机器设备的变化。

第十四条　要在领导层内建立一种机制，推动全体员工都来参加经营管理的改革。

戴明的十四条有不同的说法，这可能是由于戴明本人在不同场合有不同的强调的缘故。说法虽有些差异，但实质观念是一致的。

（2）PDCA 循环（戴明环）

任何一项质量活动都要经过策划（Plan）、实施（Do）、检查（Check）和处置（Action）四个阶段，这四个阶段不断循环下去，故称之为 PDCA 循环，又称为戴明环。PDCA 循环可简述如下：

P——策划（Plan）：关注做什么、如何做（确定目标，制订计划及相关程序、规范等）；

D——实施（Do）：强调以策划的结果作依据，严格按依据去做；

C——检查（Check）：强调把实施结果与策划结果按要求进行对比的活动，判定是否达到策划的要求；

A——处置（Action）：关注对不符合如何处置、采取何种措施，以防止再发生。

PDCA 循环如图 3－1 所示，它有两个特点。一是大环套小环，彼此协同，相互促进。企业的大循环是靠内部各环节的小循环来保证的，各环节小循环要由企业大循环来带动。每一个循环四个阶段之间，各类大、小循环之间都是密不可分的、有序的动态过程。二是循环前进，阶梯上升，有如一个转动的"车轮"在爬楼梯，每转动一次就完成一个 PDCA 循环，在此基础上向着新的目标，在新的水平上继续转动。

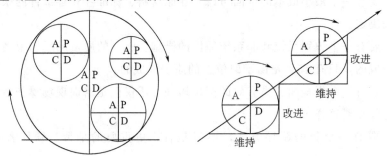

图 3－1　PDCA 循环示意图

3.1.2　朱兰的理念

（1）质量就是适用性

产品在使用时能成功地适合用户目的的程度，称为"适用性"。"适用性"这个概念，通俗地用"质量"这个名词来称呼，是一个普遍的概念，适用于所有产品和服务。

为了获得产品的适用性，需要进行一系列活动，这些活动组成的过程可以用质量螺旋来描绘。

产品适用性的实现要求单位内外许多组织和部门共同努力，认为质量工作只是质量管理部门的事的看法是错误的、片面的。

（2）质量管理"三部曲"

任何工作的执行者或部门都围绕着顾客、处理者及供应者这三个角色工作：接收输入的信息和物品；将这些输入转化为产品（输出）；将产品交付给顾客。基于此，质量管理过程可分为三个步骤：策划、控制和改进，称为质量管理"三部曲"。

在质量管理"三部曲"中，质量策划明确了质量管理所要达到的目标以及实现这些目标的途径，这是质量管理的前提和基础；质量控制确保事情按照计划的方式进行，是实现质量目标的保障；质量改进则意味着质量水准的飞跃，标志着质量活动是以一种螺旋式上升的方式在不断提高；这三个阶段相辅相成。

质量管理"三部曲"作为一个实现质量目标的成功构架，还需要有积极向上的领导力和环境，以及对质量的有力支持作为其基础。没有这样的质量文化为根基，它也不能充分发挥作用，因为这些因素对公司的各层人员都有影响。

3.1.3　克劳斯比的观点

（1）质量是免费的

第一次就把事情做对，永远是最便宜的，真正费钱的是不符合质量标准的事情——没有在第一次就把事情做对。据克劳斯比的统计，在美国，许多公司常常将相当于总营业额的 15%～20% 的费用用在测试、检验、变更设计、整修、售后保证、售后服务、退货处理，以及其他与质量有关的成本上。如果我们第一次就把事情做对，那些浪费在补救工作上的时间、金钱和精力就可以避免。追求质量已是一种管理的艺术，如果我们能建立正确的观念并且执行有效的质量管理计划，就能预防不良品的产生，提高工作效率。

（2）管理者要为低劣的质量负主要责任

许多管理者认为操作者的工作质量很差，大部分质量问题都是一线作业人员造成的，特别是在制造业的生产线上。事实上，管理层才是造成质量不良的最大原因，线上的工人或服务人员的表现固然很容易被挑出错误，但他们的行为却是深受管理者的计划及行动所影响。

（3）以下情况是一种失败，而不是成功的保证

• 传统的质量控制；

• 可接受的质量限度；

• 对不符合标准的产品的让步接收。

（4）质量管理四大定理

• 质量应被定义成符合要求，而不是好或优秀；

- 质量保证体系的原则是预防不合格，而不是对不合格进行评估；
- 工作标准应该是零缺陷，而不是差不多就行；
- 以不合格付出的代价来衡量质量，而不是用不合格的百分比来衡量质量。

质量管理专家的思想是他们一生对质量的理解和经验的总结，他们的思想对我们每一个人和每个组织都具有极其重要的价值。但是，任何一个质量大师都不可能解决所有的问题。因此，我们必须对他们相关的论述进行深刻理解、排序和综合，以获得适用的启示，有效地运用在我们的经营活动及科研生产之中。

3.2　国防科技工业质量管理的指导思想

由于军工产品质量具有特殊重要意义，国防科技工业历来十分重视军工产品质量管理工作，并在实践中提出了军工产品质量管理工作的指导思想和原则，对国防科技工业开展质量管理工作具有广泛的指导意义。

3.2.1　"军工产品质量第一"的方针

早在 1950 年，东北、华北地区的兵工企业，首先提出了质量第一的口号，并指导了当时的生产。1960 年 5 月，中央军委常务委员会上正式提出：在一切国防科技工业企业的生产中应该明确质量第一，在确保质量的基础上求数量的方针。同年 7 月，国防工业委员会和第一机械工业部联合发出了"关于加强尖端产品试制工作的指示"，要求全国各企业认真贯彻、执行质量第一，在确保质量的基础上求数量的方针。8 月 14 日，主持中央军委工作的贺龙同志向中央呈报了"关于在当前形势下，国防工业建设几个问题的报告"，报告中指出：军用产品质量问题是一个经常、突出的问题，国防工业生产必须坚决贯彻中央提出的质量第一，在确保质量的基础上求数量的方针，从思想上、组织上、材料和产品的检查上，全面地保证产品质量。8 月 22 日，中共中央批准了贺龙同志的报告，要求在全国国防工业企业中认真贯彻执行。至此，确立的"军工产品质量第一"的方针成为国防科技工业质量管理中认真贯彻执行的根本指导方针。

3.2.2　周总理的"十六字"方针

1965 年，周恩来总理提出了"严肃认真，周到细致、稳妥可靠、万无一失"的十六字方针，这也成为国防科技工业多年来开展质量管理工作的指导思想。

3.2.3　《军工产品质量管理条例》的"十六字"指导思想

1987 年发布的《军工产品质量管理条例》提出了"一次成功、系统管理、预防为主、实行法治"的军工产品质量管理的指导思想。2010 年 9 月 30 日《武器装备质量管理条例》修订发布，更是将指导思想提升并融合了其中的法律责任和社会责任。体现"四全"、"二化"，即全特性、全系统、全寿命周期、全方位，装备化、法制化；强调装备全系统的质量保证，即运用系统工程的管理思想，针对集成度高、协作面广的复杂装备，开展全系统质量管理；将质量管理，延伸至论证、维修保障阶段，涵盖了装备全寿命周期；强调责任、职责落实，建立装备全方位质量责任体系；突出装备质量管理的科学性，突出对装备通用质量特性技术与管理要求；不断完善装备质量管理法规体系建设，推行依法治装的理念。

3.3　型号研制应充分运用十项质量管理原则

十项质量管理原则是质量管理实践经验和理论的总结，它是质量管理的最基本、最通用的一般性规律，适用于所有类型的产品和组织，是质量管理的理论基础。

十项质量管理原则实质上也是组织管理的普遍原则，是现代社会发展、管理经验日渐丰富、管理科学理论不断演变发展的结果。十项质量管理原则充分体现了管理科学的原则和思想，因此这十项原则不仅是组织的管理者有效实施质量管理工作必须遵循的原则，还可以运用它给组织的其他管理活动，如营销管理、人力资源管理、环境管理、职业安全与卫生管理、财务管理等提供帮助和借鉴，真正促进组织建立一个改进其全面业绩的管理体系。因此，在型号研制过程中应充分运用这十项质量管理原则。

（1）运用"以顾客为关注焦点"的原则，可考虑采取的活动

1）识别战备的需求，研制、生产高技术、高质量的武器装备，满足国防现代化建设的需要；

2）调查、识别并理解顾客的需求和期望，如对产品的符合性、交货期、价格、可靠性等方面的要求；

3）确保组织/型号的各项目标，包括质量目标，能体现顾客的需求和期望，并谋求与组织/型号的其他受益者的需求和期望之间达到平衡，提高组织的整体业绩、军事效益和社会效益；

4）确保在整个组织/型号内沟通顾客的需求和期望，提高满足顾客要求意识，从领导到员工都要明确自己工作的相关性和重要性，包括为国防建设服务的重任；

5）监视和控制经营与运作过程，认真做好每一件事，对工作负责，对顾客负责，对国防事业负责；

6）测量顾客的满意程度，评价是否达到了预定的目标，并采取相应的活动和措施，以实现持续改进；

7）处理好与顾客的关系，力求让顾客放心，使顾客满意。

（2）实施"领导作用"的原则，可考虑采取的活动

1）组织最高管理者/型号总指挥要确保建立组织/型号的质量方针和目标，作为组织/型号总的方针、目标的组成部分；

2）考虑所有相关方的需求和期望，了解外部环境的变化并做出积极反应，相关方包括顾客、所有者、员工、供方和社会等；

3）在组织/型号的所有层次上建立价值共享、公平公正和道德伦理观念，树立国防意识，倡导奉献精神，形成组织的企业文化；

4）使全体员工工作在一个比较宽松、和谐的环境之中，建立相互信任的氛围，消除忧虑；

5）为员工提供所需的资源和培训，并赋予其职责范围内的自主权；

6）激发、鼓励并承认员工的贡献；

7）提倡公开和诚恳的交流和沟通方式。

（3）运用"全员参与"的原则，可考虑采取的活动

1）让组织/型号的每一个成员了解自身贡献的重要性及其在组织/型号中的作用，树立工作的责任心；

2）鼓励各成员以主人翁的责任感去解决各类问题，鼓励为国防建设奉献的精神；

3）鼓励各成员积极增加知识和经验，提高工作技能，提倡团队精神，共享知识和经验；

4）鼓励各成员关注顾客的利益；

5）创造良好的内部环境，让各成员从工作中获得满足感，以成为组织/型号的一员而感到骄傲和自豪；

6）将目标进行分解，激励各成员为实现目标而努力，并根据各成员的目标评价其业绩状况。

（4）运用"过程方法"原则，可考虑采取的活动

1）为实现预期的目标，系统地识别所有的活动，包括管理职责、资源管理、产品实现和测量有关的过程，确定并测量过程的输入和输出；

2）明确过程的网络，确定关键过程和相关过程，规定过程和组织各职能之间的接口；

3）明确规定对各过程进行管理的职责、权限和义务；

4）识别过程的内部顾客、外部顾客、供方和其他受益者；

5）评价过程结果可能产生的风险、后果及对顾客、供方和其他相关方的影响；

6）在设计过程时，规定达到的结果，还应考虑过程的步骤、活动、流程、控制措施、培训、设备、方法、信息、材料和其他资源等。

（5）运用"管理的系统方法"原则，可考虑采取的活动

1）制定明确的组织/型号的质量目标；

2）根据设定的目标进行分解，识别和确定实现目标有关的过程组成的系统；

3）将目标展开，实现系统优化，落实各过程的目标和职责，明确规定接口和相互关系；

4）及时、清楚地理解所需的资源，确定资源的约束条件；

5）确定每一过程输入和输出的测量和监视方法，通过测量和评价实施持续改进。

对于型号的预研、研制和生产过程应实施系统管理。

（6）运用"持续改进"原则，可考虑采取的活动

1）使产品、过程和体系的持续改进成为组织/型号内每个员工的目标；

2）在整个型号内采用始终如一的方法来推行持续改进，使持续改进成为一种制度，不断提高组织的能力，增强实现组织承担武器装备研制、生产任务的能力；

3）为成员提供关于持续改进的方法和工具的培训，如 PDCA 循环、过程重组、过程创新等方法；

4）制定目标，以指导、跟踪并测量持续改进；

5）承认改进的结果，并对改进有功的成员通报表扬和奖励。

（7）运用"基于事实的决策方法"原则，可考虑采取的活动

1）通过测量，来积累或有意识地收集与目标有关的各种数据和信息，并明确规定收集信息的种类、渠道和职责；

2）通过鉴别，确保数据和信息的准确性和可靠性；

3）采取各种有效方法，对数据和信息进行分析。在分析时，应采用适当的统计技术；

4）应确保数据和信息能为使用者得到和利用；

5）根据对事实的分析、过去的经验和直觉判断做出决策并采取行动。

（8）运用"与供方互利的关系"原则，可考虑采取的活动

1）识别并选择重要供方；

2）在建立与供方的关系时，既要考虑眼前利益，又要考虑长远利益；

3）与重要供方共享专门技术、信息和资源；

4）创造一个通畅和公开的沟通渠道，及时解决问题；

5）确定联合改进活动；

6）激发、鼓励和承认供方的改进及其成果。

对于复杂武器系统，应建立厂（所）际质量保证体系。

（9）运用"预防为主"原则，可考虑采取的活动

1）对型号实现过程进行全面策划，明确质量目标，规定必要的工作项目和相关的资源；

2）在产品设计和开发中采取措施，排除产生质量问题的根源；

3）运用早期报警的原理，确定和实施分级、分阶段的质量控制要求；

4）对发现的质量问题要归零，落实纠正和预防措施；

5）采取质量审核、质量监督等适宜的方法，对型号研制、生产过程进行监视，并在适用时测量。

（10）运用"一次成功"原则，应考虑采取的活动

1）建立明确、切实可行、可测量的质量目标，质量目标包括满足产品要求所需的内容；

2）制定质量计划（质量与可靠性保证大纲），对有效和高效地实现型号质量目标及要求所需的过程做出规定；

3）采取科学的管理方法，如可靠性技术、优化设计技术，全面分析、综合权衡，确保产品实现过程的质量；

4）对产品研制、生产全过程进行严格的质量控制，并测量过程实现的有效性。

第4章 质量管理体系与型号产品保证系统

4.1 质量管理体系

4.1.1 质量管理体系的概念

质量管理体系的定义：在质量方面指挥和控制组织的管理体系。

体系、管理体系和质量管理体系处在三个不同的层次上，它们之间互有联系。

管理体系指的是"建立方针和目标并实现这些目标的体系"，而体系指的是"相互关联或相互作用的一组要素"，其中的要素指构成体系或系统的基本单元。因此，管理体系的内涵就是建立方针和目标并实现这些目标的相互关联或相互作用的一组要素，即管理体系的建立首先应针对管理体系的内容建立相应的方针和目标，然后为实现该方针和目标设计一组相互关联或相互作用的要素（基本单元）。一个组织的管理体系有若干个，如质量管理体系、财务管理体系或环境管理体系。

质量管理体系是组织若干管理体系中的一个。质量管理体系把影响质量的技术、管理、人员和资源等因素都综合在一起，在质量方针的指引下，为达到质量目标而互相配合、协调运作。质量管理体系包括硬件和软件两大部分。组织在进行质量管理时，首先根据达到质量目标的需要，准备必要的条件（人员及试验、加工、检测设备等资源），然后通过设置组织机构，分析确定需要开发的各项质量活动（过程），分配、协调各项活动的职责和接口，通过程序的制定给出从事各项质量活动的工作方法，使各项质量活动（过程）能经济、有效、协调地进行，这样组成的有机整体就是组织的质量管理体系。

4.1.2 质量管理体系的主要特性

（1）总体性

尽管组成体系的各要素在体系中都有自己特定的功能或职能，但就体系总体而言，系统的功能必须由系统的总体才能实现。体系的总体功能可以大于组成体系各要素功能之和，或具有其要素所没有的总体功能。

体系和要素是辩证的统一。以汽车发动机为例，它本身就可以作为一个"系统"，而在研究对象是汽车时，发动机这个系统就转化为汽车这个体系中的一个"要素"。

（2）关联性

组成体系的要素，既具有独立性，又具有相关性，而且各要素和体系之间同样存在这种"相互关联或相互作用"的关系。过程控制，特别是统计过程控制的任务之一就是识别、控制和利用"要素"之间的关联性或相互作用。如：由于日本的一些企业采用了"三次设计"（系统设计、参数设计、容差设计），充分利用了有关参数之间的关联作用（统计上称"交互作用"），从而做到了能用次于美国的元器件组装优于美国的整机。相反，如果对要素之间的关联性不加识别和控制，就有可能造成不良后果。又如：在设计更改中，如果只考虑更改部位的合理性，而不考虑更改对其他部件和整机的影响，这在客观上就有可能"制造"一个质量隐患。

（3）有序性

所谓有序性，通俗地讲，就是将实现体系目标的全过程按照严格的逻辑关系程序化。通常我们不能保证执行体系目标的每个人在认识上完全一致，但必须使他们的行为做到井然有序。体系功能的有效性，不仅取决于要素（内在）的作用，在一定程度上也取决于有序化程度，而这种有序化程度又与组织的产品类别、过程复杂性和人员素质相关。

为了做到有序性，可以编制一个经过优化了的形成文件的程序，以规定一项活动的目的和范围，由谁来做，如何做，在什么时间、什么场合做等。对于一些约定俗成的活动，只要大家能习惯地遵循，也不一定通过编制文件来达到有序化。

（4）动态性

所谓动态性，是指体系的状态和体系的结构在时间上的演化趋势。

应当强调，体系的结构（包括其管理职责）总是相对保守和稳定的因素，而市场和顾客的需求则是相对活跃和变化的因素，一般而言，前者总是落后于后者，但又必须服从于或适应后者。为了保持体系的动态平衡，为了使体系能适应市场和顾客的不断变化的需求，就要求一个组织不仅应当理解顾客当前的需求以满足顾客的要求，而且应当理解顾客未来的需求并争取超越顾客的期望。

4.1.3　质量管理体系的作用

（1）增进顾客和其他相关方满意

建立和实施质量管理体系时运用质量管理体系方法，这个方法要求组织分析顾客和其他相关方要求，规定为达到要求所必须的过程，以及使这些过程处于连续的受控状态，以便实现顾客可以接受的产品，增进顾客和其他相关方满意并使组织成功。

（2）提供持续改进的框架

质量管理体系能为组织持续改进其整体业绩提供一个框架，使持续改进能涉及体系的各要素，以增加顾客和其他相关方满意的机会，同时也能使组织提高自身的竞争能力。

（3）提供信任

质量管理体系能提供内、外部质量保证，向组织（内部）和顾客以及其他相关方提供信任，使其确信组织有能力持续提供满足要求的产品。

4.1.4　质量管理体系要求与产品要求的关系

质量管理体系要求是对质量管理体系固有特性提出的要求。质量管理体系的固有特性是：体系满足方针和目标的能力、体系的协调性、体系的自我完善能力、体系的有效性等。质量管理体系的要求是通用的，适用于各种行业或经济部门，适用于各类产品，包括硬件、软件、服务和流程性材料。

产品要求是对产品的固有特性所提出的要求，有时也包括与产品有关过程的要求。产品的固有特性主要是指产品性能、寿命、可靠性、可维修性、安全性等方面的有关要求。产品要求是特定要求，适用于特定产品。一般来说，产品要求的载体是该产品的技术规范、产品标准、过程标准或相应的合同、协议及法律法规。

质量管理体系要求本身不规定产品要求，但它是对产品要求的补充。对每一个组织来说，产品要求与质量管理体系要求缺一不可，不能互相取代，只能相辅相成。

4.1.5　建立和实施质量管理体系的步骤

ISO 9000 体系标准列举了建立和实施质量管理体系的八个步骤，即：

1）确定顾客和相关方的需求和期望；

2）建立组织的质量方针和质量目标；

3）确定实现质量目标必须的过程和职责；

4）确定和提供实现质量目标必需的资源；

5）规定测量每个过程的有效性和效率的方法；

6）应用这些方法确定每个过程的有效性和效率；

7）确定防止不合格并消除产生原因的措施；

8）建立和应用持续改进质量管理体系的过程。

这既适用于建立和实施质量管理体系，也适用于保持和改进现有的质量管理体系。这八个步骤符合 PDCA 循环。

4.1.6　质量管理体系模式

GB/T 19000—2008 系列标准把以过程为基础的质量管理体系用一个模型图来表示（见图 4-1）。从图中可以看出，质量管理体系包括四大过程：管理过程（管理职责）、资源管理过程、产品实现过程，以及测量、分析和改进过程，即图中圆圈内所包括的四个方框。这四个方框分别对应 GJB 9001B—2009 和 GJB/Z 9004A 中的第 5、6、7、8 章。圆圈内的四个箭头分别代表了四大过程的内在联系，形成闭环，并表明质量管理体系的运行是不断循环、螺旋式上升的。

在四大过程中，产品实现为主要过程。顾客（和其他相关方）的要求形成产品实现过程的输入，通过产品实现的策划（P）、实施（D），生产出产品，经过监视、测量和分析（C）把符合要求的产品交付给顾客（和其他相关方），产品交付后通过组织的测量、分析和改进过程收集顾客（和其他相关方）对产品满意程度的信息，对发现的问题通过分析找出原因，采取改进措施（A），从而完成产品实现过程的 PDCA 循环。在新的阶段，管理过程把新的决策反馈给顾客（和其他相关方），后者可能据此而形成新的要求。PDCA 适

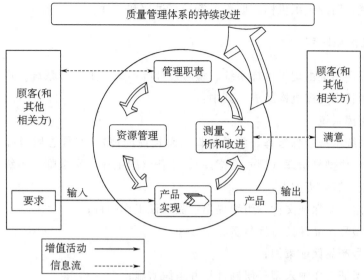

图 4-1　以过程为基础的质量管理体系模式

用于质量管理体系的四大过程。利用这个模型图，组织可以明确主要过程，进一步展开、细化并对过程进行连续控制，从而改进体系的有效性。

4.1.7　最高管理者应在质量管理体系建立和运行中发挥领导作用

最高管理者指组织的最高领导层，具有决策、指挥和控制的职责和权力，其最重要的任务就是要通过他们具体的领导作用和各种措施来创造一个良好的内部环境。在这个环境中，质量管理体系得到有效的运行，全体员工可以充分参与，发挥他们的主动性、积极性和创造性。

最高管理者应在以下九个方面发挥其领导作用，即：

1）制定并保持组织的质量方针和质量目标；

2）通过增强员工的意识、积极性和参与程度，在整个组织内促进质量方针和质量目标的实现；

3）确保整个组织关注顾客要求；

4）确保实施适宜的过程以满足顾客和其他相关方要求并实现质量目标；

5）确保建立、实施和保持一个有效的质量管理体系以实现这些质量目标；

6）确保获得必要的资源；

7）定期评审质量管理体系；

8）决定质量方针和质量目标适宜采取的措施；

9）决定改进质量管理体系应采取的措施。

4.2　型号产品保证系统

为确保型号研制质量，确保研制及管理有章可循、规范运作，必须建立完善的型号研制质量管理系统，明确组织机构、职责、资源、过程和文件。

4.2.1　组织机构和职责

型号产品保证系统由型号指挥系统、型号设计师系统、工艺师系统、产品保证专家组和产品保证专业技术支撑机构组成。其中：

（1）型号指挥系统

型号指挥系统由型号总指挥、副总指挥（总指挥助理）、型号总质量师（型号副总质量师）、各承制单位型号指挥（型号副指挥）、主任（副主任）质量师、各级计划调度和质量管理人员组成，其职责如下：

1）组织制定产品保证文件，组织提出产品保证工作项目；

2）对实现型号产品保证目标负责；

3）开展型号产品保证策划；

4）将产品保证工作纳入型号研制计划并组织实施；

5）负责保证型号产品保证工作所需的资源；

6）负责产品保证信息的闭环管理；

7）组织开展产品保证监督、检查；

8）组织开展产品保证技术支持活动；

9）组织开展产品保证专项培训；

10）就型号产品保证工作对外进行联络。

（2）型号设计师系统

型号设计师系统由型号总师、副总师（总师助理）、可靠性系统工程专业设计师（包括可靠性设计师、维修性设计师、测试性设计师、保障性设计师、电磁兼容性设计师、安全性设计师、环境适应性设计师）和各级设计师（包括产品设计师、软件产品保证负责人、软件设计师等）组成，其职责如下：

1）负责开展产品保证技术工作的策划；

2）在产品设计工作中，贯彻落实产品保证各项技术要求，对设计质量负责；

3）负责按照产品保证要求开展分析、试验、验证、评价等工作；

4）负责型号产品的技术状态控制；

5）对所承担的技术工作质量负责，对上级设计师负责。

（3）工艺师系统

工艺师系统由副总工艺师、工艺师等各级工艺师组成，其职责如下：

1）负责开展材料、机械零件和工艺保证工作的策划；

2）负责产品设计工艺性的审查和评价；

3）在工艺设计中，贯彻落实产品保证的各项技术要求，对工艺设计质量负责；

4）负责对设计选用的关键材料、机械零件和工艺进行分析、评价和确认。

（4）产品保证专家组

产品保证专家组由顾问组、可靠性专家组、元器件专家组、工艺专家组、软件专家组、电磁兼容性专家组、计量与测试专家组组成，其职责如下：

1）负责产品保证专业技术发展和基础能力建设的研究，研究编制产品保证专业技术的规划、规范、指南及教材等；

2）参加型号专项技术评审；

3）参加型号故障排查和归零等技术支持活动；

4）负责组织产品保证各专业技术交流，开展相关学术的研究与交流活动；

5）对型号有关人员进行产品保证技术培训。

（5）产品保证专业技术支撑机构

产品保证专业技术支撑机构（以下简称机构）是指从事产品保证技术理论、方法、应用研究与推广，对产品保证工作起到技术支撑作用的专业机构，主要包括元器件可靠性中心、环境可靠性试验中心、航天电磁兼容检测中心、航天软件评测中心、国防第二计量测试研究中心、可靠性系统工程总体技术支撑机构、弹上设备可靠性系统工程技术支撑机构和地面装备可靠性系统工程技术支撑机构。

4.2.2　资源

型号管理者应依据型号的质量目标，以及使用方的要求，确定资源要求并及时提供适宜的资源。资源中首要的是人力资源。为确保各类人员的能力，应明确规定所需人员的资质、经历及应接受的培训要求，建立一支经验丰富、训练有素、具备资格的技术、管理和操作人员队伍。资源还包括各种硬件和软件，如设计和研制设备，制造设备，检验、试验和测量设备，仪器、仪表和计算机软件，以及完成各项活动所需要的时间和资金等。应当强调，为确保型号产品保证系统有效运行，保证相应的资金投入是必须的。资源及人员技能的规划和进度安排，应与型号总目标一致，并能及时调配，以适应新的环境。

4.2.3　过程

过程是指一组将输入转化为输出的相互关联或相互作用的活动。可见，过程应包含三个要素：输入、输出和活动。资源是过程的必要条件。应对过程进行策划，并使其在受控条件下运行。在对每一个过程进行策划时，要确定过程的输入、预期的输出和为了达到预期的输出所需开展的活动和相关的资源，也要明确为了确定预期输出达到的程度所需的测量方法和验收准则；同时，要根据 PDCA 循环，对过程实行控制和改进。

型号产品保证的主要活动和要求一般包括：

（1）产品保证策划

产品保证策划工作主要包括编制型号产品保证系列大纲、开展型号产品保证工作策划、明确标准化工作要求等 3 部分内容。

① 编制型号产品保证系列大纲

以型号产品保证通用系列大纲为基础，结合各型号的具体特点和要求，编制型号产品保证系列大纲，结合各阶段的主要工作任务和要达到的技术状态，明确产品保证工作项目，经院级评审通过后，由型号两总批准发布实施；承制单位分解、落实型号产品保证系列大纲的要求，结合本单位质量管理体系要求和产品特点，制定相应的型号产品保证实施细则，经上一级承制单位认可后发布实施。

② 开展型号产品保证工作策划

按照型号产品保证系列大纲的要求，在方案阶段制定型号产品保证整体策划，明确型号在产品实现过程中的产品保证工作要点和计划；根据型号方案、工程研制和定型阶段的特点制定型号产品研制阶段产品保证工作策划；根据型号的年度研制工作计划和目标，对型号产品保证策划进行分解和细化，形成型号年度产品保证工作要点和计划。

③ 明确标准化工作要求

结合型号的特点，确定所采用的标准及其剪裁要求，提出贯彻各级标准的要求和标准化工作安排，制定型号标准化大纲等标准化文件。

（2）产品保证培训

对型号管理及设计人员开展型号产品保证教育、培训、考试等活动。

各承制单位结合型号岗位具体要求组织开展教育和培训，确保研制、生产和管理人员具备岗位所需的能力和意识。产品保证培训内容主要包括：

1）GJB 9001B—2009 标准；

2）型号产品保证系列大纲；

3）型号标准化大纲及相关标准、设计准则。

（3）依据产品保证开展技术设计

型号设计师系统按照型号产品保证和标准化要求开展技术设计，按照产品保证工作策划，将质量保证、可靠性保证、维修性保证、测试性保证、保障性保证、电磁兼容性保证、安全性保证、环境适应性保证、元器件保证、软件产品保证、计量保证和材料、机械零件和工艺保证内容落实到产品的技术文件中，确保产品技术性能指标满足研制总要求和任务书要求。

（4）实施技术设计评审

实施技术设计评审就是依据任务书、设计报告及相关文件（包括产品保证系列大纲、标准化大纲等），对技术设计满足任务书要求的情况，设计的正确性、协调性与工艺性，以及技术设计中的可靠性系统工程、元器件选用、标准执行情况的适宜性和有效性所进行的评审。技术设计评审主要在工程研制阶段开展，是对设计质量进行控制的重要质量控制点，在产品下图生产前开展。技术设计评审一般分为预评审和正式评审两个阶段，也可合并进行。院级评审项目的资料提交前，承制单位应组织完成研究室或专业组级的专业审查和评审，并有明确的结论。具体按照 Q/WE 3007 要求执行。

（5）组织产品保证技术支持

型号指挥系统组织产品保证专家为型号研制过程中的产品保证工作提供技术咨询和技术指导。产品保证技术支持的主要工作为：

1）参加型号技术评审；

2）参加型号研制和生产过程中的故障排查；

3）参加型号质量问题归零；

4）参与对有关人员的产品保证技术培训。

（6）产品保证例会

组织召开产品保证例会包括产品保证报告编制和产品保证例会组织等 2 项工作。

① 产品保证报告

各承制单位应按计划总结型号产品保证工作，形成产品保证报告，并自下而上逐级报上一级承制单位。产品保证报告的内容应包括：

1）产品保证计划项目完成情况，未完成的计划项目应说明其原因；

2）产品保证文件执行情况和效果；

3）质量问题（故障）归零情况；

4）产品保证审核不符合项及其纠正措施落实情况；

5）计划项目调整建议和下一阶段产品保证工作安排；

6）需说明的其他有关事项。

② 召开产品保证例会

根据工作需要召开产品保证例会，及时总结、协调、调整和布置产品保证工作及专家支持活动。产品保证工作例会的内容应包括：

1）报告型号产品保证报告，分析前期产品保证工作存在的问题及其改进建议；

2）审查质量问题的归零工作、技术状态变更情况、关键过程控制情况、产品验收情况；

3）协调解决问题，调整产品保证工作和专家支持活动计划，明确下一阶段的产品保证工作重点。

形成例会纪要，各承制单位应按照纪要要求落实各项产品保证工作。

产品保证例会可单独召开，也可结合型号调度会、型号两总会（包括型号两总例会和型号两总扩大会）、型号工作会等对产品保证工作进行总结、协调和布置。

（7）产品保证审核、监督检查

产品保证审核工作应由型号指挥系统制定审核计划，对各级承制单位应定期开展产品保证审核，对产品保证文件的贯彻实施情况及实施效果进行审核，如发现不符合项应及时采取纠正措施。审核以专项审核为主，在每个研制阶段应至少覆盖一次型号产品保证系列大纲的要求。产品保证审核按总体、承制单位和分承制单位分级开展，各承制单位还应开展对关键产品外协单位、外购单位的定期审核和专项审核。

产品保证监督检查工作由各承制单位按产品保证计划和型号研制具体情况对自身和分

承制单位产品保证执行情况进行自查，型号指挥系统按照年度产品保证计划和型号研制具体情况对各承制单位产品保证计划执行情况进行监督检查，并形成检查报告。各承制单位按照检查报告提出的要求进行落实整改。

4.2.4　文件

产品保证包含"型号产品保证通用系列大纲和型号产品保证通用系列大纲实施指南"与"产品保证活动管理和技术规范"等两个层次的文件，用于规范型号产品保证策划、培训、实施、技术设计评审、技术支持和审核等各项工作。通常包括质量保证、可靠性保证、维修性保证、测试性保证、保障性保证、电磁兼容性保证、安全性保证、环境适应性保证、元器件保证、软件产品保证、计量保证和材料、机械零件和工艺保证等内容的分大纲及实施指南。

产品保证活动管理和技术规范是在质量保证、可靠性保证、维修性保证、测试性保证、保障性保证、电磁兼容性保证、安全性保证、环境适应性保证、元器件保证、软件产品保证、计量保证和材料、机械零件和工艺保证中开展每个工作项目依据的标准和规范。

型号总体单位应编制型号质量与可靠性保证大纲，并按项目分解结构对分系统、整机、配套产品等单位逐级提出质量与可靠性保证要求，各级要根据上一级的要求编制质量与可靠性保证大纲。

型号质量与可靠性保证大纲应全面描述型号的质量与可靠性要求，详细规定各研制阶段应开展的质量与可靠性工作项目，明确质量与可靠性保证队伍及负责人的职责，以及与职能部门的关系。大纲不仅要规定型号研制各阶段质量与可靠性工作项目，而且要规定如何实施这些工作项目，以及各阶段工作项目完成的标志，要明确各评审点的评审要求，不符合评审要求的，不得通过评审，没通过评审的，不得转入下一研制阶段。

各承制单位应在型号研制一开始就根据研制任务书或合同中规定的战技指标、质量与可靠性要求以及经费、进度等约束条件和 GJB 1406、GJB 450A、GJB 368A、GJB 3872、GJB 900A 及有关行业标准要求，论证型号质量与可靠性保证方案，进行质量策划，制定型号质量与可靠性保证大纲。型号质量与可靠性保证工作应与产品管理、工程技术活动相协调。型号总指挥、承制单位行政领导应重视质量与可靠性工作，将质量与可靠性保证作为型号研制工作的重要组成部分，纳入型号研制计划，从经费、进度、资源上保证其实施。

4.3　型号产品保证系统与单位质量管理体系的关系

型号产品保证系统与单位质量管理体系对于确保型号研制质量，是互为补充、缺一不可的。

一方面，单位的质量管理体系是型号产品保证系统的基础。目前，军工产品承制单位都已按 GJB 9001B 质量管理体系国家军用标准建立了质量管理体系，其范围一般包括该单位研制、生产的多种产品和这些产品所涉及的过程。型号产品保证系统的对象是某一个型号产品，涉及型号研制、生产的全过程，跨多个单位；各型号参与单位可能只涉及型号产品形成过程的某些阶段和过程。可见，一个型号往往涉及许多单位，只有涉及型号的各个单位的质量管理体系都有效运行，才能保证整个型号的质量管理系统有效运行。2009 年，总装备部发布了修订后的 2009 版 GJB 9001B 质量管理体系国家军用标准，军工产品承制单位应根据新版 GJB 9001B—2009 进一步完善质量管理体系，这是型号产品保证系统的基础。

　　另一方面，型号产品保证是对质量管理体系要求的具体补充。不论一个单位涉及多少个型号，该单位的质量管理体系只有一个。但是，由于不同的型号要求差异可能很大，一个单位的质量管理体系不可能包括该单位所有型号对该单位的所有要求。因此，各型号参与单位应根据本型号产品保证系统的要求（质量与可靠性保证大纲），在本单位质量管理体系的基础上编制本单位该型号的质量与可靠性保证分大纲，并合理分配资源，只有这样，才能保证各型号在本单位顺利实施。

第5章　航天科工质量制胜战略与质量文化

5.1　航天科工质量制胜战略

5.1.1　质量制胜的实践与成效

集团公司成立以来，全系统各级领导和广大员工认真贯彻执行党中央、国务院、中央军委有关质量工作的方针、政策、法规和指示，坚持质量制胜，在继承航天质量工作优良传统、借鉴国内外先进质量管理理论和方法的基础上，结合发展新形势、新特点，遵循质量工作规律，创新质量工作模式，实施零缺陷系统工程管理，集团公司质量工作取得了显著成效。

（1）持续改进，积极构建运行有效的质量管理体系

集团公司坚持"体系为基、预防为主、追求卓越、用户满意"的质量方针，建立了一系列行之有效的质量规章制度和标准，深化了质量管理体系建设。集团公司总部开展了涵盖所有管理和服务职能范围的质量管理体系建设工作；所属研究院、基地积极探索并认真实践以产品总承包为范围的质量管理体系建设，通过了认证并取得了资质；三级科研生产单位全部建立了质量管理体系，贯标率达到100％。集团公司高度重视质量管理体系运行，不断完善组织机构，加强体制机制建设，努力提高质量管理体系的成熟度，体系运行保持了较好的适应性、有效性。

（2）继承创新，强化实施具有航天特色的产品实现过程控制

集团公司大力推进并有效实施零缺陷系统工程管理，建立了型号产品保证、一次成功技术保障分析、质量问题技术归零和管理归零标准、质量隐患技术防范和管理防范准则、科研生产关键人员质量审核机制、元器件装机许可证等一整套科学、先进和具有中国航天特色的质量管理理念、理论和方法。在研制生产航天产品过程中，建立了型号质量责任制，完善了型号质量保证组织系统、型号质量师系统、型号质量监督系统。系统地开展了型号产品保证策划，强调吃透技术、吃透状态、吃透规律，关注并处理好继承与创新、成功与成熟、成熟与可靠的关系。大力推进元器件"五统一"管理、软件工程化、技术状态控制、产品测试充分性和天地一致性分析与验证、质量风险管理、质量检查确认，强化质量预防。深入落实质量问题技术归零和管理归零双"五条标准"，提高产品质量，改进质量管理。推进质量精细化管理，对设计、生产、试验和售后服务全过程实施系统的、严格的过程质量控制，与用户建立一体化的服务保障体系，做到质量管理有依据、有记录、有

对比、有检查、有结论、有改进。集团公司成立以来，先后为国家提供了大量性能先进的武器系统，为载人航天工程等多个国家重大工程项目提供了关键配套装备，型号飞行试验成功率稳定保持在国内同行业先进水平。集团公司研发生产的各类产品质量不断提高，满足了用户的需求，大幅提高了市场竞争力。

（3）全员参与，深入开展航天先进质量文化建设

集团公司继承航天的优良文化传统，以"严肃认真、周到细致、稳妥可靠、万无一失"为宝贵财富和精神动力，并不断结合新的形势和质量实践赋予其新的内涵，逐渐形成以质量价值观为核心，以"重心前移、系统预防"为特征的航天先进质量文化。在"十五"和"十一五"期间发布了《中国航天科工集团公司质量文化建设纲要》，并通过航天质量日和全国质量月活动以及设立"中国航天质量奖"等多种形式在全系统广泛开展群众性的宣传、教育、交流、研讨等主题活动，开展"质量精细管理"、"产品质量对标管理"、"生产操作五自管理"、"质量放心岗"和"质量预防奖"等实践活动，大力弘扬航天先进质量文化。集团公司于 2009 年 3 月，发布了新版《质量文化手册》，积极倡导"零缺陷"理念，丰富零缺陷系统工程管理内涵。集团公司广泛开展了质量创新、产品创优等实践活动，取得了一批重要成果。集团公司荣获"全国推行全面质量管理优秀企业"称号，成为"中国质量文化建设示范单位"、中央企业首家"质量管理创新基地"。《航天企业预防型质量文化管理的理论与实践》获首届中国管理科学学会"管理科学奖"，《军工企业科研生产关键人员质量审核机制的创立》获国家级企业管理现代化创新成果一等奖，一大批质量技术成果和管理成果获省部级奖。集团公司积极推进班组质量建设，成立了 6 000 余个 QC质量小组并开展质量改进活动，有 40 个 QC 小组获得了国优称号。

（4）统筹安排，不断提升质量基础保证能力

集团公司不断加强质量基础保证能力建设，大力开展技术改造，完善了技术支撑体系。为满足当前和长远需求，集团公司积极开展了质量与可靠性保障条件建设和航天产品全寿命期可靠性保障工程建设，通过争取国家支持和加大自主投入，使计量、元器件、软件评测、可靠性试验验证等技术基础条件得到改善，形成了较为完整的系统、整机、元器件、原材料等试验检测能力。积极开展了质量技术基础研究工作，完成了近 700 项技术基础研究项目；完成了 1 万多项设计、试验、工艺规范的编制工作，并得到有效实施；建立了 16 家质量技术支撑机构，并获得了国家和国防实验室认可；质量管理信息化建设得到加强。注重质量管理和质量技术队伍的培养，有 100 余人取得国家注册质量工程师资质，有一批人员获得国家注册一级计量师资质。

5.1.2　实施质量制胜战略的重要意义

（1）实施质量制胜战略是提高武器装备研制质量效益，维护国家安全的迫切需要

集团公司的首要职责就是为国家安全提供先进的防务装备，为社会打造优质的高科技产品。现代武器装备日益复杂，质量和可靠性要求越来越高，技术难度和风险越来越大，集团公司在提高武器装备的质量稳定性方面尚需努力，只有实施质量制胜战略，提高质量

预防和控制能力，才能为顾客提供满意的产品，为国家安全筑牢基石。

（2）实施质量制胜战略是集团公司提升核心竞争力，促进国民经济发展的迫切需要

随着市场经济的发展和国内外形势的变化，集团公司面临着国内军工同行和高科技民口企业的竞争，也面临着国外同行的激烈竞争，产品质量是竞争的主要特征，质量直接影响到国家形象和声誉，也直接影响到集团公司的生存和发展。目前，集团公司质量管理的整体水平还不能很好地适应竞争的形势，因而需要调整战略部署，突出质量制胜，加强质量管理能力建设，科学细致地控制质量风险，优化质量成本，保持市场竞争优势。

（3）实施质量制胜战略是集团公司打造国际一流航天防务公司的迫切需要

一流的航天防务公司必须有一流的经营发展业绩，必须依靠一流的经营质量来保证，这就要求航天企业必须从保证产品质量向保证以产品质量为核心的经营质量转化，追求卓越绩效。为适应集团公司军民融合发展的需要，进一步促进质量工作向"军民并重"转变，必须全方位实施质量制胜战略，以适应新形势、满足新要求、解决新问题，提高质量经营整体水平。

（4）实施质量制胜战略是集团公司实现经营发展模式转变、完善质量工作长效机制的迫切需要

集团公司的发展模式正逐步从任务型向任务能力结合型、从军民分立型向军民融合型、从追求企业自身发展向全面履行社会责任转变。要突出"大质量"观念，即质量是以产品的整体效能和用户及利益相关方满意为最终标准；产品质量的获得需要由全员、全过程和全方位的质量来保证；产品质量要在以质量效益为中心的企业经营管理中实现。集团公司质量管理工作应顺应世界质量发展潮流，适应集团公司发展需要，建立预防型和质量效益型的管理模式，不断创新质量管理方法和技术，提高质量基础能力，提高质量管理水平和效率，完善质量工作长效机制。

5.1.3　实施质量制胜战略的指导思想、基本原则和发展目标

（1）指导思想

牢固树立科学的质量发展观，始终秉承"质量是生命、质量是责任、质量是财富"的质量价值观，始终贯彻"体系为基、预防为主、追求卓越、用户满意"的质量方针，全面深入推进零缺陷系统工程管理，把提高质量管理能力作为加快转变经济发展方式、提升企业核心竞争力的重要抓手，为打造国际一流航天防务公司奠定坚实基础。

（2）基本原则

一是坚持质量第一与速度、效益的协调统一。质量是企业的生命线，是影响科研生产效率和经营开发效益的至关重要的因素，要以坚持质量第一促进企业快速发展，以实现质量第一为企业创造效益、创造价值。

二是坚持依法治质与以德兴质、科技强质的协调统一。统筹做好质量法规制度建设、质量文化建设、质量基础能力建设工作，彼此相互促进、相互协调，不断提高质量执行力和控制力，不断提升质量综合管理能力和质量技术保证整体水平。

三是坚持质量管理体系运行与产品质量控制的协调统一。不断完善质量管理体系，在产品质量控制中充分发挥质量管理体系的预防和纠正功能，以适宜、有效的质量管理体系支撑产品实现过程，保证产品的高质量。

四是坚持质量工作创新与继承的协调统一。坚持中国航天工业 50 多年来质量工作实践中所积淀的先进的行之有效的质量规章制度、技术和方法。在此基础上，认真跟踪研究国内外质量发展新趋势，未来航天发展新特点，在实践中积极探索新的质量工作方法和技术，提升质量竞争力。

（3）发展目标

到 2020 年末，集团公司在航天防务、信息技术、装备制造三大主业的产品质量保持国内领先水平，达到国际同行业先进水平。努力实现型号飞行试验"一次成功"、产品交付"一次合格"、质量损失成本显著降低、顾客满意度大幅提升。

到 2020 年末，质量管理能力和水平保持国内领先、达到国际先进水平，实现"五化"目标，即质量工作系统化（以系统科学的理论和方法为指导，整体地、综合地、动态地、开放地、分层次地开展质量工作）、质量经营绩效化（以卓越绩效模式不断推进基于全面质量管理的企业经营）、质量控制工程化（以先进的工程技术在产品实现全过程中进行定量和定性的控制）、质量改进人本化（以全体员工的积极性和创造力持续改进质量，并享受质量改进的成果）、质量管理信息化（以信息化方式全面提升质量管理水平和能力，达到管理规范、流程清晰、信息畅通、动态控制）。

5.1.4　实施质量制胜战略的主要任务

（1）突出一条主线

全面推进零缺陷系统工程管理，统筹做好各项质量工作。运用零缺陷系统工程管理理论和方法，建立以人为本的航天先进质量文化，完善追求卓越的质量管理体系，提升适应发展需要的产品保证能力，实施系统优化的产品实现过程控制。尤其要在型号研制生产、重大民品项目经营开发中，大力实施零缺陷系统工程管理，开展产品保证实践，采取有效的质量预防、系统控制措施，精湛设计、精良制造、精准测试、精心服务、精细管理。实现系统预防、一次成功，确保重大工程、重大项目按时、保质、保量完成任务。在工程实践中，积极总结提炼先进的质量工具、质量技术和方法，不断完善零缺陷系统工程管理。

（2）深化两项建设

1）深化航天先进质量文化建设。结合航天特色研究如何使零缺陷理念落地生根并追求卓越的文化内涵，进一步丰富航天先进质量文化。开展争创全国质量奖和航天质量奖活动，不断改进质量工作，提升持续发展能力。广泛开展 QC 小组活动，促进班组质量建设，增强班组自我完善、改进质量工作的能力和水平。开展争创质量先进标兵活动，培育、树立一批质量先进单位、先进班组、先进个人，通过榜样的作用带动提升全员的技术、技能和技艺，提升业务水平和质量素养，形成人人关心质量、人人创造质量、人人改进质量、人人享受质量的良好氛围。

2）深化航天一流品牌建设。质量是品牌的重要基础，一流的品牌反映了产品和企业的质量形象。要以高质量创造中国航天的产业品牌，以高质量创造航天科工的企业品牌，进一步增强航天科工品牌意识，全面提高品牌产品的质量水平，提高稳定性和适用性，提升品牌价值。以优质产品、优质服务提升品牌知名度和美誉度，树立航天科工标志形象，提升集团公司核心竞争力。

（3）健全三个体系

1）健全质量管理体系。在产品实现过程中，系统地建立有效的质量策划、监督、保证、审核和改进制度，积极推进质量管理体系的量化评价工作，完善厂际质量保证体系建设，建立外协外购协同质量管理机制，促进质量管理体系有效运行。在集团公司质量管理体系建设中导入卓越绩效模式，引入能力成熟度模型，使质量管理从符合型向绩效型转变。进一步完善质量教育培训、质量监督审核、质量奖惩激励、质量基础投入机制，从体系、体制、机制上促进质量水平跃上新的台阶。

2）健全质量诚信体系。积极履行产品和服务的质量承诺，履行企业的社会责任，探索建立合同履约信用记录。逐步完善信用管理制度和组织机构，健全产品交付用户全过程的信用管理，健全用户满意度测评制度，接受公众和舆论监督，建立完善各类人员质量诚信档案。加强诚信规范的道德教育，引导员工遵法守纪，提高诚信素质和职业服务标准，使诚信成为企业和员工的自觉行为。以诚信赢得质量信誉、赢得顾客信任、赢得企业形象、赢得产品市场。

3）健全质量技术支撑体系。建立集团公司质量与可靠性中心。完善标准化中心、计量中心、元器件质量与可靠性中心、软件评测中心、环境与可靠性中心、理化分析中心、无损检测中心、电磁兼容试验中心、紧固件检测中心建设。完善质量管理、标准化、计量、元器件、软件工程、环境与可靠性专家组建设。通过中心技术监督、专家技术支持，为集团公司科研生产提供全面、有效的质量技术支撑。

（4）推进四大工程

1）有效推进标准化战略实施工程。从战略层面建立全面支持航天防务、信息技术和装备制造三大主业发展的，集技术标准、管理标准和工作标准为一体的完备的航天科工企业标准体系，发挥集团公司产业优势和专业优势，提高集团公司标准化水平，提高标准的创新性和有效性，为打造优质产品和航天一流品牌提供先进可靠的技术和管理保证。在型号中，大力推进"设计、试验、工艺"三大规范建设和"通用化、系列化、组合化"三化工作，严格标准化管理，全面推进企业贯标、达标工作，加强标准规范、产品三化等数据库建设，充分发挥标准协调技术、规范管理和改善工作的作用。

2）继续推进航天产品全寿命期可靠性保障工程。进一步完善系统级、全寿命周期的设计与分析、试验与验证和管理平台建设，提高设计与分析、试验与验证能力。积极开展质量与可靠性重大技术专项研究，促进提高产品质量与可靠性、安全性、维修性和保障性水平。

3）全面推进质量成本管理工程。将质量成本管理纳入整体经营管理活动，在集团公司系统内和推动军、民两业发展进程中，全面规范质量成本统计、核算、分析和改进，提高质量成本控制水平，有效降低质量损失，提升质量效益。

4）深入推进质量信息化工程。在建立完善各类相关的质量基础数据库的基础上，建立满足质量管理体系运行、产品实现过程控制、质量分析与改进等需求的集成化的质量工作信息系统。以信息系统为平台，实现资源的共享、信息的充分利用和流程的优化，提高质量管理动态控制信息化能力，促进产品质量的提高。

5.1.5　实施质量制胜战略的保障措施

（1）领导高度重视，落实全员质量责任制

进一步加强对质量工作的领导和组织，将质量制胜战略纳入到企业长远规划，统筹组织落实。建立健全各级、各类部门、人员的质量责任制，建立并完善质量督导制度和责任追究制度。

（2）保障资源投入，健全激励约束机制

建立责权一致、分工合理、界面清晰的质量工作系统，充分发挥质量委员会、管理部门和质量专家组的作用。建立集团公司质量投入机制。兑现质量承诺，建立单位、部门和个人质量业绩档案，建立、健全与单位、部门和个人业绩相挂钩的质量激励约束机制。

（3）加强教育培训，提高全员质量意识

广泛开展全员的质量意识、责任、基础知识和业务知识的普及学习和培训，以及群众性的质量活动，提高全员的质量素养和技能。深入开展对各级、各类设计师、工艺师、型号质量师和质量管理者的质量理论、技术、方法和工具等的培训，建立一支高素质、高水平的质量保证队伍和质量管理队伍。

（4）依靠科技进步，提升质量保证能力

充分利用现代科学技术和手段，完善产品设计与分析、试验与验证能力，提高设计质量；广泛应用先进适用的工艺技术、工艺装备、制造设备，提高工艺质量与产品质量稳定性，提升产品研制、生产的质量保证能力。

（5）重视创新实践，保持质量管理领先优势

加强质量创新基地建设，推进质量管理和质量技术创新。借鉴国内、外先进的质量技术，提炼工程实践精华，完善零缺陷的质量管理理论和方法，并不断深化应用。大力推广质量先进方法，提高企业经营质量和产品质量，保持集团公司质量管理的领先优势。

（6）坚持统筹协调，强化民用产业质量管理

以行业标准、产品资质认定和各类许可为牵引，以品牌建设为核心，全面提升民用产品质量。要充分借鉴军品质量管理的有益经验，对民品研制、生产、销售和服务全过程进行有效的质量控制和管理，不断创新和探索适应市场运作机制的民用产业重大项目质量管理制度和方法。

（7）满足顾客需求，接受用户和社会监督

牢固树立"质量第一、用户至上"的质量理念和"诚信为本、优质为荣"的质量道德

观，增强员工的使命感和社会责任感，提高质量风险控制和防范能力。建立并完善用户沟通机制，及时了解用户对集团公司产品质量、服务和保障质量、质量管理体系建设和运行的意见和建议，持续改进和提高产品质量。

（8）追求卓越绩效，提高质量管理成熟度

开展质量对标管理，提高质量管理能力和水平，实现质量有效预防和产品实现过程有效控制。在型号研制生产中推进技术成熟度评价，在质量管理体系建设中开展质量管理成熟度评价，推进实现卓越绩效。进一步在全系统所有单位实施军民品融合的质量综合分析制度。深化对航天质量工作特点和规律的认识，推广先进质量方法，并不断提升和创新，提高质量管理的科学性和有效性。

5.2　航天科工质量文化

5.2.1　质量文化建设的现状分析

集团公司的质量文化建设活动，始终认真贯彻落实集团公司质量制胜战略关于深化航天先进质量文化建设的统一部署；坚持结合航天特色研究如何使零缺陷系统工程管理理念落地生根并追求卓越的文化内涵；着力在基层班组一线深入开展航天先进质量文化建设活动。通过开展争创全国质量奖和航天质量奖活动，不断改进质量工作，提升持续发展能力。广泛开展 QC 小组活动，促进班组质量建设，增强班组自我完善、改进质量工作的能力和水平。开展争创质量先进标兵活动，培育一批质量先进单位、先进班组和先进个人，以点带面，提升全员的技术、技能和技艺水平，提升业务综合能力和质量素养，形成人人关心质量、人人创造质量、人人改进质量、人人享受质量的良好氛围。

但是，近年来集团系统内质量问题仍时有发生，特别是人为的质量责任事故远未杜绝，质量管理尚存不少薄弱环节，质量形势依然严峻，这充分说明质量文化建设在深度上、广度上还需进一步加强。

5.2.2　质量文化建设的推进策略

（1）指导思想

全面落实质量制胜战略，继承发扬航天优良的质量文化传统，巩固和深化航天先进质量文化建设成果，推动零缺陷系统工程管理理念落地生根，丰富预防型质量文化的内涵，向卓越型企业迈进。提高产品质量和服务质量、提升质量经营整体水平，努力确保型号飞行试验"一次成功"、产品交付"一次合格"、质量损失成本显著降低、顾客满意度大幅提升；质量管理能力保持国内领先，产品质量达到同行业先进水平；实现"五化"质量目标，提高企业核心竞争力。

（2）基本原则

紧密结合企业科研生产和经营开发，促进整体质量管理水平的提高，服务于集团公司的长远发展。学习国际一流防务公司的质量管理经验，借鉴国内外先进质量文化的精华和航天先进质量文化建设中的成熟经验，创建更加丰富多彩、具有航天特色的质量文化。

1) 遵循系统化原则。运用"零缺陷系统工程管理"理念和方法，在质量文化建设中要从精神、行为和物质三个层面上系统推进，从改进产品质量和经营质量两个方面系统推进，从文化层面上塑造形成"系统预防、追求卓越"的氛围。

2) 遵循全员化原则。坚持以人为本，始终把广大员工作为开展质量文化建设和享受质量文化建设成果的主体，引导全员参与，持续提高员工的质量意识。实现以高素质的员工完成高质量的工作，以高质量的工作保证高质量的产品，以高质量的产品创造高效益的业绩，以高效益的业绩实现员工高质量的人生价值。

3) 遵循多样化原则。紧密结合实际，深入研究新形势、着力解决新问题，不断创新质量观念、管理手段和技术方法，针对不同时期、不同层面、不同人员开展各类有特色的、丰富多彩的质量文化建设活动，并进行评估分析，使质量改进始终保持生命力。

（3）总体目标

运用零缺陷系统工程管理的理念和方法，不断深化"系统预防、追求卓越"，创造一流的产品和服务；精心设计、精密制造、精准测试、精细管理，确保一次成功；以争创全国质量奖、中国航天质量奖等实践活动为切入点，拓展预防型质量文化的内涵；把质量持续改进作为企业可持续发展的重要组成部分，努力提高企业的整体绩效，满足用户明示的和潜在的需求，为企业的投资者、用户、员工、供方、合作伙伴以及社会创造更多价值。

5.2.3　质量文化建设的主要任务

（1）在精神层面深入开展质量文化建设

继续贯彻"体系为基，预防为主，追求卓越，用户满意"的质量方针；继续秉承"质量是生命，质量是责任，质量是财富"的质量价值观；继续坚持"严肃认真，周到细致，稳妥可靠，万无一失"的指导原则；继续践行"诚信为本，优质为荣"的质量道德观。

① 牢固树立零缺陷系统工程管理理念

深入开展质量制胜战略的宣贯，不断总结、凝炼和发扬具有航天特色的质量文化精髓，引导全体员工牢固树立零缺陷理念，牢固树立正确的质量观念，改善思维方式，培养形成良好的工作习惯，使"零缺陷"发展成为每个航天员工持续的工作态度，各单位、型号和岗位要明确实践零缺陷的目标和要求并加以分解、落实。

② 广泛深入开展质量文化宣传和教育

充分利用全国质量月和航天质量日积极开展全员质量意识、顾客意识和品牌意识、质量价值观、质量道德观的宣传教育活动，广泛开展形式多样、注重实效的质量文化宣传活动，深入开展航天质量论坛和质量征文交流活动，营造浓厚的质量文化氛围。使航天先进质量文化理念深入每个员工心中，扎根于员工的思想中，自觉地贯彻于员工的行动中。进一步增强全员质量责任感、使命感，培养员工形成"不制造缺陷、不接受缺陷、不传递缺陷"的良好意识和素质，第一次就把事情做正确。

③ 积极主动导入追求卓越的质量文化

以争创全国质量奖、中国航天质量奖实践活动为切入点，引导更多的基层单位追求卓越的质量经营，倡导从追求经营绩效的视角和相关方和谐共赢的内涵看待质量和质量文化。积极开展对标管理，总结和推广追求卓越绩效的最佳管理实践。

（2）在行为层面深入开展质量文化建设

① 建立健全质量管理体系

集团公司各单位应严格落实《武器装备质量管理条例》的要求，按照 GJB 9001B—2009《质量管理体系要求》完善各级质量管理体系，落实集团公司《质量制胜战略报告》和《质量管理规定》的要求；进一步探索如何将管理和服务作为产品进行过程管理，研究如何提高管理和服务的质量；在产品实现过程中，系统地建立有效的质量策划、监督、保证、审核和改进机制，积极推进质量管理体系的量化评价工作，完善厂际质量保证体系建设，建立外协外购协同质量管理机制，促进质量管理体系有效运行。对于从事民品的单位，应继承和发扬航天型号产品质量管理的优良传统和经验，按照 ISO 9001—2008《质量管理体系要求》建立相应的体系并持续改进。

② 建立健全质量诚信体系

积极履行产品和服务的质量承诺，履行企业的社会责任，以"诚信为荣"。探索建立合同履约信用记录，逐步完善信用管理制度和组织机构，健全产品交付用户全过程的信用管理，健全用户满意度测评制度，接受公众和舆论监督，建立完善各类人员质量诚信档案。加强诚信规范的道德教育，引导员工遵法守纪，提高诚信素质和职业服务标准，使诚信成为企业和员工的自觉行为。以诚信赢得质量信誉、赢得顾客信任、赢得企业形象、赢得产品市场。

③ 建立健全质量激励约束机制

进一步建立健全各级、各类部门、人员的质量责任制，并不断完善质量督导制度和责任追究制度。各级单位均要认真兑现质量承诺，建立单位、部门和个人质量业绩档案，建立健全与单位、部门、个人业绩相挂钩的质量激励约束机制。建立并完善质量奖惩和质量考核制度，在武器装备（含民用产品）质量特性形成、保持和恢复的全过程中，鼓励所有参与者积极提出问题，积极发现问题，积极解决问题，积极防范隐患，积极为实现"零缺陷"目标做出贡献。定期开展对质量法规标准、质量管理体系和型号产品保证要求执行情况的监督检查，发挥质量通报、质量奖励、质量责任追究等杠杆作用，激励执行、阻止违规，形成有章可循、有章必循、执法必严、违法必究的质量奖惩机制。

④ 建立健全质量监督审核机制

在继续深入抓好质量管理体系审核和产品保证审核（含专项审核）的同时，要进一步改进审核机制，对影响产品实现和产品质量的主体和关键人员（即党政管理人员和型号两总系统中的骨干人员）进行规范的质量审核，从中发现关键薄弱环节和制约因素，进而与完善质量文化建设、质量管理体系改进、质量教育培训机制建设、质量管理方法改进及质量奖惩激励机制建设等相结合，抓住控制因素，实施系统闭环管理，保证关键人员质量素养的提升和产品质量的提高。

⑤ 建立健全产品研制规范体系

按照系统工程的原理，开展顶层策划，建立适应航天型号研制生产需要的产品研制规范体系，覆盖航天产品从组合级产品到整机、分系统、系统级产品各层次的产品规范，规范航天型号设计、制造、总装、测试、试验及靶试等各过程的研制质量，形成一套具有自主知识产权的航天装备技术和管理标准，主要包括：产品设计规范、试验验证规范、技术接口、技术状态管理、技术设计评审、测试覆盖性分析、质量复查、产品验收等技术和管理规范等。

⑥ 建立健全质量经济性分析机制

建立质量经济性分析的有效机制，促进质量经营活动的价值增值最大化。全面规范质量成本的统计、核算、分析和改进方法，加强对隐性质量成本的关注和分析，从关注质量成本分析，逐步向全面开展质量成本分析、质量损失分析、质量投资分析和全寿命周期成本分析过渡，在提高顾客满意度和忠诚度的同时，增强质量成本管理能力，提高质量效益。

（3）在物质层面深入开展质量文化建设

① 深化航天一流品牌建设

要以高质量创造中国航天的产业品牌，以高质量创造航天科工的企业品牌，进一步增强航天科工品牌意识，全面提高品牌产品的质量水平，提高稳定性和适用性，提升品牌价值。以优质产品、优质服务提升品牌知名度和美誉度，树立航天科工标志形象，提升集团公司核心竞争力。

② 构建产品保证支撑平台

强化产品保证技术支撑机构建设，研究和建立质量、技术基础投入机制，按照统筹规划、突出重点、集中投资、合理布局、资源整合、注重实效的原则，开展集团公司各质量与技术基础中心以及若干分中心等技术支撑机构的布局调整和建设，形成一个以各中心机构为核心、覆盖各主要军品研制单位的技术支撑体系，推进各类测试、检测机构获得国家或国防实验室资质认可。充分发挥各中心机构的作用，加强对相关专业发展的规划、指导和技术交流，提高各技术支撑机构的运行水平；通过强化产品保证技术支持机构建设，突破关键技术，建立一套适合航天系统的产品保证设计分析规范和试验评价标准规范，形成一个适合航天工程项目研制生产需要的产品保证技术支撑平台，系统提升产品保证能力。

③ 广泛深入开展质量培训

针对各级各类人员对质量知识的培训需求，实施科学、系统的质量培训，使培训工作更加具有针对性、实效性，建立完善的质量培训机制，使管理者更多地理解质量的新理念和新方法，提高质量意识和质量管理水平；使基层班组一线员工具有更强的质量自觉性和质量执行力。实施多层次、多类型、多种方式的质量理论、技术、方法和工具等质量技术知识和岗位质量技能的培训，不断提高全员质量技术能力和水平。充分利用信息化技术手段，采取网络学习、课堂讲授、问题讨论、案例分析、经验交流、实践实验、群众性质量活动等相结合的方式，将质量知识、质量文化传授给员工，并进行培训效果的检查与评价。

④ 实施员工质量素质评价

员工的质量素质是为用户提供优质产品和服务的基础，员工质量素质的评价应该从员工的基本质量素质、基础质量知识、质量技能和质量绩效等四个方面入手，以定性和定量相结合的方式，评价员工对集团公司质量制胜战略、质量价值观等的认同程度，对质量责任制、质量行为规范的认知程度，对全面质量管理、ISO 9000 族标准、卓越绩效评价准则等各类标准的熟悉程度，对各种质量管理工具和方法的应用程度，对质量格言、口号和质量实践案例的熟悉与理解程度。

⑤ 进一步加强质量队伍建设

推进航天质量师系统的建设；建立健全综合质量管理和工程项目质量管理队伍；健全各层面的产品保证专家支持队伍；培养一批具备国家注册质量工程师资质的质量工作者。努力建设一支熟悉和掌握质量管理的法规和要求，熟悉和掌握质量管理体系内容和产品保证工作流程，熟悉和掌握质量与可靠性设计技术、试验技术的质量和可靠性专家队伍。

充分发挥质量专家队伍在型号管理决策支持、型号研制工作技术咨询和技术把关的作用，组织专家在产品技术性能、可靠性、维修性、测试性、保障性、安全性、环境适应性、软件、电磁兼容、元器件、工艺等产品保证活动中参与技术设计评审及风险分析。

⑥ 积极开展质量实践活动

各单位应在立足自身质量文化建设的基础上，加强经验交流，将"质量放心岗"、"精确制造工程"、"质量精细管理"、生产操作"五自"管理、"三牌两规一统计"制度、"产品标杆"管理、"量化质量管理"等质量实践活动经验进行有针对性地推广和应用；积极开展型号质量隐患的技术和管理防范活动，见微知著，防患未然；推进实施质量交集分析和产品质量过程正向确认；深入开展 6S 管理创牌工作，力争部分杰出单位获得 6S 管理"金牌"、"银牌"，大部分单位达到 6S 管理"铜牌"要求，促进各项基础管理，展现航天的物质基础和文化基础；深入开展 QC 小组等群众性质量活动，争创更多的"国优"和"部优"级 QC 小组。

第6章 装备质量相关法规与标准

为了加强国防科技工业质量与可靠性工作，实现规范化管理，国务院和中央军委制定了一系列行政法规，国防科工委也制定了一系列的规章、文件和标准，本章简单介绍有关质量法规，并列出质量与可靠性及其相关的标准项目，以供参考。

6.1 行政法规

（1）《军工产品质量管理条例》

为了对军工产品的研制、生产过程实施全面的、有效的质量管理，1987 年 5 月 25 日国务院、中央军委批准，同年 6 月 5 日国防科工委发布了（国函〔1987〕88 号）《军工产品质量管理条例》。《军工产品质量管理条例》贯穿着一次成功、系统管理、预防为主、实行"法治"的宗旨。根据经济体制、科研体制改革和对外开放政策的要求，根据国防建设战略转变的特点与实践经验的总结，《军工产品质量管理条例》提出了一系列新的质量管理要求，其中包括：考核承制单位质量保证体系，突出合同的制约作用，加强研制过程质量控制，采用国际上科学管理技术和方法，建立健全质量责任制，完善质量保证职能，同时采用行政的、经济的、法律的三种手段等。

《军工产品质量管理条例》共分 12 章 68 条，主要包括：质量保证体系、研制过程的质量管理、生产过程的质量管理、使用过程的质量管理，以及质量信息管理、质量成本管理等。《军工产品质量管理条例》明确规定承制单位必须建立健全质量责任制，厂（所）长对本单位质量工作全面负责，并应当明确规定本单位业务技术部门和人员的质量职责。

为了加强对武器装备质量的监督管理，提高武器装备质量水平，2010 年 9 月 30 日国务院、中央军委批准了《武器装备质量管理条例》（中华人民共和国国务院/中华人民共和国中央军事委员会令第 582 号）并于 2010 年 11 月 1 日起公布、实施。

《武器装备质量管理条例》共分 7 章 61 条，主要包括：论证质量管理，研制、生产与试验质量管理，维修质量管理，质量监督，法律责任等。《武器装备质量管理条例》明确规定武器装备论证、研制、生产、试验和维修单位应建立健全质量管理体系，应执行军用标准以及其他满足武器装备质量要求的国家标准、行业标准和企业标准，应依照计量法律、法规和其他有关规定实施计量保障和监督，应建立武器装备质量信息系统和信息交流制度，实现质量信息资源共享，并确保质量信息安全。

（2）《战略核武器定型工作条例》

1981 年 5 月 19 日国务院、中央军委发布《战略核武器定型工作条例》，为适应战略核武器发展的需要，保证产品质量，做好定型工作而制定。《战略核武器定型工作条例》共分 5 章，包括总则、定型机构及其职责、定型标准、定型工作范围和定型工作程序。

本条例规定战略核武器的定型标准是：

1）全武器系统（包括分系统、配套设备、部组件等）经过试验鉴定，各项指标符合设计要求或试验的实际指标，性能稳定；

2）具备成套的设计图纸、工艺资料、验收条件、系统明细配套表和其他使用文件；

3）具备批量生产条件；

4）配套产品、元器件、原材料（除个别需进口外）立足于国内，并定点生产。

（3）《军工产品定型工作条例》

1986 年 12 月 31 日国务院、中央军委发布《军工产品定型工作条例》（国发〔1986〕112 号），为加强军工产品定型工作的管理，保证部队装备的质量，以适应国防现代化建设的需要而制定。《军工产品定型工作条例》共分 5 章，包括总则、定型机构及其职责、设计定型、生产定型和附则。

本条例规定产品的设计定型必须符合下列标准和要求：

1）经过设计定型试验，证明产品的性能达到批准的战术技术指标和使用要求；

2）符合标准化、系列化、通用化的要求；

3）设计图纸及技术文件完整、准确，验收技术条件及使用说明书等齐备；

4）产品配套齐全；

5）构成产品的所有配套设备、零部件、元器件、原材料等有供货来源。

本条例还规定产品的生产定型必须符合下列标准和要求：

1）具备成套批量生产条件，质量稳定；

2）经试验和部队试用，产品性能符合批准设计定型时的要求和实战需要；

3）生产与验收的各种技术文件齐备；

4）配套设备及零部件、元器件、原材料能保证供应。

（4）《军工产品定型工作规定》

为加强武器装备质量建设，规范军工产品定型工作，国务院、中央军委颁布施行了《军工产品定型工作规定》。规定共分 6 章 48 条，包括总则、定型机构与职责、设计定型、生产定型、管理与监督、附则等内容。它以《中国人民解放军装备条例》等法规为基本依据，以提高部队战斗力为根本标准，科学总结中国军工产品定型工作的基本经验，合理借鉴了国外的有关经验和做法，对军工产品定型工作的基本任务、基本原则、基本内容、管理体制、工作机制等进行了总体规范，充分体现了新形势下军工产品定型工作的新特点、新要求，为建立协调有序的军工产品定型管理体制和运行机制奠定了基础。

（5）《武器装备研制设计师系统和行政指挥系统工作条例》

1984 年 4 月 4 日国务院、中央军委发布《武器装备研制设计师系统和行政指挥系统工作条例》（国发〔1984〕49 号），为加强武器装备（含卫星系统）研制工作中的责任制，以缩短研制周期，节约经费，保证质量，加速我军武器装备现代化建设而制定。本条例共

5 章 21 条，主要包括设计师系统、行政指挥系统、工作原则和工作关系等。

本条例明确了总设计师和总指挥的职责，并明确规定：

1）总设计师在设计技术上对主管部门负责，同时对任命单位负责。其经常工作，应当在行政总指挥的统一组织领导下进行；

2）行政指挥系统要支持各级设计师行使职能，协助做好技术协调，采取有效措施保证技术决策的实现。设计师系统应当及时从技术上为各级指挥进行工作提供可靠的依据。

此外，本条例还明确了研制质量与进度的关系，即研制工作要遵循研制程序，按规定的质量和进度完成任务。在质量与进度发生矛盾时，应当在保证质量的前提下，努力完成进度要求。

（6）《常规武器装备研制程序》

1987 年 9 月 25 日国家计委、财政部、总参谋部、国防科工委发布（国防科工委（1987）办研字第 1211 号），修订后于 1995 年 8 月 28 日发布（［1995］技综字第 2709 号）。

本研制程序是为加强常规武器装备研制工作的管理，明确责任，保证质量，提高效益，促进装备发展而制定。本研制程序规定常规武器装备研制一般划分为论证阶段、方案阶段、工程研制阶段、设计定型阶段、生产定型阶段。

1987 年 9 月 25 日国家计委、财政部、总参谋部、国防科工委发布（国防科工委（1987）办研字第 1211 号），修订后于 1995 年 8 月 28 日发布（［1995］技综字第 2709 号）。

本研制程序是为促进战略武器装备现代化，加强武器装备研制工作的管理，严格按照科研规律办事而制定。本研制程序规定战略武器装备研制按论证阶段、方案阶段、工程研制阶段、定型阶段的顺序进行。

1987 年 9 月 25 日国家计委、财政部、总参谋部、国防科工委发布（国防科工委（1987）办研字第 1211 号），修订后于 1995 年 8 月 28 日发布（［1995］技综字第 2709 号）。

本研制程序是为促进人造卫星的发展，加强人造卫星研制工作管理，严格按科研规律办事而制定。本研制程序规定卫星研制一般按论证阶段、方案阶段、初样研制阶段、正样研制阶段和使用改进阶段的顺序进行。

（7）《国防计量监督管理条例》

1990 年 4 月 5 日中华人民共和国国务院、中华人民共和国中央军事委员会令第 54 号公布《国防计量监督管理条例》，为加强国防计量工作的监督管理，保证军工产品（含航天产品）的量值准确一致而制定。本条例共分 6 章，包括计量机构、计量标准、计量检定和计量保证与监督等。

（8）《军用标准化管理办法》

1984 年 1 月 7 日国务院、中央军委批准《军用标准化管理办法》（国发［1984］第 8 号），为加强军用标准化的管理，根据国务院、中央军委有关国防现代化建设的方针、原则和《中华人民共和国标准化管理条例》而制定。本管理办法共 6 章，包括标准的制定、修订和审批、发布，标准的贯彻执行，标准化机构与任务，以及奖惩等。

6.2　部门规章和文件

（1）《关于武器装备研制设计师系统和行政指挥系统工作条例实施中若干问题的规定》

1991 年 3 月 30 日国防科工委发布《关于武器装备研制设计师系统和行政指挥系统工作条例实施中若干问题的规定》，其目的是进一步贯彻执行《武器装备研制设计师系统和行政指挥系统工作条例》，明确新形势下两个系统相应的工作和有关方面的工作关系。

关于质量保证工作，本规定明确：

1）在武器装备研制中，研制单位要认真贯彻执行国务院、中央军委颁发的《军工产品质量管理条例》，建立、健全严密、有效的质量保证体系，充分发挥质量保证组织的职能作用。国家重点研制项目和技术配套关系复杂的研制项目应设立项目总质量师。

2）行政总指挥对项目研制的全面质量管理负责，各级行政指挥应明确规定本单位各有关业务、技术部门的质量职责，建立质量责任制。

3）设计师系统对项目的研制质量负责，在研制全过程中从设计上确保武器装备的研制质量，保证产品的设计和研制符合有关技术规范（技术规格书）的技术要求和质量要求。

4）项目总质量师或质量保证组织项目负责人除向本单位领导负责完成本职工作外，应在行政指挥和设计师领导下负责监督检查《军工产品质量管理条例》在项目研制中的执行情况，参与项目的技术状态控制和各项评审以及阶段审查工作，搞好分承包项目、外购件、元器件的质量控制，严格组织研制项目试验前的质量复查，发现问题及时向行政指挥和设计师汇报，提出改进意见，并有权越级反映质量问题。

（2）《武器装备可靠性与维修性管理规定》

1993 年 2 月 3 日国防科工委制定发布《武器装备可靠性与维修性管理规定》（〔1993〕计基字第 231 号），制定本规定的目的是为了加强武器装备可靠性与维修性管理，提高研制生产武器装备的可靠性与维修性水平。

本规定提出了武器装备可靠性与维修性管理的基本政策和原则，即：

1）可靠性与维修性工作必须同意纳入武器装备研制、生产、试验、使用等计划，与其他各项工作密切协调地进行；

2）制定和实施可靠性与维修性保证大纲；

3）采用成熟的设计和行之有效的可靠性与维修性分析、试验技术；

4）按照武器装备研制程序进行可靠性与维修性评审；

5）按规定要求对供应单位的可靠性与维修性工作进行监督和控制；

6）重视和加强可靠性与维修性信息工作；

7）武器装备研制、生产、试验、使用等各部门应当密切配合，大力协同，共同促进可靠性与维修性工作的全面发展。

本规定还规定了各阶段主要工作内容和要求，即：

1）论证阶段应当提出武器装备可靠性与维修性定量、定性要求；

2）方案阶段应当确定武器装备可靠性与维修性方案和相应的保证措施；

3）工程研制阶段应当按计划开展可靠性与维修性设计、分析和试验工作；

4）设计定型阶段应当考核武器装备的可靠性与维修性，以确认其达到研制任务书和合同要求；

5）生产定型阶段应当考核在批量生产条件下武器装备的可靠性与维修性，确认其符合规定的要求；

6）生产阶段应当保证武器装备在批量生产中的可靠性与维修性；

7）使用阶段应当保持和发挥武器装备的固有可靠性与维修性水平。

此外，本规定明确规定了国防科工委和各个工业部门的主要职责；明确了武器装备可靠性与维修性管理所需的基础工作和保障条件，要求加强可靠性与维修性专业技术队伍的建设；加强可靠性与维修性技术的基础研究和应用；建立和健全可靠性与维修性信息系统，加强技术交流工作；保证可靠性与维修性工作所需的经费，加强手段建设与改造。本规定还做出了奖惩的规定，要求奖励在可靠性与维修性工作中作出贡献并有显著成绩的单位和个人，将可靠性与维修性技术成果纳入各类奖励渠道给予评奖；反之，应当给予相应的处罚。

（3）《武器装备可靠性维修性设计若干要求》

根据《武器装备可靠性与维修性管理规定》要求，为在武器装备研制工作中，深入、有效地开展可靠性维修性设计工作，提高我国武器装备的研制质量而制定《武器装备可靠性维修性设计若干要求》，国防科工委以［1995］计综字第 3451 号文正式发布。

本要求包括了建立可靠性维修性工作系统、可靠性维修性设计工作的主要内容、加强可靠性维修性设计工作检查三个方面的内容。

该要求规定了工作系统的主要职责包括：

1）制定型号可靠性维修性工作管理规定；

2）制定可靠性维修性工作计划；

3）建立和实施有关图纸和技术资料的可靠性维修性会签制度；

4）负责组织对工程设计人员和管理人员的可靠性维修性技术培训。

本要求还规定可靠性维修性设计工作的主要内容包括以下几个方面：

1）确定可靠性维修性定量、定性要求；

2）进行可靠性维修性建模与预计；

3）进行故障模式影响分析和故障树分析；

4）制定和贯彻可靠性维修性设计准则；

5）制定和实施元器件大纲；

6）进行与软件有关的可靠性设计；

7）进行保障性分析与设计；

8）正确处理可靠性维修性设计与试验的关系；

9）加强可靠性维修性设计评审工作；

10）建立并强化故障报告、分析与纠正措施系统及信息系统。

（4）《关于进一步加强质量工作几个问题的通知》

针对国防科技工业出现的质量保证能力下降和连续发生质量事故的情况，国防科工委于1995年2月28日下发了《关于进一步加强质量工作几个问题的通知》（［1995］计基字第503号），主要内容包括：

1）认真分析质量形势，切实转变质量观念，始终坚持质量第一的方针；

2）严格执行科研生产管理和质量工作的各项法规、制度，进一步明确各级质量职责；

3）加强质量保证体系的建设和监督工作，促进质量体系由考核向认证过渡；

4）加强政策引导，严格质量奖惩，逐步建立产品质量的激励机制。

（5）《关于加强军工产品质量工作的若干规定》

1995年6月13日至17日在西安召开的国防科技工业质量工作会上，针对当时军工产品质量出现滑坡、发生多起重大质量事故的情况，通过解剖产品质量问题，总结经验教训，提出了《关于加强军工产品质量工作的若干规定》，国防科工委于1995年7月1日以［1995］计基字第1593号文正式发布，本规定的主要内容包括：

1）增强质量意识，树立当代质量观；

2）加强培训，提高队伍素质；

3）落实各级质量和可靠性法规、制度；

4）落实各级质量与可靠性责任制；

5）抓好型号研制可靠性维修性设计；

6）可靠性试验工作；

7）质量与可靠性信息管理；

8）质量体系建设和认证；

9）质量体系监督；

10）质量与可靠性奖惩。

（6）《国防科工委关于加强国防科技工业质量工作若干问题的决定》

为贯彻落实《国务院关于进一步加强产品质量工作若干问题的决定》（国发［1999］24号），加强军工产品质量工作，提高国防科技工业质量管理的总体水平，结合国防科技工业的实际，解决当前影响质量工作的一些突出问题，2000年3月17日国防科工委发布了《国防科工委关于加强国防科技工业质量工作若干问题的决定》（科工技字［2000］119号）。

该决定共30条，简称"30条"，主要内容包括：

1）强调继续坚持"军工产品质量第一"的方针，明确国防科技工业质量工作今后一个时期的指导思想。要求各部门、各单位要制定本单位质量工作的方针、目标和措施，纳入规划计划，予以保证。

2）加大管理力度，落实质量责任。对各级质量责任制、加强组织建设、加大质量投入和质量奖惩等提出了明确的要求。

3）强化素质教育，深化体系建设。从全员素质培训、教材和课程设置、许可证管理、质量体系建设和认证审核、标准、计量、信息管理等各方面提出了一系列要求。

4）严格过程控制，健全监督机制。从军工产品质量大纲、技术状态管理、设计、制造、元器件、软件质量控制和工艺、质量监督、重大质量事故处理等方面提出了具体要求。

（7）《关于加强"××工程"质量工作的若干规定》

为进一步贯彻落实"30 条"，针对××工程研制生产的特点和当前质量工作中存在的主要问题，国防科工委制定下发了《关于加强"××工程"质量工作的若干规定》（科工技〔2001〕351 号）。该规定共 18 条，简称"18 条"，规定了以下七个方面的要求：

1）加强管理，层层落实"××工程"质量责任制；

2）坚持按研制程序办事，加强技术状态管理；

3）深入贯彻质量与可靠性法规，认真实施型号质量保证大纲和可靠性保证大纲；

4）抓好软件与元器件的质量控制；

5）加强型号配套管理，严格控制配套产品的质量；

6）认真做好质量问题归零，严格归零管理；

7）抓好质量教育和质量保障条件建设。

（8）《军工产品软件质量管理规定》

为加强军工产品型号软件的质量管理，保证软件质量，国防科工委制定下发了《军工产品软件质量管理规定》（科工法〔2001〕634 号）。本规定共 6 章 29 条，规定了型号设计师系统的职责，型号质量师系统或型号质量管理部门的职责，以及质量保证要求、过程控制、奖惩等方面的要求。

（9）《强化"××工程"型号研制管理的若干要求》

为解决当前"××工程"型号研制中已暴露的问题，提高××武器装备研制的技术与管理水平，保证"××工程"任务高质量地完成，国防科工委印发了《强化"××工程"型号研制管理的若干要求》（国防科工委科工一司〔2001〕531 号），对当前型号研制工作在管理、设计、外协外购、生产和测试试验等五个方面共提出了 56 条要求。

（10）《国防科工委关于进一步加强××工程质量工作的决定》

针对部分重点型号大型试验多次失利，质量形势十分严峻的情况，为贯彻落实中央领导的指示精神，迅速扭转质量被动局面，国防科工委制定下发了《国防科工委关于进一步加强××工程质量工作的决定》（科工技〔2004〕1687 号），强调：

1）认真领会中央领导指示精神，全面开展质量教育和全行业质量整顿；

2）全面落实责任制，严格责任追究；

3）坚持高标准、严要求，强化研制生产管理；

4）推进可靠性工程，提高装备可靠性；

5）加强批生产管理，做好保障服务；

6）加强配套产品质量监督，严格合同管理；

7）严格归零管理，实现质量改进；

8）加强基层质量建设，严格质量把关；

9）完善型号质量队伍，落实质量保证措施；

10）加大管理力度，建立健全质量监督机制。

（11）《军工产品质量监督管理暂行规定》

为规范和强化军工产品质量监督管理工作，国防科工委制定发布了《军工产品质量监督管理暂行规定》（科工法［2004］1539 号）。本规定共 8 章 41 条，简称"41 条"，规定了军工产品质量监督管理的原则、组织与职责、承制单位质量管理工作监督、型号研制生产质量监督、配套产品质量监督、重大质量事故调查与审查及质量责任追究。

（12）《关于进一步加强××武器装备质量工作的若干要求》

《关于进一步加强××武器装备质量工作的若干要求》由总装备部和国防科工委联合制定发布，对七个方面提出了 37 条要求，这七个方面是：

1）质量工作的指导思想和基本要求；

2）进一步落实各级质量责任制；

3）切实做好武器装备质量论证工作；

4）扎实做好武器装备研制质量工作；

5）严格控制武器装备生产质量；

6）狠抓武器装备使用质量；

7）大力加强质量基础能力建设。

（13）国防科工委关于印发《国防科工委关于加强武器装备研制阶段可靠性工作的若干意见》的通知（科工技［2003］614 号）

2002 年国防科技工业质量工作会议明确提出，要以可靠性工作为重点，加强武器装备研制的质量工作，确保顺利完成××工程研制生产任务。为深入贯彻落实会议精神，加强武器装备研制阶段的可靠性工作，国防科工委制定发布了《国防科工委关于加强武器装备研制阶段可靠性工作的若干意见》，对四个方面提出了 22 条意见，这四个方面是：

1）转变观念，深刻认识可靠性工作的重要性；

2）加强可靠性基础工作与保障条件建设；

3）强化可靠性设计分析与试验验证；

4）加强型号研制的可靠性管理。

（14）《关于实行军工产品质量信息报告制度的通知》（科工技［2001］186 号）

为确保军工产品研制生产的质量，便于各级管理部门及时、准确地掌握军工产品质量状况和质量事故与重大质量问题的归零情况，根据《国防科工委关于加强国防科技工业质量工作若干问题的决定》和《国防科技工业 2001 年质量工作要点》的有关要求，决定实行军工产品质量信息报告制度。

1）各省、自治区、直辖市国防科技工业管理机构和各军工集团公司质量管理部门应建立有效的信息收集渠道，定期进行质量信息的汇总分析。在军工产品研制生产过程中发生严重影响质量和进度的质量事故与重大质量问题后，各省、自治区、直辖市国防科技工业管理机构或军工集团公司应于 24 小时内报国防科工委，并及时填写《质量事故与重大质量问题报表》，报国防科工委科技与质量司。在役武器装备在使用过程中因设计、生产原因造成质量事故与重大质量问题后也要及时报告国防科工委科技与质量司。

2）各省、自治区、直辖市国防科技工业管理机构，各军工集团公司质量管理部门和型号总体研制、生产单位应指定一名主管型号质量工作的专人负责质量信息报告工作，并将人员名单及联系电话报国防科工委科技与质量司备案。

3）质量信息报告工作要严格执行国家有关保密法规，确保信息的安全。

4）各有关单位和部门要严格按照本通知的要求上报信息，对不按要求及时上报信息的单位和部门，要追究其领导的责任，并给予通报批评。对在质量信息报告工作中做出突出成绩的单位和个人要给予奖励。

5）国防科工委可靠性工程技术研究中心负责协助国防科工委科技与质量司进行质量信息报表的统计分析工作。

（15）国防科工局关于印发《国防科技工业标准化工作管理办法》的通知（科工技〔2013〕592 号）

为规范开展军工行业标准化工作，国防科工局制定、印发了《国防科技工业标准化工作管理办法》。办法分为 5 章 28 条要求，主要包括标准的制定、标准的实施与监督、罚则。

（16）《武器装备研制生产标准化工作规定》（科工法〔2004〕176 号）

为规范武器装备型号（以下简称型号）研制、生产的标准化工作，国防科工委制定了《武器装备研制生产标准化工作规定》。

6.3　质量与可靠性国家军用标准

质量与可靠性国家军用标准包括质量管理标准、可靠性工程标准、维修性工程标准、综合保障工程标准和安全性工程标准。其中，质量管理标准包括通用质量管理标准、研制过程质量管理标准、生产过程质量管理标准、使用过程质量管理标准、质量监督管理标准以及质量技术和方法标准（见图 6-1）；可靠性工程标准包括可靠性管理标准、可靠性设计与分析标准以及可靠性试验与评定标准（图 6-2）；维修性工程标准包括维修性设计与分析标准、维修性试验与评定标准、测试性设计与分析标准、测试性试验与评定标准（图

6-3）；综合保障工程标准包括综合保障管理标准、综合保障规划与分析标准以及综合保障试验与评定标准（图6-4）；安全性工程标准包括安全性设计与分析标准以及安全性试验与评定标准（图6-5）。

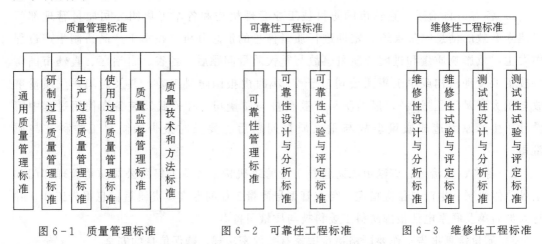

图6-1　质量管理标准　　　　图6-2　可靠性工程标准　　　　图6-3　维修性工程标准

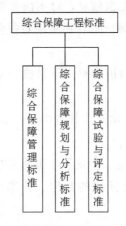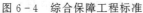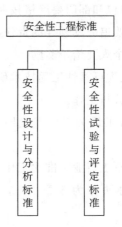

图6-4　综合保障工程标准　　　　　　　图6-5　安全性工程标准

6.3.1　质量管理标准

目前已制定的质量管理国家军用标准项目见表6-1。

表6-1　质量管理国家军用标准项目表

标准号	标准名称
（1）通用质量管理标准（19项）	
GJB 179A—1996	计数抽样检验程序和表
GJB/Z 379A—1992	质量管理手册编制指南
GJB/Z 2A—2006	厂（所）际质量保证体系工作指南

续表

标准号	标准名称
GJB/Z 4—1988	质量管理成本指南（已废止）
GJB 841—1990	故障报告、分析和纠正措施系统
GJB 939—1990	外购器材的质量管理
GJB 1309—1991	军工产品大型试验计量保证与监督的要求
GJB/Z 16—1992	军工产品质量管理要求与评定导则（已废止）
GJB 1404—1992	器材供应单位质量保证能力评定
GJB 1406A—2005	产品质量保证大纲要求
GJB 1442A—2006	检验工作要求
GJB 1452A—2004	大型试验质量管理要求
GJB 1686A—2005	装备质量信息管理通用要求
GJB 1687A—2006	军工产品承制单位内部质量审核要求
GJB 1712—1993	军工产品承制单位质量保证体系认证的审核（已废止）
GJB 2102—1994	合同中质量保证要求（已废止）
GJB/Z 9000A—2001	质量管理体系基础和术语
GJB 9001B—2009	质量管理体系要求
GJB/Z 9004A—2001	质量管理体系业绩改进指南

（2）研制过程质量管理标准（7项）

标准号	标准名称
GJB 190—1986	特性分类
GJB 906—1990	成套技术资料质量管理要求
GJB 907A—2006	产品质量评审
GJB 1269A—2000	工艺评审
GJB 1310A—2004	设计评审
GJB 1710A—2004	试制和生产准备状态检查
GJB 2366A—2007	试制过程的质量控制

（3）生产过程质量管理标准（14项）

标准号	标准名称
GJB 466—1988	理化试验质量控制规范
GJB 467A—2008	生产提供过程质量控制
GJB 480A—95	金属镀覆和化学覆盖工艺质量控制要求（已废止）
GJB 481—88	焊接质量控制要求
GJB 509B—2008	热处理工艺质量控制
GJB 571A—2005	不合格品管理
GJB 593—88	无损检验质量控制规范（已废止）
GJB 724A—1998	不锈钢电阻点焊和缝焊质量检验
GJB 726A—2004	产品标识和可追溯性要求
GJB 904A—1999	锻造工艺质量控制要求
GJB 905—1990	熔模铸造工艺质量控制

续表

标准号	标准名称
GJB 908A—2008	首件鉴定
GJB 909 A—2005	关键件和重要件的质量控制
GJB 1330—1991	军工产品批次管理的质量控制要求
（4）使用过程质量管理标准（5项）	
GJB/Z 3—88	军工产品售后技术服务（已废止）
GJB 5707—2006	装备售后技术服务质量监督要求
GJB 1443—91	产品包装、装卸、运输、贮存的质量管理要求（已废止）
GJB 3916A—2006	装备出厂检查、交接与发运质量工作要求
GJB 1181—1991	军用装备包装、装卸、贮存和运输通用大纲

6.3.2　可靠性工程标准

目前已制定的可靠性工程国家军用标准项目见表6-2。

表6-2　可靠性工程国家军用标准项目表

标准号	标准名称
GJB 450A—2004	装备可靠性工作通用要求
GJB 451A—2005	可靠性维修性保障性术语
（1）可靠性管理标准（2项）	
GJB 1909A—2009	装备可靠性维修性保障性要求论证
GJB 841—90	故障报告、分析和纠正措施系统
（2）可靠性设计与分析标准（8项）	
GJB 813—90	可靠性模型的建立与可靠性预计
GJB/Z 299C—2006	电子设备可靠性预计手册
GJB/Z 108A—2006	电子设备非工作状态可靠性预计手册
GJB/Z 768A—1998	故障树分析指南
GJB/Z 1391—2006	故障模式、影响及危害性分析指南
GJB/Z 27—1992	电子设备可靠性热设计手册
GJB/Z 35—1993	元器件降额准则
GJB/Z 89—1997	电路容差分析指南
（3）可靠性试验与评定标准（4项）	
GJB 1032—90	电子产品环境应力筛选方法
GJB/Z 34—1993	电子产品定量环境应力筛选指南
GJB 1407—1992	可靠性增长试验
GJB 899A—2009	可靠性鉴定和验收试验

6.3.3　维修性工程标准

目前已制定的维修性工程国家军用标准项目见表 6 - 3。

表 6 - 3　维修性工程国家军用标准项目表

标准号	标准名称
GJB 368B—2009	装备维修性工作通用要求
GJB 3385—1998	测试与诊断术语
GJB 2547A—2012	装备测试性工作通用要求
（1）维修性设计与分析标准（2 项）	
GJB/Z 57—1994	维修性分配与预计手册
GJB/Z 91—97	维修性设计技术手册
（2）维修性试验与评定标准（1 项）	
GJB 2072—1994	维修性试验与评定
（3）测试性设计与分析标准（1 项）	
GJB 3966—2000	被测单元与测试设备相容性通用要求

6.3.4　综合保障工程标准

目前已制定的综合保障工程国家军用标准项目见表 6 - 4。

表 6 - 4　综合保障工程国家军用标准项目表

标准号	标准名称
GJB 3872—1999	装备综合保障通用要求
（1）综合保障管理标准（1 项）	
GJB 3837—1999	装备保障性分析记录
（2）综合保障规划与分析标准（3 项）	
GJB 1371—92	装备保障性分析
GJB 1378A—2007	装备以可靠性为中心的维修分析
GJB 2691—96	军用飞机设计定型飞行试验大纲和报告要求

6.3.5　安全性工程标准

目前已制定的安全性工程国家军用标准项目见表 6 - 5。

表 6 - 5　安全性工程国家军用标准项目表

标准号	标准名称
GJB 900A—2012	装备安全性工作通用要求（上、中、下）
安全性设计与分析标准（2 项）	
GJB/Z 99—1997	系统安全工程手册
GJB/Z 94—1997	军用电气系统安全设计手册

6.4　其他相关的国家军用标准

其他与质量管理相关的国家军用标准项目见表 6-6。

表 6-6　相关的国家军用标准项目表

标准号	标准名称
GJB 2993—97	武器装备研制项目管理
GJB 1362A—2007	军工产品定型程序和要求
GJB 3206A—2010	技术状态管理
GJB 4027A—2006	军用电子元器件破坏性物理分析方法
GJB 2786A—2009	军用软件开发通用要求
GJB 438B—2009	军用软件开发文档通用要求
GJB 1268A—2004	军用软件验收要求
GJB 439A—2013	军用软件质量保证通用要求
GJB 1909A—2009	装备可靠性维修性保障性要求论证
GJB/Z 77—1995	可靠性增长管理手册
GJB 1181—1991	军用装备包装、装卸、贮存和运输通用大纲
GJB 5234—2004	军用软件验证和确认
GJB 5235—2004	军用软件配置管理

第 2 篇
型号质量管理

第 7 章　型号质量管理要点

　　长久以来，"质量第一"是我国军品研制的质量方针，是型号研制必须遵循的原则。2014 年全军装备工作会上，习总书记明确要求：要坚持质量至上，把质量问题摆在关系官兵生命、关系战争胜负的高度来认识，贯彻质量就是生命、质量就是胜算的理念。

　　现代的武器装备是高技术的复杂系统。高技术的装备只有具备高质量、高可靠性才能使其性能得到真正发挥。高技术需要高质量，高质量又促进高技术的发展。

　　当代质量观着眼于产品具有良好的效能和较低的寿命周期费用，也就是最佳费效比。性能、可靠性、维修性、安全性等诸因素之间权衡优化构成了实现最佳费效比的核心，这也构成武器装备研制的目标。

　　现代质量观强调不断改进，以保证研制出高质量、高可靠的武器装备，满足现代战争的需要。产品研制是一个认识过程，要通过实践，总结经验，不断缩小在产品设计、研制、生产、使用、保障中对客观规律认识的差距，从而不断改进工作，不断改进产品质量。

　　现代武器装备，其技术含量越来越高，功能和结构日趋复杂，协作面广，相应的研制周期长，投资大，风险高。因此，在研制中不允许重大反复，不允许出现重大事故，否则无论在政治上、经济上、时间上、心理上、都不能忍受。因此，提出了"一次成功"的思想。要"一次成功"，就必须实施全面质量管理，它是实现研制产品"一次成功"的保证。所谓全面质量管理即对产品的研制、生产、使用全过程实施质量管理。

　　我国型号研制取得了重大成就，积累了一套科研生产管理和质量管理的经验，但也有惨痛的教训。这些年来，一些型号连续发生了重大质量问题和质量事故，特别是一些新型号研制在技术与管理方面暴露出不少薄弱环节。因此必须坚持"质量至上"的理念，狠抓质量，才能减少反复，少走弯路，实现一次成功、发发成功的目标。

　　国家对武器装备提出了更高的质量可靠性要求，而当前部分高科工程重点型号大型试验多次出现失利，研制生产过程重大质量问题和质量事故时有发生，质量形势十分严峻。为贯彻中央领导关于加强质量工作提高装备可靠性水平，圆满完成各项任务指示精神，迅速扭转质量被动局面，确保圆满完成高科工程任务，国防科工委和总装备部颁发了一系列关于加强型号质量、可靠性工作的文件和办法。

　　型号研制，是形成型号产品质量的起点，也是型号产品固有质量水平的决定阶段。产品研制质量不高，产品质量则先天不足，即使在以后的生产过程中进行严格控制，也不能生产出高质量的产品。因此型号研制质量影响着型号研制成功与否以及产品的质量。

　　型号研制过程包括管理过程和技术过程这两个并行且互相交叉的过程。为使型号研制获得成功，需要：有一支高素质的研制队伍，一套有效的规章制度、程序，按科学规律（过程）办事和有效的资源保证。按从源头抓起、全过程控制、预防为主、零缺陷管理、早期投入的方法，确保一次成功。关键是领导的作用、责任制的落实和抓住设计这一环节。这些构成了型号研制质量管理的核心。

第 8 章　型号研制质量策划

质量策划是指制定目标并规定必要的运行过程和相关资源以实现质量目标。由于武器系统复杂、技术密集、协作面广、质量要求高、投资大、影响大，在一定的经费、进度及技术水平限制条件下，研制高质量的武器系统必然存在着计划上、技术上的风险。因此，接受型号研制任务的单位，首要的是考虑如何有效地进行研制质量策划，即阐明型号研制必须完成什么（目标），谁去做（责任），如何做（过程），需要什么资源，如何使研制工作全过程受到控制。这种策划是保证型号研制达到目标和要求的重要手段。

8.1　产品实现策划

依据型号立项批复文件（或演示验证项目实施方案）、武器系统研制总要求、立项论证方案、任务书、合同及协议，以及顾客和上级要求等输入文件，制定产品实现策划。产品实现过程包括将顾客的要求转化为产品，交付给顾客，直至交付后活动的实施的所有过程。产品实现过程的策划是针对具体产品、项目或合同的特点，将质量管理体系的通用要求转化为具体可操作的并落实责任的计划和要求，再应用于各特定产品的实现过程活动中。产品实现过程的策划应与质量管理体系的其他过程要求相一致。

（1）产品实现策划内容

产品实现策划内容包括：

1）确定产品的质量目标（战术技术指标）和要求；

2）针对产品确定过程、文件和资源的需求；

3）产品所要求的验证、确认、监视、检验和试验活动，以及产品接收准则；

4）为实现过程及其产品满足要求提供所需的记录；

5）产品标准化要求；

6）计算机软件工程化管理要求；

7）产品可靠性、维修性、保障性、安全性、测试性、环境适应性、电磁兼容性（以下简称"可靠性系统工程"）等要求；

8）产品质量评价和改进的数据收集和分析要求；

9）技术状态管理要求；

10）风险管理要求，制定风险管理计划，实施风险分析、评估，形成风险分析报告，必要时提供给顾客。

型号产品实现策划由以下几个方面组成：

1）技术策划；

2）产品保证策划；

3）进度策划；

4）技术状态管理策划；

5）经费策划；

6）研制保障条件策划；

7）人力资源策划；

8）风险管理策划；

9）其他管理策划。

型号产品保证策划依据项目立项批复和技术策划结果，主要包括对质量保证，可靠性保证，维修性保证，电磁兼容性保证，保障性保证，测试性保证，安全性保证，环境适应性保证，元器件保证，材料、机械零件和工艺保证，软件保证，计量保证工作的策划。承制单位科研生产管理部门应按 GJB 9001B—2009 或本单位质量管理体系文件的有关要求组织有关部门进行产品实现的策划，并编制产品实现策划报告，经相关部门会签后，由指挥系统审批发布后执行。依据型号质量保证大纲和质量管理体系文件，承制单位产品（质量）保证部门组织有关部门编制承制产品质量保证大纲、措施、实施细则（质量计划），经相关部门会签后，由指挥系统审批发布后执行。顾客有要求时，产品质量保证大纲、措施、实施细则（质量计划）及调整应征得顾客同意，必要时可组织有关人员进行评审。

产品实现策划报告、产品保证系列大纲、产品质量保证大纲、措施、实施细则（质量计划）等策划输出文件，应根据产品研制过程的实际情况，及时调整和完善，保持现行有效。

（2）实施时机

应在型号研制过程各阶段初期和每年年初完成型号研制工作策划及研制工作计划。产品保证部门编制型号研制阶段（年度）产品（质量）保证工作要点和计划，各承制单位依据要点，结合本单位产品特点，编制型号研制阶段（年度）产品（质量）保证工作实施细则（措施）和计划，并纳入型号研制工作策划及计划进行管理。

型号研制工作策划对象是型号研制生产的全过程，主要包括方案设计阶段、工程研制阶段、设计定型（鉴定）阶段。策划的要点是找出存在的问题和进行风险识别与管理。策划的结果一定要形成可实施的计划方案，制定完成任务的措施，将有限的人力、物力、研制生产经费以及信息等因素有机结合与利用起来，以达到完成型号研制目标的目的。

型号两总负责组织制定研制型号全过程、研制阶段或年度的总体策划，作为指导型号研制工作的纲领性文件，并在实施过程中负责组织动态策划；科研主管部门负责型号研制策划的组织、实施与检查；财务、人力资源、产品保证及行政等部门负责按职能分工开展型号经费、人力、质量、安全等方面的策划。

型号研制工作策划主要包括：

1）人力资源配置实施方案；

2) 物资采购实施方案；

3) 设备补充实施方案；

4) 工艺装备补充实施方案；

5) 生产试验场地安排实施方案；

6) 技术攻关实施方案；

7) 工艺攻关和优化实施方案；

8) 产品保证实施方案；

9) 经费保障实施方案；

10) 分工定点实施方案；

11) 外协任务实施方案；

12) 新品研制实施方案；

13) 风险管理实施方案；

14) 问题解决措施。

对各过程中存在的问题和风险，要采取针对性强的、有效的措施。

上述第 3)、4)、5) 项要与研制保障条件和生产能力建设工作协同。

型号研制阶段（年度）产品（质量）保证工作要点和计划是型号产品保证工作策划的输出形式，是结合本型号研制阶段或年度型号研制工作，对型号产品保证系列大纲要求的进一步分解。型号标准化工作计划可以作为型号产品保证工作计划的一部分，也可以单独形成。

型号研制过程各阶段初期和每年年初，二院产品保证部编制型号研制阶段（年度）产品（质量）保证工作要点和计划，经型号总指挥批准后发布，具体要求详见 Q/WE 3101.1—2011。

承制单位产品（质量）保证部门在型号研制过程各阶段初期和每年年初，依据型号研制阶段（年度）产品（质量）保证工作要点和计划，结合本单位产品特点，对型号产品保证系列大纲要求进行分解，进行风险识别，设定具体化、可考核的质量目标，编制型号研制阶段（年度）产品（质量）保证工作实施细则（措施）和计划，明确各级人员的岗位责任制、型号研制生产过程的质量控制点、资源保障要求和考核方式，确定质量工作项目、时间节点、责任部门及人员以及完成标志物。型号研制阶段（年度）产品（质量）保证工作实施细则（措施）和计划编制完成后，经本单位相关人员确认，型号所级指挥（行政负责人）或技术负责人确认，报二院产品保证部或上一级承制单位审查后，由型号所级指挥（行政负责人）或技术负责人批准后发布。

型号研制阶段（年度）产品（质量）保证工作要点和计划包括型号质量目标、产品保证工作措施及计划，产品保证工作计划均纳入型号研制计划，实现同步考核。其中产品保证工作措施包括以下内容：

1) 年度产品保证工作策划；

2) 设计质量控制；

3) 产品生产、调试、试验和检验过程质量控制；

4) 外协外购产品质量控制；

5) 地面试验策划和质量控制点，测试覆盖性及验证充分性要求；

6) 飞行试验前质量工作和靶场质量管理；

7) 技术状态管理；

8) 质量问题归零管理要求；

9) 软件产品质量控制；

10) 可靠性系统工程设计及试验验证；

11) 工艺保证；

12) 计量保证；

13) 产品保证培训。

输出结果形成如下文件：

1) 型号（年度）研制工作策划（含各部分实施方案）；

2) 型号研制阶段（年度）产品（质量）保证工作要点和计划；

3) 型号研制阶段（年度）产品（质量）保证工作实施细则（措施）和计划；

4) 型号（年度）标准化工作计划。

8.2　设计和开发策划

设计和开发策划是产品实现策划的一部分，应在方案阶段完成。随着设计和开发活动的进展，如果相关要求（如产品目标、产品要求/标准等）或资源需求等方面因素发生变化，应在适当时修改或更新策划的输出。

设计和开发策划输入信息主要包括：

1) 研制合同或其他任务要求；

2) 型号产品保证系列大纲；

3) 适用的标准要求。

策划内容应包括：

1) 根据产品特点和复杂程度及经验等因素，明确划分设计和开发过程的阶段。不同产品可以有不同的设计和开发阶段，一般包括方案论证阶段、工程研制阶段（包括初样产品设计、试制、试验，以及试样产品的设计、试制、试验）、设计定型（鉴定），必要时进行生产定型；

2) 明确规定每个设计和开发阶段需开展的适当的评审、验证和确认活动，包括这些活动的时机、参与人员及方式等；

3) 规定各有关部门参与设计和开发活动的人员在设计和开发活动各阶段中的职责和权限；

4) 编制产品设计和开发计划，由于受到各种条件的限制，产品设计和开发有时不能一步到位，需要时，还应对产品改进进行考虑、作出安排；

5）各类专业人员共同参与设计和开发活动，体现了并行工程，设计、工艺、生产和售后服务人员共同参与设计和开发活动有助于设计和开发的成熟性，有利于相关工作尽早展开，便于相互协调、技术讨论或储备，同时，有利于使设计结果易于制造、产品使用中的问题及顾客要求及时反馈到设计中来；

6）根据产品要求，识别影响或制约设计和开发的关键因素和薄弱环节以及技术上的难点，并制定和实施相关的攻关措施；

7）执行标准化大纲要求，确定使用的标准和规范；

8）在设计和开发过程中，根据产品的可靠性、维修性、保障性、测试性、安全性、环境适应性等要求，运用优化设计和可靠性等专业工程技术，制订并实施可靠性、维修性、保障性、测试性、安全性、环境适应性等大纲或工作计划，也可在质量计划中包括这些内容；

9）进行产品特性分析，以便为确定关键件（特性）、重要件（特性）提供依据；

10）对产品设计和开发中采用的新技术、新器材、新工艺，在经过论证的基础上，确保经过试验和鉴定符合要求的方可用于产品；

11）产品交付时需要配置的保障资源的开发，确定产品交付时需配置的保障资源，并随产品的设计和开发同时进行开发；

12）参与设计和开发的供方，应在项目的质量保证大纲中明确设计和开发的职责、权限和要求，包括接口管理，供方应及时沟通，落实相关要求；

13）为确保设计和开发活动以及各阶段的评审、验证和确认活动受控，按策划安排实施，且确保实施有效，提出监视与测量的需求；

14）对设计提出的元器件等外购器材，应对选用、采购、监制、验收、筛选、复验以及失效分析等活动进行策划，确保满足设计要求；

15）对计算机软件产品进行全寿命筹划，包括需求分析、设计、实现、测试、验收、交付和使用等，并按策划安排重点做好以下工作：实施需求管理，严格控制软件任务书的更改；加强需求分析，确保软件任务书的要求均得到实现；及时编制相关文档；加强软件测试和阶段评审，确保软件的质量；实施质量保证，使软件开发过程和软件工作产品符合相关规定；严格实施配置管理，控制软件技术状态的更改。

为了确保设计和开发按其策划的结果来运行，必须对设计和开发进行如下控制：

1）阶段的控制：设计和开发是按阶段控制的，上一阶段规定的工作没有完成，未经过设计评审和批准不得转入下一个阶段。

2）计划的管理：设计和开发的计划是设计和开发策划的结果之一。如果随着设计和开发的进展，需要对设计阶段的划分或控制活动等进行调整，应及时对设计和开发计划进行更新。

技术要求的传递：

1）各承制单位应对参与设计和开发的研究室、工程组（包括所外的相关单位）之间的组织和技术接口实施管理，明确职责分工，确保有效沟通；

2）技术接口之间的协调必须以文件的形式进行，按规定进行审批、会签并归档；

3）"纪要"不能作为正式的技术要求传递形式，必须将"纪要"内容转换为技术文件，按规定进行审批、会签并归档。

承制单位应在产品质量保证大纲中对所属部门和各类人员的职责规定，以及各类技术文件的编写、签署、传递要求予以规定，可以引用质量管理体系文件章节，也可以单独形成。

8.3　编制放行准则

在产品实现策划时，以 Q/QJB 166—2009 为基础，与型号产品保证系列大纲共同策划，统筹考虑型号各研制阶段飞行试验要求，制定适用于本型号所有研制阶段飞行试验放行准则，一并报上级批复，特殊情况可补充或单独请示。输入信息：

1）型号产品保证系列通用大纲；

2）顾客及上级要求；

3）型号立项批复文件（或演示验证项目实施方案）、武器系统研制总要求、立项论证方案；

4）任务书、合同及协议等。

（1）管理要求

放行准则是参加飞行试验的型号出厂、进场、转场、加注、发射各工作阶段应遵循的质量控制要求，符合要求才允许转入下一工作阶段。院负责并列入集团公司科研生产计划的试验，由产品保证部按照 Q/QJB 166 编制放行准则，经科研部或生产部会签后，报型号总指挥审核、型号主管院领导和主管质量院领导审查，院长签发后报集团公司审批，院负责或院委托院属单位组织但未列入集团公司科研生产计划的试验，由产品保证部编制放行准则，经型号总指挥批准后报型号主管院领导和主管质量院领导批准。

型号放行准则一般包括以下几部分：

1）型号出厂放行准则（含导弹及弹上产品、地面设备出厂放行准则）；

2）型号进场放行准则；

3）型号转场放行准则；

4）型号加注放行准则；

5）型号发射放行准则。

（2）型号出厂、型号进场工作程序

总装厂、整机生产单位按照型号产品放行准则的要求完成相关工作，产品完成出厂质量评审，符合 GJB 907A 的规定，并填写《型号出厂放行准则落实情况检查表》。二院产品保证部负责按照要求组织完成进场评审，对评审中提出的问题进行了分析，有明确的结论意见，并填写《型号进场放行准则落实情况检查表》。

（3）型号转场工作程序

试验队负责按照型号产品放行准则要求完成技术阵地各项工作。试验队组织完成转场评审，并填写《型号转场放行准则落实情况检查表》。

（4）型号加注工作程序

试验队负责按照型号产品放行准则的要求完成加注前各项工作。通过了规定的加注前相关评审，有同意加注的结论，并填写《型号加注放行准则落实情况检查表》。

（5）型号发射工作程序

试验队负责按照型号产品放行准则的要求完成发射前各项工作。试验队组织编写发射预案和事故处置方案，审查发射前技术问题的归零情况，并填写《型号发射放行准则落实情况检查表》。完成发射前全部工作后，按照程序开展工作。

（6）例外放行程序

参加飞行试验的型号出厂、进场、转场、加注、发射前如出现不满足型号产品放行准则要求的，按照要求编写《型号飞行试验例外放行申请表》，办理审批手续，并按标准的时限和要求完成相应工作。

8.4 制定并实施型号质量与可靠性保证大纲

《关于加强国防科技工业质量工作若干问题的决定》、《国防科工委关于加强武器装备研制阶段可靠性工作的若干意见》等文件要求"依据合同、研制任务书及法规、标准、规范的要求，制定型号质量与可靠性保证大纲"。型号质量与可靠性保证大纲（即工作计划，下同）是针对具体的型号，为实现型号质量与可靠性目标所制定的质量与可靠性在管理、技术、资源方面所采取的措施和所开展的活动的专门文件，以对型号研制全过程质量与可靠性工作进行有效的策划和控制。应在方案阶段制定型号质量与可靠性保证大纲并将型号质量与可靠性保证大纲规定的工作项目纳入型号研制计划，确保其落实、执行，以保证型号质量、可靠性满足规定的要求。型号质量与可靠性保证大纲即 GJB 9001B—2009 标准中的质量计划，对有些型号也叫产品保证大纲。

8.4.1 质量与可靠性保证大纲的作用

制定质量与可靠性保证大纲的作用为：

1）有利于管理型号质量与可靠性工作、活动；

2）反映承制方在型号研制中对质量与可靠性重视的程度；

3）评价承制方为实施和控制型号质量与可靠性工作所规定的各项程序是否合适；

4）反映承制方为实现型号质量与可靠性目标的保证能力。

8.4.2 对型号质量与可靠性工作的要求

《军工产品质量管理条例》对型号质量保证工作提出了要求。根据《军工产品质量管理条例》，国防科工委发布的《武器装备可靠性与维修性管理规定》，提出了型号可靠性与维修性工作的基本要求：

1）可靠性与维修性是构成武器装备作战效能，并影响其寿命周期费用的重要因素，是重要的战术技术指标。各有关部门和单位、武器装备研制行政指挥系统、设计师系统及质量保证组织负责人必须给予高度重视，完成各自的工作任务。

2）武器装备可靠性与维修性管理是系统工程管理的重要组成部分。可靠性与维修性工作必须统一纳入武器装备研制、生产、试验、使用等计划，与其他各项工作密切协调进行。

3）可靠性与维修性工作必须贯彻有关法规，实施有关标准，制定和实施可靠性与维修性保证大纲，通过规范化的工程和管理途径，达到预定的目标。

4）应当对武器装备性能、可靠性、维修性、安全性、保障性等质量特性进行系统综合和同步设计。从武器装备论证开始，就应当进行质量、进度、费用之间的综合权衡，以取得武器装备最佳的效能和寿命周期费用。

5）可靠性与维修性工作必须遵循预防为主、早期投入的方针，将预防、发现和纠正可靠性与维修性设计及元器件、材料和工艺等方面的缺陷作为工作重点，采用成熟的设计和行之有效的可靠性与维修性分析、试验技术，以保证和提高武器装备的固有可靠性与维修性。

6）必须加强武器装备可靠性与维修性工作的监督和控制，按照武器装备研制程序进行可靠性与维修性评审，评审结论是转阶段决策的重要依据。

7）必须加强外购器材的可靠性与维修性管理，按规定要求对供应单位的可靠性与维修性工作进行监督和控制，对外购器材进行严格验收。

8）可靠性与维修性工作应当遵循不断改进、闭环管理的原则，重视和加强可靠性与维修性信息工作。应当建立故障报告、分析和纠正措施系统，充分有效地利用信息来评价和改进设计，实现可靠性与维修性持续增长。

9）武装装备研制、生产、试验、使用等各部门应当密切配合，大力协同，共同促进可靠性与维修性工作的全面发展。

《国防科工委关于加强武器装备研制阶段可靠性工作的若干意见》就加强型号研制管理，强化可靠性设计分析与试验验证提出了要求。

上述基本要求，原则上也适用于其他质量特性，如安全性、保障性等，是在制定并实施型号质量与可靠性保证大纲时，型号研制组织必须遵循的。

8.4.3　型号质量与可靠性保证大纲内容

质量与可靠性保证大纲至少应包括以下内容：

1）说明质量与可靠性保证大纲的目的，包括所适用的产品、要达到的质量可靠性目标、要控制的质量特性等。

2）规定职责和职权，即明确与本产品研制和生产各阶段各项活动相关的部门、岗位的职责和职权及其相互关系。

3）根据合同要求及 GJB 1406《产品质量保证大纲要求》、GJB 450A《装备可靠性工作通用要求》、GJB 368A《装备维修性通用大纲》、GJB 900A—2012《装备安全性工作通用要求（上、中、下）》、GJB 3872《装备综合保障通用要求》等国家军用标准，确定要做的工作项目和执行的程序。

4）制定实施计划，明确工作任务、进度、保障条件，规定控制节点如试验、检查、评审和审核等。

5）规定应完成的报告或应提供的资料。

6）对有关人员的培训作出规定。

8.4.4　确定质量与可靠性保证大纲的工作项目的要求

由于受研制资源和进度的限制，在制定质量与可靠性保证大纲时，应确定为保证达到型号质量与可靠性保证大纲的最有效益的工作项目。其包括质量保证，可靠性保证，维修性保证，安全性保证，元器件保证，以对产品可能产生的缺陷、不合格、故障及危险进行控制，及时采取措施，确保型号产品可靠、安全、经济地完成其任务使命。

（1）质量保证

针对与产品质量有关的各方面，依靠规范化的程序和作业指导书的支持，有计划地、系统地开展各项活动，以在产品设计、研制、采购、制造、装配、试验、验收及交付各个过程中，保证组织各项工作及产品均能达到规定的要求，包括：

1）明确质量目标、要求。

2）规定型号研制程序，控制产品的研制过程。规定设计、试制、试验应执行的标准、规范、准则等。

3）通过分析、检验、试验、评审、审核等手段，验证设计、过程及产品是否符合要求。

4）确保设计的产品可生产、可检验、可使用、可保障。

5）确保元器件、材料以及配套的产品按规定的程序采购，并能满足质量要求。

6）控制制造、装配、试验过程，确保最终产品满足要求。

7）控制不合格品，防止不合格品的再现。

8）保存和分析质量记录，及时采取预防、纠正措施。

9）控制检验、试验的监控和测量设备，保证其准确、有效。

10）控制产品标识，控制包装、搬运、贮存及交付过程。

11）按要求进行服务。

（2）可靠性与维修性保证

对于接受型号研制的组织，要通过规范化的工程与管理途径，发现并纠正设计、工艺、材料、元器件的缺陷、故障，确保产品工作可靠，减少维修和保障要求，降低寿命周期费用，包括：

1）明确产品可靠性、维修性目标、要求。

2）通过组织落实，制订可靠性、维修性工作计划，设计评审，建立故障报告、分析与纠正措施系统，对产品可靠性、维修性工作进行管理。

3）及时、有效地进行可靠性、维修性设计及分析活动，识别可靠性关键项目，发现、控制缺陷与故障，保证产品设计的可靠性、维修性。

4）控制元器件的选择、采购、使用，确保元器件在产品的寿命期内，满足功能、性能、使用寿命、环境、安全性、质量和可靠性要求。

5）确保设计所选用的材料、机械零件（外购或借用的）和工艺技术能满足产品的可靠性、安全性和质量要求。

6）通过可靠性、维修性试验暴露设计、工艺材料、元器件的缺陷和故障，验证纠正措施的有效性，验证产品的可靠性、维修性。

（3）安全性保证

通过识别、评价产品可能存在的危险并采取措施，以消除或控制危险，将危险所造成的事故伤亡、职业病、设备与财产的损失、环境的破坏减小到可接受的程度，包括：

1）确定安全性目标、要求。

2）系统地进行安全性分析，以确定、分析、评价产品设计、使用、保障中可能存在的危险及其危害性。

3）对危险采取消除或控制措施。

4）验证措施的有效性。

5）对产品中残余的危险进行评价、决策。

6）对安全性设计及活动进行评审，以检查安全性活动的结果，评价产品安全性水平。

7）记录、跟踪危险，对事故进行报告、调查处理。

8）评价、确认产品的安全性。

（4）综合保障工作计划

保障性反映武器装备综合保障的能力。武器装备综合保障是装备形成战斗力的必要条件，是影响寿命周期费用的重要因素。保证装备综合保障能力是军方、承制方共同的责任。作为承制方应根据合同和 GJB 3872 的要求，制定综合保障工作计划，进行保障性分析，优化保障方案，确定保障资源，并研究与保障有关的设计因素，将保障性设计进产品。

由于装备保障包括使用保障与维修保障，因此它既同系统方案有关，又同系统的维修、保障方案有关。因此，目前质量与可靠性保证大纲不包括综合保障工作计划，而需要单独制定。但质量与可靠性保证大纲的一些工作项目的输出是保障性分析的输入。

8.4.5　型号质量与可靠性保证大纲的编制与实施

型号的研制和生产具有高技术性、高复杂性、高风险性、周期长、成本高等特点，为保证产品的高质量、高可靠并降低风险，编制好并有效实施型号质量与可靠性保证大纲（以下简称大纲）。

（1）大纲的编制

大纲的编制应从特定产品的实际需要出发，确定适应具体情况的质量与可靠性活动，形成文件。

大纲可以直接引用或改编通用文件，并应根据需要补充专用性的文件。它的格式和详细程度应与产品质量与可靠性要求、作业方法及所进行活动的复杂程度相协调。

（2）大纲文件的结构

就文件而言，大纲可以是一个总大纲（文件），也可以针对各专业编制专业的分大纲（文件）。不论何种形式，涉及的各专业工作内容既要明确区分，也要相互协调。

GJB 1406 提供了编写质量与可靠性保证大纲的指南。

（3）大纲的评审和认可

由型号总指挥授权，组成一个有关部门代表参加的评审小组对大纲进行评审，并由总指挥或总设计师正式批准。在合同环境下，将大纲提交给用户认可。并在工程研制阶段之前完成大纲的编制、评审和认可。

（4）大纲文件的控制

大纲是动态性的文件，应根据产品要求的变化及时更改，并且在具体的实践活动中不断加以完善和改进。

大纲也是受控文件，应按本单位质量体系文件控制程序进行控制。

（5）注重实施

研制生产过程中要严格执行大纲，工作项目要纳入研制计划，在时间、经费方面给予落实。并应对大纲的实施进行监督检查，方法有现场检查、内部审核、评审、审查提供的质量与可靠性报告等。

8.5　制定并实施型号标准化大纲

为了充分发挥标准化在武器装备研制过程中的指导和保障作用，提高装备的通用化、系列化、组合化水平，缩短研制周期，减少费用，以获得良好的军事和经济效益，国防科工委于 1990 年颁发了《武器装备研制的标准化工作规定》。

8.5.1　标准化工作的任务

按《武器装备研制的标准化工作规定》，军工产品研制标准化工作的主要任务是贯彻标准和标准化要求，并对其实施情况进行监督、检查。

标准（包括国家标准、国家军用标准、行业标准）是组织军工产品研制、生产的基本依据，其对供需双方均具有约束力。这种约束力必须在合同中确定下来，保证引用的标准得到贯彻执行。《军工产品质量管理条例》规定，承制单位与使用单位签订合同时，应当按照规定严格执行国家标准、国家军用标准或专业标准。

《武器装备研制的标准化工作规定》规定了军工产品研制中标准化工作的任务：

1）使用部门在战术技术指标任务书或合同书中提出贯彻标准的要求和清单；

2）研制部门主承制单位根据使用部门要求和研制需要，按 GJB/Z 114 编制《新产品标准化大纲》及标准选用（限用）目录；

各承制单位根据使用部门或上一层次研制单位的设计任务书和《新产品标准化大纲》编制本单位的《新产品标准化大纲》和标准选用（限用）目录；

3）设计人员按照选用的标准进行设计、计算。应将标准代号（或具体要求）引入图纸和其他各种型号专用文件，作为对原材料、元器件采购、加工、装配、调试、试验、使用、维修等要求的根据；

4）采购、加工、装配、调试、检验人员将有关标准号或具体内容编入工艺规程、试验规程、原材料及元器件的采购单中，并在有关技术业务活动中具体实施和检查；

5）开展标准化评审。

表 8-1 列出了使用部门和不同层次的研制单位在不同阶段中，标准文件的制订、贯彻、监督、评审的任务及其细节。

表 8-1 新产品标准化大纲

新产品研制任务	使用部门任务	研制部门任务		
		总体设计单位	分系统设备设计单位	原材料元器件生产厂
Ⅰ论证阶段	1）提出《战术技术指标》及其论证报告； 2）上报审批并下达	1）贯彻装备体制、系列； 2）提出标准化要求； • 贯彻重大标准要求； • 系列化、通用化要求； • 考核、定型要求	参与论证	
Ⅱ方案阶段	1）招标或研究确定研制单位； 2）研制原理样机； 3）编制《研制任务书》； 4）签订研制合同	1）参与方案大纲及论证； 2）参与标准化评审； 3）确认《新产品标准化大纲》	1）目标分析； 2）编制《新产品标准化大纲》； 3）组建工作系统； 4）技术准备： • 资料收集； • 资料编制； • 标准学习； • 技术攻关； 5）标准化评审； 6）下达任务	1）目标分析； 2）编制《新产品标准化大纲》； 3）参与标准化工作系统； 4）技术准备： • 资料收集； • 资料编制； • 标准学习； • 技术攻关； 5）标准化评审	

续表

	新产品研制任务	使用部门任务	研制部门任务		
			总体设计单位	分系统设备设计单位	原材料元器件生产厂
Ⅲ工程研制阶段	1）设计； 2）研制； 3）鉴定性试验； 4）申请设计定型	参与标准化评审	1）完成技术准备； 2）实施《新产品标准化大纲》； 3）编制《新产品工艺标准化综合要求》； 4）组织协调； 5）标准化评审和检查	1）完成技术准备； 2）实施标准化大纲； 3）编制《新产品工艺标准化综合要求》； 4）组织通用化、系列化、组合化设计； 5）协调和咨询； 6）标准化评审和检查	1）研制； 2）制定标准； 3）提供
Ⅳ设计定型阶段	1）定型试验； 2）定型审查； 3）批复定型文件	1）参与标准化评审； 2）组织定型审查； 3）提出定型结论	1）实施《新产品标准化大纲》和《新产品工艺标准化综合要求》； 2）标准化评审和检查； 3）编制《新产品设计定型标准化审查》； 4）解决遗留问题； 5）参与定型会议	1）实施《新产品标准化大纲》和《新产品工艺标准化综合要求》； 2）标准化评审和检查； 3）编写《新产品定型标准化审查报告》； 4）解决遗留问题； 5）参与定型会议	参与定型
Ⅴ生产定型阶段	1）组织小批试制； 2）生产定型试验； 3）生产定型审查	1）参与标准化评审； 2）参与定型审查	1）实施《新产品标准化大纲》和《新产品工艺标准化综合要求》； 2）标准化评审的检查； 3）编写《新产品生产定型标准化审查报告》； 4）参与生产定型会议； 5）解决遗留问题	1）实施《新产品标准化大纲》和《新产品工艺标准化综合要求》； 2）标准化评审和审查； 3）编写《新产品生产定型标准化审查报告》； 4）参与生产定型会议； 5）解决遗留问题	1）参与生产定型活动； 2）确定标准

8.5.2 建立标准化工作系统

《武器装备研制的标准化工作规定》要求研制部门在新产品研制设计系统内建立新产品标准化工作系统，在总设计师和行政负责人的领导及同级和上级标准化职能部门的业务指导下开展工作。

标准化工作系统具体设置上应与质量与可靠性工作体系统一考虑。

标准化工作系统的主要职责是：

1）提出贯彻和采用标准的原则，对重大标准的贯彻提出决策性建议；

2）完成方案阶段、工程研制和设计定型阶段的标准化工作；

3）组织制订、协调和审查标准及标准化文件；

4）负责新产品图样和技术文件的标准化审查；

5）协调系统、分系统、设备之间的标准化工作。

8.6　资源需求

资源保证是型号研制必须的条件。

型号研制计划应策划型号研制活动，特别是关键活动（例如可靠性试验等活动）所需的资源；控制资源的利用以及预测当资源不能满足研制活动的需要时所采取的措施。

应当把信息、数据作为重要的资源。

8.7　型号研制必须遵循的文件

质量管理归根到底是"法治"。型号研制首先要清楚执行哪些"法"。因此应确定型号研制所必须遵循的，由国家、国防科工委、集团公司所发布的现行有效的法规性文件、标准和规范，本单位颁发的适用的质量体系文件，合同要求执行的文件、标准、规范等。同时，还要确定并制定本型号所需的各类文件。

8.8　风险分析与管理

型号研制必须考虑风险，这种风险随着系统的技术先进性和复杂程度的增加而不断增大。这里所说的风险是指研制的型号其功能、性能以及可靠性等达不到要求；进度重大延误；研制费用大幅度超支；发生重大事故，造成巨大经济损失或环境的破坏，或产生严重的政治影响等，亦在费用、进度、技术以及安全性方面的风险。

GJB 2993《武器装备研制项目管理》要求控制研制风险，即在研制中制定并执行风险管理制度，定期分析、评估各类风险，以发现潜在的风险，及时采取必要的预防措施，消除或减少可能的风险影响，这是确保研制任务得以实现，最终提供用户满意的产品，而承制方又能取得合理效益的重要手段。

应当提出，对于一个型号，其研制风险大小很大程度上决定于系统的总体方案。因此，在方案论证时，必须对总体方案充分论证、分析，评估这种方案可能在设计、试验、生产、使用保障以及管理（计划、进度、经费）等方面存在的风险。项目负责人应根据风险评估的结果，特别是针对存在高风险的重点部位，对型号的设计、研制作出决策。

风险管理是项目管理的组成部分。GJB 2993《武器装备研制项目管理》提出了如下的风险管理要求：

（1）风险管理准则

为减少武器装备的研制风险，承担武器装备研制任务的使用方和承制方应遵循以下风险管理准则：

1）严密分析研究，明确并冻结战术技术指标要求；

2）严格控制系统技术状态的更改；

3）尽量采用现有的，且为实践证明是有效的技术和成品；

4）控制新技术项目的比例，在武器装备项目的研制中，新研产品的比例一般不应超过 20%～30%；

5）武器装备研制中采用的新技术、新成品、新材料和新工艺必须经过充分验证。

6）在采用某些重大技术项目时，应考虑其后备方案；

7）进入工程研制阶段，不允许存在任何高风险项目；

8）合理安排研制进度，留有适当的时间裕度，以防意外情况发生时对进度造成冲击；

9）保证用于武器装备研制的资源（包括人力、资金、器材设备等）是充分的和可供使用的；

10）只选择持有"武器装备研制许可证"的单位作为新品、成品的供应单位；

11）对影响武器系统使用安全的关键部件要实施余度设计。

（2）使用方职责

为控制研制风险，使用方应：

1）将风险管理要求列入武器装备研制管理任务并作为一项重要内容，写入合同工作说明；

2）将风险作为评估承制方总体研制方案的准则之一；

3）根据武器装备研制项目的风险大小确定研制合同类型，并规定和承制方分担风险的程度；

4）监控武器装备研制中存在的高风险和中等风险科目以及承制方采取的减少风险的活动与措施；

5）将风险列为各级阶段技术评审必须审查的项目之一；

6）按研制合同的规定支付风险管理费用。

（3）承制方职责

在武器装备研制的不同阶段，承制方应开展以下风险分析和管理工作：

1）在论证阶段，承制方应在方案选择中进行风险权衡，并对中选方案的技术风险进行评估。

2）在方案阶段，承制方应：

· 采用工作分解结构对系统的各个工作单元进行风险评估；

- 对确认出的风险进行定性或定量的估计，以确定高风险、中等风险和低风险项目；
- 制定并实施风险管理计划；
- 定期提交风险状态报告，中等以上的风险项目的风险状态报告应提交总设计师和行政总指挥；
- 在方案阶段结束前，应对设计方案进行决择，不准任何高风险项目进入工程研制阶段。

3）在工程研制阶段，承制方应：

- 对整个武器装备系统进行风险评估，以确定整个系统风险的大小；
- 继续执行风险管理计划以降低研制风险；
- 严密监控各项验证试验。

4）在定型阶段，承制方应：

- 对生产过程中的更改和改进进行风险评估；
- 对试用过程进行监控和跟踪。

第9章 设计质量控制

产品的质量是由设计奠定，制造保证，试验验证，在使用中表现，并通过管理来实现。设计上的缺陷，将给产品生产、使用带来严重后果。一些统计资料表明，设计是造成产品故障或质量问题的主要原因。根据航天领域对元器件质量问题的统计，元器件失效有一半是设计不当造成的。型号大量使用软件，对软件问题统计分析表明，主要的问题是设计不当（需求分析亦是设计工作）。因此，保证型号研制质量首先要抓设计质量，型号研制质量管理重点是要抓设计的质量管理。

产品研制（设计、开发）是一个过程。其主要任务是将用户的需求、期望转化为设计要求，再将设计要求转化为产品的采购、制造、安装、检验试验、使用、保障、维修等要求（产品特性、规范）。

虽然各型号研制程序不同，设计、开发过程的说法也并不相同，但设计、开发过程大体如图 9-1 所示。按前述武器装备研制程序，"武器系统研制总要求"即是需求、期望，"研制或设计任务书"规定了设计要求，"成套技术资料"反映产品特性、规范。

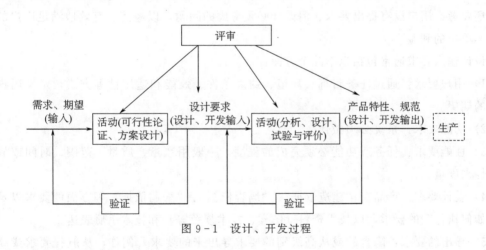

图 9-1　设计、开发过程

产品的质量主要受以下四个方面的影响：

1）与确定产品要求有关的质量（要求的质量）；

2）与产品设计有关的质量（设计质量）；

3）与符合产品设计有关的质量（生产质量）；

4）与产品保障有关的质量（使用、保障质量）。

而设计涉及四个方面。因此，为保证研制质量，主要是控制研制过程中与设计有关的环节。其包括：

1）控制转化，确保要求（设计输入、输出）质量。

2）控制设计活动，确保产品的固有质量与可靠性。

3）进行特性分析、抓关键。

4）度量、评价设计结果，验证设计。

5）监控设计活动与结果，评审设计。

6）控制设计更改，控制技术状态。

9.1 确定完整、准确、合适的设计输入、输出要求

设计输入要求是设计的依据，设计输出要求是生产、服务的依据，是开展质量保证工作的依据。不完整的要求，模糊不清的要求，不可执行的要求和可不执行的要求，将使设计、生产目标不清，是造成设计、生产过程失控的首要原因。因此，必须把住设计开发"始、末要求关"。控制设计输入、输出，本质是规范设计输入、输出要求，按技术状态管理，即建立"基线"（研制基线与产品基线），以明确设计开发目标、要求，以及完成什么，提交什么"产品"。

按《研制程序》，在方案阶段，承制方根据《武器系统研制总要求》（需求），通过武器系统研制方案的论证、验证，提出系统方案和系统技术要求，并形成《研制任务书》，从而确定了设计要求。为了完整、准确确定设计要求，在论证时，不仅要理解用户的需求，还要考虑用户没有提出要求、但设计必须考虑的问题，以经济、有效地满足用户的需求和本单位的利益。

设计输入要求通常包括以下几个方面：

1）用户要求：通过任务目标、环境、约束条件、效能和适用性等方式，定义用户对系统的期望。

2）功能要求：系统必须做什么。

3）性能要求：任务或功能必须完成的程度，一般用数量、质量、范围、时间或战备完好性来度量。

4）设计要求：产品在"建造依据"、"编程依据"、"采购依据"等方面的要求以及过程"如何执行"的要求，以技术资料（图样、技术规范等）和技术手册表达。

5）导出的要求：隐含的或从高级别的要求导出来的要求。例如，从航程要求或高速要求可能导出需要重量轻的设计要求。

6）分配要求：例如，一个由两个分系统组成的100千克的系统，经论证可能对这两分系统提出的质量要求分别为70千克和30千克。

图9-2为空间系统将需求转换为要求的一个例子，它不仅有功能、性能要求，还有接口、可靠性、维修性、使用、保障以及验证要求。

对每一项要求必须是必要的、可行的、可追溯的、单一的、清楚的、可验证的。应当用标准的技术术语准确表达要求。

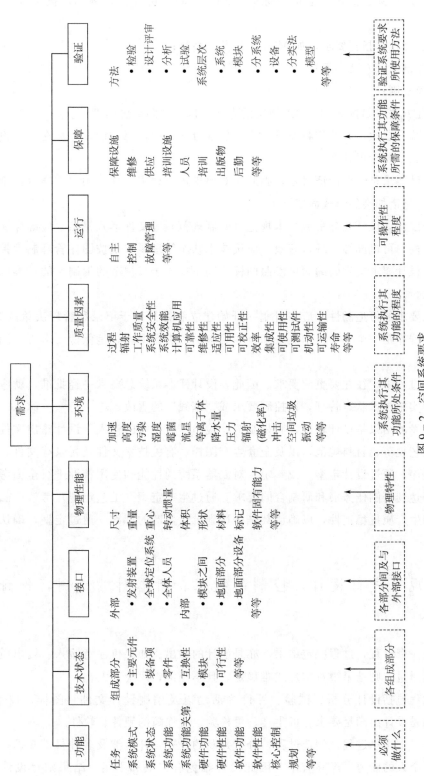

图 9 - 2　空间系统要求

对特性要求要定量化，定量指标应合理、可行、可验证。例如，提可靠性指标应包括：

1）可靠性设计指标要求，如 MTBF 为多少小时；

2）任务剖面、寿命剖面；

3）故障准则；

4）验证方法（如按 GJB 899A 规定的方法）以及风险或置信度等。

由于系统分层次，因此应将要求按产品层次分解，能使每个设计人员在产品设计时清楚要求是什么，要考虑什么。

确定设计要求是一个论证过程，因此应对要求进行评审，并与用户沟通（内部的、外部的），并通过诸如会签形式固定下来。

要求是以诸如设计任务书或技术规范（研制规范）等文件形式提出，应确保文件表达要求的一致性、可追溯性、现行有效。应按技术状态管理要求或按图样管理制度控制设计要求文件。设计要求文件的编写可参照国标、国军标关于《规范的编制》的标准以及行业标准要求执行。

为保证要求的可追溯性，应在研制一开始建立和维持用于记录和管理决策的数据库。这个决策数据库是一个有关技术决策和技术要求的历史数据库，是保持要求可追溯性的重要手段。

在研制过程中，往往要更改要求。因此，设计武器系统总要求一经批准，就应从方案阶段开始，实施技术状态管理，以控制要求或"基线"的更改。

设计开发的结果是设计输出，其是制造、检验、安装等的输入。设计输出文件包括产品规范、工艺规范、材料规范，以及全套生产图样、有关技术文件及目录等文件。按武器装备研制程序，通过设计定型（或鉴定）对武器系统的性能和使用特性进行全面考核，以确认其是否达到研制任务书和研制合同要求。通过生产定型（工艺定型）考核产品的批量生产条件和生产质量稳定性，以确认其是否达到批量生产的标准。通过定型，确认设计输出文件。

9.2 按规范进行设计，控制新技术、新器材的选用，保证设计质量

设计是一个过程，过程决定结果，亦是设计的输出。如果仅注意输入、输出质量，而不注意过程质量，则结果很难实现或难稳定，且不经济，风险甚大。

设计过程包括设计分析、试验、评价等活动以及编制设计文件（图样、技术规范）等，其目的是设计出满足要求并可生产、可检验、可保障的硬件、软件。

设计是一个构思过程，创造过程，分析判断的过程，并且涉及多种科学知识，技术领域。由于一个人的能力、经验有限，因此设计难免有欠缺和不足，结果则是设计质量不高。设计质量不高主要反映在：

1) 设计本身有缺陷。其属设计水平不高，或设计的"基本功"不足所致。另外还存在设计缺少对可生产性、可检验性、可保障性的考虑。

2) 编制的设计文件（图样、技术规范等）差错多。

为保证设计质量，第一次就做好，《军工产品质量管理条例》提出"承制单位应根据质量标准，结合产品特点，制定设计、试验规范"要求。其目的是根据有关工程原理和工作经验，制订设计、试验规范，详细规定每一项工作依据的要求，工作的内容，方法和准则，即做什么，怎么做，做到什么程度，变经验设计为规范设计，从而保证设计一次成功，不产生缺陷。设计规范包括产品设计规范，以及诸如降额设计、环境防护设计、可靠电路设计、冗余设计、热设计等的专业技术设计规范。

产品设计往往大量采用新技术、新器材。为此，《军工产品质量管理条例》提出"新技术、新器材必须经过充分论证、试验和鉴定，方能引入新产品设计"。其目的是控制新技术、新器材的采用，防止其未经预先研究、鉴定而在设计中采用，以减少研制风险。

改进设计工具，采用计算机辅助设计、分析工具，是保证设计固有质量的又一重要手段。计算机辅助设计、分析的基础是设计规范以及相关的数据库。

编制设计检查单是保证设计质量的好方法。表 9－1 是设计检查单的一个例子。由于设计要求以叙述方式表达，因此很容易被疏忽掉。当把叙述方式改成检查单时，就能降低忽略某项要求的风险。通过编制检查单过程，有利于对要求的理解，并可分析可能存在的潜在问题（例如有针对性进行 FMEA 分析）。对每项要求利用 9.6 节"设计验证"推荐的方法进行验证，就可提供清晰的产品设计，研制的结果。设计检查单可作为设计评审的数据包之一。

表 9－1　设计检查单

规范要求	检查内容	验证
变流机应提供 117 V 交流电、300 W、2.5 A、电压变化率为 2%（均方根值），频率变化率在 60 Hz 时为 0.1%，电源为 10.8～14.5 V 直流电，无负载时功率为 0.5 W。变流机质量不大于 5 kg，外壳尺寸不大于 25 cm × 25 cm×25 cm	输入： · 10.8～14.5 V 直流电； · 无负载功率 0.5 W。 输出： · 117 V 交流电； · 300 W； · 2.5 A； · 60 Hz； · 频率变化率≤0.1%； · 电压变化率≤2%。 物理量： · 质量≤5 kg； · 外壳尺寸≤25 cm×25 cm×25 cm	

为保证设计的可生产性和可测试性，同样可编制一张检查单，如表 9－2 所示。

表 9 - 2　可生产性和可测试性检查单

要求	检查内容	确认
制造方法，设计： • 波峰焊； • 元器件自动输入； • 自动化测试； • 环境	波峰焊： • 条/孔比； • 热散布； • 标准尺寸； • 设计余度。 元器件自动输入： • 元器件位置； • 组件标准； • 设计余度。 自动化测试： • 测试点位置； • 装配等级。 环境： • 洁净度； • 静电放电防护	

　　为保证设计质量，《军工产品质量管理条例》要求"承制单位必须建立图纸和技术文件的校对、审核、批准三级审签制度，工艺和质量会签制度，标准化检查制度，确保设计图纸、工艺文件和技术档案完整、准确、协调、统一、清晰"。应当强调三级审签责任制。此外，对关键的设计，应请同行专家进行复核、复算。

　　为保证设计质量，要对设计人员特别是对新参加设计的人员进行"基本功"的培训，包括掌握基本的设计技能，了解本单位编制的设计、试验规范，以及图样管理制度，机械制图等标准、规范。要坚持设计人员与生产工艺、质量检测人同共同研究处理生产中发生的质量技术问题。建立新参加工作的设计人员到对口生产厂实习制度，扩大其工艺、生产等知识面，以提高设计人员的设计以及处理问题的能力。

9.3　将可靠性等专业工程要求设计进产品

　　产品设计不仅要设计出满足功能、性能要求的硬件及软件，还要保证设计的产品在其使用寿命期内，在相应的人员和环境条件下，将完全是可用的。只有这样才能使系统在最佳的寿命费用下有最佳的效能。为此在设计阶段，应将影响效能的可靠性等专业工程设计进产品。所谓专业工程是指可靠性、维修性、安全性、人因工程、电磁兼容性、运输性、材料与工艺、保障性等专业工程。这些专业工程虽然不同于系统的技术能力（功能），但却保证了系统能以其具有的技术能力去满足任务目标。《军工产品质量管理条例》要求"运用可靠性技术、维修性技术和系统化技术，进行系统分析、综合择优"，其目的是保证武器系统研制目标的实现。

　　可靠性、维修性是最早引入设计的专业工程。可靠性、维修性是影响长期保持良好效能和最佳寿命周期费用的重要因素。在 20 世纪 80 年代中期，美国空军 R&M2000 行动计划就指出"可靠性与维修性是武装力量的倍增器"，要把可靠性、维修性作为第一位来考虑，要求"可靠性加倍、维修性减半"，最低 MTBF 为 2 000 小时。由于美军对武器系统可靠性、维修性的重视，其效果在海湾战争中充分得到体现。

国防科工委在 20 世纪 90 年代初，综观海湾战争的经验，强调了型号研制中的可靠性、维修性工作的重要性、必要性，提出要将可靠性、维修性与功能性能同等对待。为加强型号研制可靠性与维修性管理，颁发了《武器装备可靠性与维修性管理规定》等文件。国防科工委 2000 年发布的《关于加强国防科技工业质量工作若干问题的决定》再次强调了要"加强可靠性、维修性、安全性、保障性、设计分析（如 FMECA、FTA 等）试验、评定工作"。

将可靠性等专业工程设计进产品，首先是将专业工程作为一种技术要求提出，以便在设计中得以落实。设计要求是以规范形式提出的。1995 年总参、国防科工委、国家计委联合发布的《武器装备研制合同暂行办法实施细则》附件 B《技术规范（技术规格书）》，规定了研制项目满足预定用途所必须的要求，其中包括专业工程要求，即可靠性、维修性、运输性、人因素、安全性、电磁兼容性、保障性等要求。其内容与美军 MIL‑STD‑490A《规范的编制》规定的要求基本一致。

其次，由于专业工程是一项工程，就有一套设计、分析、试验、评价的方法、程序。为此在研制中必须开展专业工程的活动，以支持设计，将它们设计进产品。研制中专业工程活动通常由用户以大纲要求形式提出。上述《武器装备研制合同暂行办法实施细则》说明了是通过研制任务书的附件《工作说明》向研制方提出专业工程的工作要求。它包括：

- 可靠性大纲要求；
- 维修性大纲要求；
- 安全性大纲要求；
- 电磁兼容性大纲要求；
- 综合保障要求；
- 标准化大纲要求；
- 校准测试大纲要求；
- 人因工程大纲要求；
- 运输性大纲要求；
- 质量保证大纲要求。

其相当于美军 MIL‑HDBK‑245《工作说明的编制》规定的要求。在前面提到的编制产品的质量与可靠性保证大纲和标准化大纲，依据于由用户提出的型号《工作说明》相关的大纲要求。

由于要开展专业工程活动，增加了设计的分析、试验工作，就会增加管理的负担和费用。为了不致对设计提出过多、过分的专业工程特性要求，但又要保证系统能满足作战效能和作战适应性要求，需要对各专业工程方面的技术要求及相关的工作予以协调和评审。

　　为了保证将可靠性等专业工程设计进产品，需要专业人员与设计人员密切配合、协同工作。应当促使设计人员学习专业工程知识，专业人员学习产品知识，以便在设计时有共同语言。

9.4　实行特性分类，抓关键

　　功能特性分类（以下简称特性分类）是根据产品特性的重要程度和失效后果的严重性，对其实施分类并加以重点控制的过程。所谓特性，是指可区分的特征，如物理的、功能的、时间的特性。

　　众所周知，"关键的少数和次要的多数"帕累托原理明显地体现在产品功能特性上，即产品的少数特性对产品的适用性有重大影响，而另外的多数特性则影响较小。这就给人们以启示，在产品的研制与生产过程中，应对其关键的少数特性加以重点控制，在保证整体质量上可以起到事半功倍之效。抓住关键，重点控制，从而减少研制风险，这就是引进特性分类的目的。

　　《军工产品质量管理条例》要求"对复杂系统的单元体（特性），应当编制关键件（特性）、重要件（特性）项目明细表。对关键件（特性）、重要件（特性）的设计参数和制造工艺必须严格审查"，"对关键件（特性）、重要件（特性）和关键工序，承制单位应当编制专门的质量控制程序，实施重点控制"。

　　根据国家军用标准 GJB 190，产品特性可分为关键特性、重要特性和一般特性。根据 GJB 450A、GJB 900A 要求划分可靠性、安全性关键项目。在生产和工艺中，还可根据特性分析将组成产品的单元件划分出关键件、重要件和一般件。将工序划分为关键工序、一般工序，以做到重点控制。特性分类工作的核心是在质量控制工作中，分清主次，抓住重点，以保证产品的质量。

　　特性分类工作包括产品单元件确定，特性分析，关键件、重要件分类以及关键工序的确定和质量管理要求的实施等。在特性分类的全过程中，设计、生产、工艺及质量管理各部门都要参加，他们对特性分类的各项工作各有侧重，但又要相互配合。

　　特性分类主要是根据单元件失效造成的危害程度和失效发生概率的大小来判断的。因而要求设计单位先对产品进行技术要求分析、设计分析、单元件等特性分析，确定检验单元，并提出分析报告。然后，根据分析的结果确定单元件的类别。划分产品特性类别既关系到产品质量，也影响产品的设计、成本，一般应由设计部门提出方案，征求工艺、生产等有关部门的意见后确定，以保证特性类别的合理性。对不同使用条件下的产品，应以最苛刻使用条件作为划分特性类别的依据。

　　特性类别划分之后，设计部门要根据单元件的特性类别，确定关键件、重要件、一般件，并向生产及工艺部门提供关键件、重要件清单，而且要在设计文件上予以标注。FME（C）A 是一种确定关键件、重要件的好方法。特性分类和关键件、重要件的确定及标注工作，应在设计定型阶段完成，并按整机级编写出"关键件、重要件目录"。特性分析报告和"关键件、重要件目录"应作为设计文件的一部分，提供给生产使用部门。

特性分类是生产过程进行质量控制的重要依据，其保证措施之一是确定关键工序，制订严格的质量控制办法，并认真实施。工艺（技术）部门应根据设计提供的图纸和"关键件、重要件目录"，以及本单位的工艺特点，确定关键工序，并编制"关键工序目录"。关键工序应包括：关键特性、重要特性所构成的工序，加工中质量不稳定的工序，加工周期长、原材料昂贵、出废品后经济损失较大的工序，以及关键的、重要的外购件、外协件、原材料的入厂验收工序等。

9.5　设　计　评　审

《军工产品质量管理条例》要求"承制单位必须建立分级、分阶段的设计质量、工艺质量和产品质量评审制度"以及"进行试制、试验前的准备状态检查"，即三个评审，两个检查制度。

设计评审是为了评价设计结果满足要求的能力，识别问题并在有问题时提出解决的办法，对设计作综合的、系统的并形成文件的检查。设计评审是为各级行政系统管理决策和两总系统技术决策提供咨询意见的一项必须进行的工作。设计评审要纳入研制计划，未按规定要求完成设计评审，不能转入下一阶段工作。

为指导设计评审的开展，已制定并发布了 GJB 1310A《设计评审》。

（1）设计评审的目的与作用

产品质量是设计制造出来的，设计决定了产品的固有质量。对设计进行严格的评审是保证产品质量的重要工程管理方法。设计评审是由各有关方面具备资格的代表对设计所做的正式的、全面的、系统的检查，并把检查结果写成文件。其目的是评定设计要求和设计能力是否满足规定的要求，从而发现问题并提出解决的办法。

设计评审是运用早期报警的原理，在研制过程决策的关键时刻，组织同行专家和用户、质量部门等有关方面的代表，通过对设计过程及其成果进行详细的审查、评论，评价设计符合要求的程度，发现和纠正设计缺陷，加速设计成熟，为批准设计提供决策咨询。设计评审主要是对方案、方法、技术关键、技术状态、计算机软件、可靠性、维修性、安全性等重点问题，进行深入审查和讨论，把集体智慧和经验运用于一项设计之中，弥补主管设计人员知识和经验的局限性。对设计项目的领导者和使用单位来说，设计评审是对设计质量进行监督控制的重要管理手段。

（2）设计评审的分类及评审点的设置

① 分类

《军工产品质量管理条例》要求进行分级、分阶段设计评审。因此，设计评审按研制阶段分类可分为方案设计评审、初步设计评审、详细（关键）设计评审和定型设计评审；按产品功能级别或管理级别分类可分为全武器系统级设计评审、系统级设计评审、分系统级设计评审和整机（部件）级设计评审。

根据研制需要可以进行专题评审，如安全性、可靠性等专题评审。软件的设计评审可以结合整个设计评审进行，也可单独组织设计评审。

② 设计评审点的设置

设计评审点的设置，一般是在上一研制阶段结束，下一研制阶段开始前进行，图 9-3 是一个例子。

设计评审是重要的研制质量监控点，选择在决策关键时刻，也就是研制转阶段的时刻，这样可以对上一阶段的设计工作进行总的评价，确认产品的技术状态，为下一阶段建立基线，起到分阶段质量把关的作用。设计评审结论是批准研制转阶段的依据。

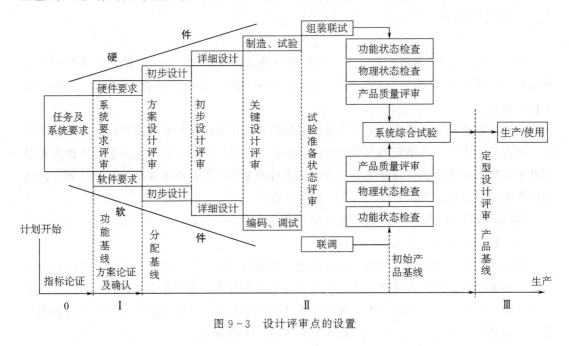

图 9-3 设计评审点的设置

(3) 设计评审的内容

设计评审主要是评定设计过程和设计结果是否符合规定的要求，也就是审查设计方案、技术要求、计算数据、参数选择的正确性，系统接口的协调性，以及可生产性、可靠性、维修性、安全性、经济性等要求是否设计到产品中去。

设计评审的内容和要求应结合产品的特点和所处的阶段来确定。方案设计评审主要评审系统级设计结果，如系统的功能、结构、采用的新技术、系统技术参数及分配、研制计划和保障条件；初步设计评审主要评审各分系统技术状态、安全性、可靠性、维修性、接口协调性、试验要求和试验程序；详细设计评审主要评审整机详细设计结果和满足系统要求的程度，最终确定的容差、试验和检验要求、关键件清单和控制要求，设计资料的完整性与协调性。

(4) 设计评审组织与实施

① 评审组织

设计评审应由各方面具有资格的代表组成的评审组（委员会）具体负责设计评审工

作。其成员应包括任务提出单位代表、同行专家、质量管理与可靠性工程师、工艺师、物资供应人员等。根据评审的阶段不同，评审人员可有所不同。被评审项目的主管设计师不参加评审组，但他们应参加评审活动，提供设计评审报告，提供所需的资料和数据，参加讨论、答辩，并根据评审人员的建议提出改进的措施等。

设计评审组设组长一人，成员若干人，但总数不能过多，一般在 15 人之内。选择具有较高业务水平，对设计要求比较了解，并能秉公办事、具有组织能力的人担任评审组的组长。也可由上一级设计师或技术负责人担任组长。参加评审组的成员要有明确的分工，负责审查评审项目的有关内容。

② 设计评审准备

设计评审必须在有组织、有计划、有准备的情况下进行。被评审项目的主管设计师，首先对全部设计资料、设计文件进行复查、整理、总结，写出设计总结报告。由于在设计评审中，评审可靠性是重点之一，为此必须对设计的可靠性作出评价。设计总结报告要根据评审内容和要求准备，一般应包括以下内容：

1）相应研制阶段工作内容，设计的主要技术指标要求和已达到的水平，尚存的薄弱环节或技术关键；

2）可靠性指标要求及有关工作项目的落实；

3）保证设计质量的措施；

4）设计问题归零情况；

5）结论及建议。

该总结报告及有关资料应提前一周送交设计评审小组。

③ 评审会议

在经过充分准备的基础上召开设计评审会议，一般议程为：

1）主管设计师作设计总结报告；

2）评审组成员进行职责分工，根据检查项目表进一步审查被评项目的设计总结报告及有关设计资料，必要时请主管设计师做答辩或补充说明；

3）评审组成员按分工发表对该评审项目的审查意见，并充分进行讨论；

4）评审组组长总结各成员意见，形成评审结论，并宣布正式评审结论。

质量管理部门对设计评审中各种问题的处理要进行跟踪、检查和监督，形成闭环管理。

设计评审过程中形成的资料要进行整理归档。

（5）设计评审应注意的问题

设计评审是一种阶段质量把关的措施，同时也为管理决策提供咨询意见，但不改变设计师系统的技术责任制。设计师系统对评审组评审的意见和结论要给予足够的重视，对每个意见都要进行认真研究，对不予采纳的意见要详细阐明理由，必要时应由上一级技术负责人或型号负责人确认，并记录在案，归档保存，并须经得起复查和研制工作的考验。

设计评审分类及评审点的设置、评审内容的确定以及组织实施等一定要结合本单位、本型号的特点来确定，可以适当增加或减少评审次数，制定自己的评审细则，这样才能充分发挥设计评审的效果。

设计评审要纳入研制程序，列入研制计划，给予时间、人力、物力、经费上的保证。

要正确对待和恰当运用设计评审这一管理工具，防止走过场，不断改进评审工作，提高有效性。为提高有效性，首先要落实评审工作中各方的责任。评审组织单位对评审组组长和成员的确定，评审准备工作以及对评审意见的处理及追踪管理负责；评审组对提出的评审结论意见和工作建议的正确性负责；型号的两总对提供的报告、资料的正确性和完整性负责，对评审组意见和建议的采纳与否的后果负责；质量部门对评审后的跟踪管理负责。

9.6　设计验证与确认

9.6.1　设计验证

设计验证是通过检查或提供客观证据（理论的，实验性的）证明产品的设计已满足现定的产品要求。目前，设计还做不到不经过验证就能达到完全正确、合理的程度，通过设计验证确认设计的合理性、正确性，暴露和纠正设计缺陷，不因设计缺陷而影响生产质量、使用质量。验证过程成功的实施是用户对产品验收的基础。

设计验证内容决定于产品设计要求，包括功能、性能、接口、环境适应性以及可靠性、维修性、安全性、保障性等特性的验证。

（1）设计验证的特点

1）层次性：设计验证需要在不同产品层次进行，且有着不同的验证内容。例如，设计验证的产品层次包括系统、分系统、设备等。产品各层次设计验证工作取决于其相应的设计规范和设计要求。要保证所有要求都能得到验证，保证验证结果与要求的一致性。

2）阶段性：设计验证在不同研制阶段都有不同的要求。图9-4是卫星系统设计验证阶段划分的例子。

3）多方式：设计验证方法可以有试验、分析、评审、检验以及仿真等方式。通常一项设计要求可采用一种或多种方式进行验证。利用不同的验证方式，其结果的深度和真实性是有一定差异的。

4）迭代性：设计是一个设计、验证、改进、再验证的迭代过程，因此，验证也是一个迭代过程。随着研制开展，根据对已有验证结果的确认程度，验证的具体内容、深度会有所侧重或转移，直到最后完全确认。

由于设计验证有以上特点，而验证大部分采用样机试验方式，其耗资大、周期长、技术有难度，因此需进行设计验证的策划。这种策划应在方案阶段随同系统方案论证同时进行。

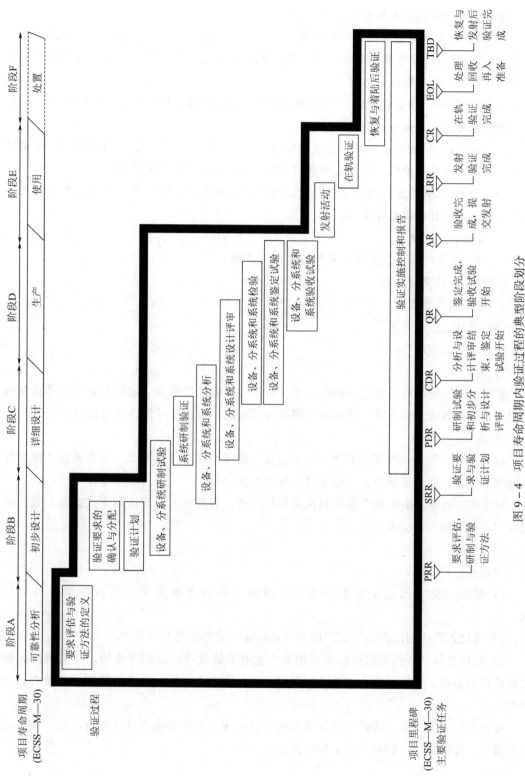

图 9 - 4　项目寿命周期内验证过程的典型阶段划分

（2）设计验证活动的策划

通常设计验证活动策划包括以下方面：

1）验证什么。确定验证的对象及内容。成功的验证开始于一组好的设计要求（设计输入），每一项设计要求必须是单一的、清楚的、简单的、可度量的。应当规定对设计要求的验证判据，包括精度、方法。

2）如何验证。确定验证的产品层次和方法。验证应做到充分性、完整性、协调性、避免重复或漏项。选择有效的验证方法。

3）在何时、何地验证。确定验证的阶段与活动。验证贯穿于整个研制阶段，要确定什么验证要求在什么阶段，在什么产品层次按什么工作条件验证最有效。

4）试验样机的需求。当采用试验验证设计时，就需要试验样机。要确定样机的技术状态、样本数、样机质量要求等。

5）设施、工具要求。

6）建立或利用现有数据库，采集有关验证数据。

7）编制验证实施大纲。

8）验证报告要求。

（3）设计验证的方法

设计验证的方法有：

① 试验

试验用来验证功能特性是否符合要求。试验过程将产生数据，这些数据通常是由精确的测量设备或方法记录下来，随后对数据进行分析或评审，以评价功能特性的符合性。

② 演示

演示是另一种形式的试验方法，用来验证功能特性是否符合要求。演示验证不使用复杂的测量设备，而是借助通过或通不过准则来验证。

对于试验或演示所用的产品样机应具有代表性，即其技术状态应与正式产品一致。试验或演示的环境条件应真实。

③ 分析

分析有三种方法：

1）根据已建立的数学模型或通过仿真得出的数据来验证产品特性是否符合要求。

2）通过相同或相似产品的相似性分析来验证产品特性是否符合要求。

3）复核复算，即利用同行专家和相关专业专家的设计经验和专业知识对关键的影响成败的技术参数、指标，重大的设计问题等，进行审查或分析、计算，验证设计是否符合要求。

分析方法主要用于不能或不能经济地用试验或演示方法来进行设计验证之处。往往通过分析后，需要提出一些补充的试验或演示。

④ 评审

评审是一种验证方法。它是对照标准、规范、惯例以及预先规定的接收准则，检查图样、技术文件是否符合要求。

⑤ 检验

检验是借助检查以及对照设计图样，验证产品的物理特性是否符合要求。检验对产品一般是无损伤的，通过目视或简单的测量工具来进行。

⑥ 仿真

建模和仿真能够虚拟地复制产品和过程，并能在易于获得和易于操作的真实环境中模仿这些产品或过程。在任何系统的研制中只要恰当地建模与仿真，就能带来节省费用、加快进度、提高产品质量、减少风险的好处，在某些情况下，建模和仿真是进行验证或确认的唯一途径（图 9-5）。

选择何种验证方法，决定于验证要求，选取的验证方法的合理性、正确性及其结果的有效性，以及资源的许可。因此应对验证方案进行充分论证并评审决策。对于已确定的关键特性项目，应以演示和试验的方法对所要求的特性进行验证。

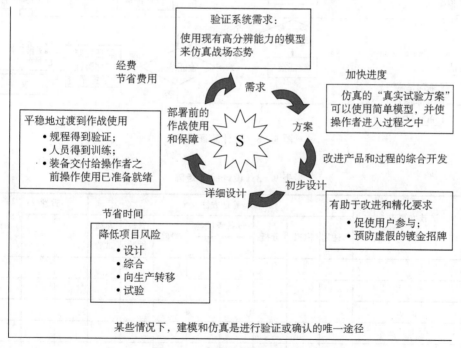

图 9-5　建模和仿真的优越性

（4）设计验证的实施

图 9-6 是规范的设计验证流程。说明验证过程的输入、输出及活动。

为确保设计验证的实施，防止漏项，保证设计规范的严肃性并规范化管理，中巴合作的资源卫星，在其设计规范文件最后一章"验证和试验要求"中，以表格形式规定了设计验证矩阵（见表 9-3）。

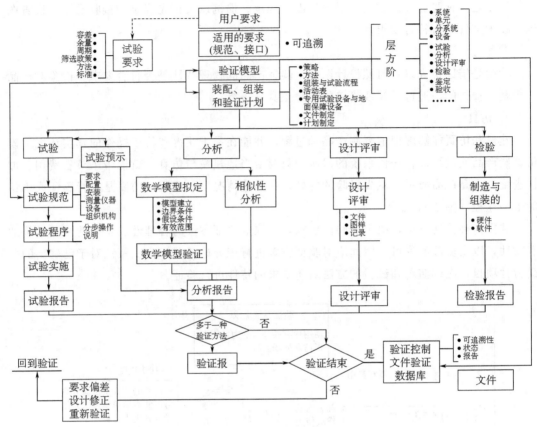

图 9-6　设计验证流程

表 9-3　设计验证矩阵

目次号	技术要求项目	验证方法							一致性		备注
		不适用	模拟	分析	设备级试验	检验	系统试验	在轨试验	是	否	

在表 9-3 中，目次号为相应设计规范的章节条目号，技术要求项目即对应条目号的

技术要求，一致性是验证结果。在设计评审中，设计验证矩阵表作为评审数据包之一。

为了保证验证的实施，应明确参与实施活动各方的责任。对于大型验证试验必要时要设立验证控制小组，要进行试验准备检查和试验后评审活动。设计验证不合格，要提交不合格审理委员会处理，并按质量控制程序进行纠正。

对大型的试验项目需要制定试验质量控制程序，主要要求为：

1）编制试验大纲并经过评审和批准。

2）做好数据采集、产品参试状态确认、测量和试验设备校准、试验安全等方面的准备工作；经试验前准备状态检查合格后，方可进行试验。

3）参试人员应经过培训并有明确的岗位责任制。

4）严格按试验大纲要求组织试验，并对影响过程的各种因素进行控制，包括事故预防措施。

5）试验结束后，收集、整理试验数据和记录、分析评价试验结果。

6）在试验前应组织试验队伍，明确职责和分工，编制试验大纲并履行审批程序。试验过程应严格按试验大纲组织实施并进行全过程的质量控制。

9.6.2　设计确认

设计确认是一种证实最终产品满足预期使用目的的必要手段，它通过检查和提供客观证据，来确定产品是否符合用户的需要。

设计确认是在成功地进行设计验证后，在规定的使用条件下（包括操作方式、环境等）对最终产品进行设计确认。设计确认主要是针对最终产品进行的，如果无法或很难在最终阶段对某些特征进行确认，则需要在产品开发过程的各阶段进行设计确认。在某些情况下，设计确认要推迟到产品的最初使用阶段。当产品有不同的预期用途时，可以多次确认。

设计确认中所进行的检查、试验和证实结果应予以记录。确认中发现的问题或缺陷应及时反馈给设计，作为改进和完善该设计的依据。

设计确认是承制方的责任。其确认方式可以有所不同，如：

1）可以由承制方单独进行确认；

2）可以与用户一起或邀请用户配合进行确认；

3）通过用户对产品的初期使用来确认，即产品提供给用户，经用户使用后提供试用效果，证实产品是否满足使用要求。

当采用第三种方式时，承制方应确定产品的试用范围，提出试用要求，收集试用记录，并依据试用记录所提供的客观证据，证实产品是否符合使用要求。

军工产品是通过定型（鉴定）来确认设计。为此，承制方应根据《军工产品定型工作条例》、GJB 1362A《军工产品定型程序和要求》的要求完成定型（鉴定）准备。这些准备包括完整的产品设计生产和验收（试验）的结论、图样、清单等资料。如果合同有定型评审要求，还要准备相应的评审文件、资料。

9.7　实施技术状态管理，控制技术状态更改

技术状态管理发端于 20 世纪 50 年代的美国，以后被越来越多的工业发达国家所采用，并引起世界各国的广泛重视。我国颁布的《军工产品质量管理条例》以及《关于加强国防科技工业质量工作若干问题的决定》，也将技术状态管理作为质量管理的重要手段，要求军工产品承制单位建立健全技术状态管理制度，严格控制技术状态的更改。目前已颁发了 GJB 3206《技术状态管理》，规定了实施的程序。

9.7.1　技术状态

所谓技术状态是指在技术文件中规定的并在产品上达到的功能特性和物理特性。

功能特性指产品的功用，如速度、杀伤力、可靠性等。

物理特性是产品为实现功能所具有的形体特性，如尺寸、质量（物理的）等。

当功能特性、物理特性用一组定量的或定性的要求来表达并经批准时，即为基线。通常有三条基线，即功能基线、分配基线、产品基线，见表 9-4。

表 9-4　基线类型

基线	内容	文件形式	制定时间	制定单位
功能基线	· 规定任务和技术要求； · 对各功能段分配要求； · 规定接口关系； · 约束条件	系统规范	论证阶段	用户（军方） 或承制方
分配基线	规定各分系统或设备、计算机软件项目技术要求	研制规范 （研制任务书）	方案阶段末	承制方
产品基线	规定生产、试验、验收技术要求	产品规范	工程研制阶段末	承制方
	规定制造工艺（如焊接、铸造等）技术要求	工艺规范		
	规定制造中使用的原材料或半成品生产技术要求	材料规范		
		图样		
		明细表		

9.7.2　技术状态管理

简单地说，技术状态管理是运用行政和技术的手段，建立各种程序，对产品技术状态实施有目的、有计划、有步骤的管理。它包括四个方面，即技术状态标识、技术状态控制、技术状态审核和技术状态纪实，详见 GJB 3206A《技术状态管理》。

技术状态管理与技术资料管理和接口管理密切相关。资料管理和接口管理对于正确实施技

术状态管理是必不可少的。因此，技术状态管理工作必定包含资料管理工作和接口管理工作。

9.7.3　技术状态管理的目的

实施技术状态管理的目的是：

1）保证有目标、有步骤地研制产品，并以最低的费用、最短的周期研制出满足质量要求的产品。

2）严格控制设计更改，控制偏离、超差。

3）保证文（文件）实（产品）相符，文文相符。

4）保证技术资料完整、配套、协调，用它可以重复生产产品，并且质量是稳定的。保证交付用户的产品可互换、可维修、可保障。

9.7.4　完善现行图样管理制度

目前，我国产品研制、生产单位执行的是图样管理制度，它起着技术状态管理的作用。然而，实践表明，图样管理制度本身有不足之处，需要完善、改进。

1）图样管理制度着重对图样本身的管理，没有同产品实物、产品研制程序以及各种控制手段（如设计评审、鉴定等）有机结合进行管理；

2）对设计更改以及偏离、超差缺乏严格的控制程序；

3）现有图样管理制度比较分散，缺乏系统性、严密性，难以适应外向型经济发展的需要；

4）管理职能部门仅限于标准化部门。

目前，国外发达国家研制、生产产品都是执行技术状态管理制度。因此，随着我国经济的发展，特别是在改革开放形势下，需要完善现有图样管理制度，研究、学习国外先进的技术状态管理方法，并把它逐步引入我国新产品研制、生产质量管理工作中。

9.7.5　技术状态控制

在研制、生产期间，由于种种原因，难免要对已确定的技术状态（基线）作一些更改。因此，技术状态管理的一个重要方面是建立一种制度来控制技术状态的更改，以保证更改受到系统的评价、协调、批准及实施，并把这种更改正确、完整地反映在技术文件及更改控制文件内，并跟踪产品技术状态的全部历史。

技术状态控制包括对工程更改、偏离和超差的控制。为实施控制，需要有一定的技术状态控制职能的机构来管理。

技术状态控制是为了防止进行不必要或可有可无的更改，同时加速有益的更改。更改的目的是：

1）纠正缺陷；

2）改善用户使用效果；

3）节省寿命周期费用；

4）缩短生产周期。

技术状态控制要求承制方各部门如设计、工艺、生产、质量保证、器材、采购等部门都要参与对更改建议的评价，对批准的更改贯彻执行。

（1）控制技术状态更改的原则和要求

对技术状态更改进行控制的原则和要求是：

1）保证更改的正确性、合理性、经济性和协调性；

2）所有更改建议的提出、分析、验证、批准和不批准以及执行活动，都要有文件规定并记录；

3）对正式批准的更改，凡所涉及的技术文件、产品实物，都应按更改的要求及时修订或修改；

4）保证不影响相关单位正常工作；

5）贯彻责任制，履行签署手续。

（2）技术状态更改的种类

① 工程更改

工程更改是对产品技术状态的永久性更改。它需要更改标识产品技术状态的基线文件（如规范、图样、明细表等设计文件）。这种更改必须更改设计文件的底图和蓝图，并把更改后的文件作为生产、试验、验收产品的依据。工程更改即通常讲的设计更改。

• 工程更改控制文件：通常用的工程更改控制文件是"更改单"。只有签署完整的更改单才是更改设计文件底图和蓝图的依据。通常，只有设计单位才有权对其编制的设计文件发出更改单。

• 工程更改级别：根据更改对产品技术状态影响的程度，对工程更改应分级，并分别处理、标识标记。

工程更改一般分两级：

Ⅰ类工程更改：凡涉及的产品性能、功能、接口、互换性、可靠性、维修性、费用、进度等的更改属于Ⅰ类工程更改。Ⅰ类工程更改需要严格控制。

Ⅱ类工程更改：Ⅱ类工程更改属于对设计文件编辑性的修改，这种更改不影响产品的性能、互换性、费用和进度。

② 偏离与超差

除了上述更改外，还有偏离许可和超差特许两种情况。

1）偏离许可是指在制造某一产品之前，事前经批准，允许某一定数量的零部件、组件，或某一批产品、或某一段时间生产的产品，可以偏离设计要求，作临时性的变动，例如，代料、临时性的设计更改或工艺方法更改。

偏离不同于工程更改，它不对基线设计文件的底图、蓝图作更改。在一定情况下，对基线设计作临时性的偏离，有时是难以避免的，但要履行一定的批准手续。

控制偏离的控制文件如"技术通知单"，它通常由设计部门控制。

2）超差特许是指经书面（如超差单）批准允许原样使用或使用不符合设计文件要求的返修产品。

（3）技术状态控制的责任和权限

为控制技术状态的更改，从提出更改建议到批准实施更改，要通过一定的审批手续。通常为：

- 涉及基线文件的更改，应由用户或任务提出单位审批；
- 研制阶段对非属基线文件的更改，由设计部门设计师系统审批；
- 对经验证已达到设计要求的技术状态的更改，需按提高一级进行审批。

GJB 3206A《技术状态管理》规定了如下的技术状态控制的责任和权限：

① Ⅰ类工程更改

Ⅰ类工程更改建议，经承制方内部各有关部门或各相关的协作单位协调，并经总设计师签署后，送交订购方审批。订购方组织有关部门审查后确定是否批准该项工程更改建议。如不批准，则订购方应于 20 天内书面通知承制方，并说明理由。如工程更改建议涉及《武器系统研制总要求》或《研制任务书》的有关内容，订购方签署后应将其送交批准《武器系统研制总要求》或《研制任务书》的领导机关审批。

② Ⅱ类工程更改

Ⅱ类工程更改建议，经按承制方内部制度批准后，送交订购方备案。如订购方对所确定的工程更改类别有异议时，应经双方充分协商后，由订购方最后决定。Ⅱ类工程更改建议经批准后，由承制方按其内部制度进行更改控制。

分承制方提出的Ⅱ类工程更改建议，经按其内部制度批准后，送交设计师系统和订购方备案，并由分承制方按其内部制度进行更改控制。其中，属总设计师控制的技术状态项目，其工程更改建议由总设计师批准。

③ 技术状态控制委员会

必要时，订购方、承制方、分承制方可分别成立技术状态控制委员会。技术状态控制委员会由有关职能机构的代表组成，负责按决策权限审查工程更改建议和重要的偏离、超差申请，提出批准或不批准的建议。承制方的技术状态控制委员会要对所提出的Ⅰ类工程更改建议进行预审。

承制方办理偏离、超差时，一般要根据其后果的严重性进行控制。

除特殊情况外，一般不能申请涉及安全性及致命缺陷的偏离、超差和影响部队使用或维修的偏离、超差。经批准的偏离、超差仅在指定范围和时间内适用，并不构成对功能技术状态文件、分配技术状态文件或产品技术状态文件的更改。应在技术状态项目制造之前办理偏离、超差的申请和审批手续。

1）提出偏离、超差申请。承制方办理偏离、超差时应提出偏离、超差申请。偏离、超差申请的内容应包括：编号，标题，技术状态项目名称及编号，受影响的文件，偏离、超差内容，实施日期，有效范围，对进度、性能、接口、软件、综合保障、费用的影响，相应的措施等。偏离、超差申请的编写格式由承制方自行确定。

2）审批偏离、超差申请。除合同另有规定外，承制方按其现行管理制度对偏离、超差申请进行审批。其中涉及下列因素的偏差、超差应征得订购方同意：人员健康、装备性能、可靠性、维修性、生存性、互换性、重量和尺寸。

第10章　试验质量控制

军工产品在研制和试验过程中需要进行各类试验。由于试验是一种验证、鉴定、验收的手段，也为改进、完善设计生产质量提供客观依据，因此，需要对试验活动进行控制。试验工作的好坏，试验结论正确与否，对产品整个研制、生产质量产生直接影响。

对于军工产品，其重要的、大型的试验项目技术难度大、耗资大、试验周期长、涉及面广、风险也大。诸如核爆炸、导弹飞行试验这样的试验项目不仅耗资巨大，并且瞬间即逝，不允许重复。如果试验得不到控制，不仅会影响到试验顺利进行，使试验达不到预期的结果，甚至发生安全事故，导致机毁人亡的后果。这不仅在经济上受到损失，拖延了研制进度，且在政治上造成不良的影响。因此，对试验特别是大型试验实施严格的质量控制，尤为重要。

为控制试验，已颁发 GJB 1452A—2004《大型试验质量管理要求》，规定了复杂武器装备大型试验全过程质量管理的基本要求。

试验包括技术活动和组织管理活动，技术活动指根据试验任务要求制定试验大纲，制定试验程序和操作规程，参试人员培训，选择或研制试验设备和测量装置，测量装置校正，数据收集和处理，编写试验报告等。组织管理活动是综合上述技术活动并进行及时保障与监督管理，使之迅速而有效地实现活动。

试验质量管理目标是试验单位按试验大纲组织试验，确保试验数据真实、完整、正确，试验结论客观、正确，并及时提交试验报告。

为实现试验质量管理目标，需要对试验全过程进行控制，包括：

1）试验任务书的控制；
2）受试产品状态质量控制；
3）试验资源的保证；
4）试验设备和测量装置控制；
5）试验过程的控制；
6）试验数据处理的控制。

10.1　试验任务书控制

试验任务书是试验工作的输入，是试验工作的依据。试验任务书是由试验委托单位经认证后提出，并应由试验实施单位进行会签。试验任务书应明确试验性质；试验目的；试验条件；测试参数及其准确度要求；受试产品的技术状态，特别是受试产品与试验设备之间的接口状态；数据处理要求等内容。

10.2　受试产品状态质量控制

1）受试产品的状态应符合试验任务书说明的产品技术状态，随机配套的工具、备件、附件等应齐全。如果产品技术状态（特别是接口部分）有变化应提前通知试验单位。

2）试验单位应对交付的受试产品进行检查、验收，并办理交接手续。

10.3　试验资源保证

试验资源是进行试验的物质基础。试验单位应根据试验任务书要求配置必须的资源，以保证试验任务的完成。资源包括：

（1）人力资源

应保证参试人员能力能满足需要，他们应接受技术、技能培训，考核上岗。

（2）试验设备与测量装置

试验设备与测量装置是试验的主体，其功能及准确度应满足任务书要求。

（3）试验设施

针对试验要求、特点考虑试验设施，包括试验场地或实验室，为其配套的修理车间以及为试验服务的电源、气源、水源等能源设施，通信及运输设施等。试验设施还包括各类安全、环保以及应急等设施，它们对于安全、可靠完成试验任务是必须的。

（4）工作环境

创造适宜的试验工作环境条件是试验任务圆满完成的保证条件之一。

10.4　试验设备与测量装置的质量控制

试验需要专用的试验设备和一套完整的测量装置，它们是试验必备的物质条件。

为了获得可信的数据，从质量控制角度，需要确认试验设备和测量装置是否可用，确认试验设施、设备和测量装置是否保持适宜的准确度并符合验收标准，以及识别它们状态的手段。

GJB/Z 9001A—2001《质量管理体系　要求》规定了对试验设施、设备和测量装置的控制要求，包括：

1）根据型号产品任务书、图纸、技术条件等文件要求，确定测量方法及所要求的测量准确度，选用、配备适用的试验和测量设备。所选的测量设备的检测能力，包括功能、量程、准确度、分辨率、稳定性等，应满足测量任务的要求；设备使用前，检查所有测量设备，确保设备处于校准有效期内。

2）对型号产品研制、生产和试验中使用的所有测量和试验设备，按规定的时间间隔进行检定或校准。校准周期应符合相应测量设备检定规程规定的周期，自定检定或校准周期的应有依据；检定或校准的量值应能溯源到国家基准，或通过企业最高测量标准、国防最高测量标准间接溯源到国家标准，确保量值的统一和数据的准确与可靠。

3）对测量和试验设备的校准过程控制应作出相应的规定，包括：编制设备清单或台账；制定并执行按周期进行检定或校准的计划，如周期检定表；规定所用的各种检定或校准规程、校准方法、验收准则，并确保这些技术文件现行有效，且应与国家或部门的有关检定规程、技术标准一致。

4）在设备上应有标明其校准状态的合适标志。经有资格的单位检定或校准以证明其合格的设备，方可使用"合格"标志，并以在有效期内的校准报告或记录作依据。标志上应注明有效期、校准单位或人员的标识；测量设备存在部分功能或量程经检定证明处于超差状态的，应有"限用"的标志，并注明限制使用的范围；对只用于功能检查的设备应标有"完好"或"准用"的标志，并应有对设备进行周期检查的记录作依据；超差、有故障的设备，应有明显的"停用"或"禁用"标志；因近期无生产任务而闲置、不使用的设备，应作"闲置"或"封存"，并隔离保存。

5）填写并保存检定或校准记录。每台检定或校准的设备应有逐次（连续）的、由有资格的单位出具的检定证书或校准证书；对自检自校的测量设备，应制定测量设备的鉴定规程，按规程进行并保存原始记录，包括鉴定或认可的记录。

6）发现检验、测量和试验设备偏离校准状态时，对设备失准可能造成的影响进行分析；对已检验和试验结果进行接受、拒收或重新检测的处置；必要时，进行追溯等，应形成文件。

7）确保校准、测量、试验和保存具备适宜的环境条件。承试方应在校准规范所要求的环境条件下保存量值传递所用的标准设备，应有温、湿度控制措施及相应的连续的记录；校准、测量和试验设备应在适宜的环境条件下工作。

8）对测量设备的搬运、防护和贮存作出规定，保持设备的准确度。规定设备在内部搬运、送外单位校验的运输过程的防护措施；搬运或运输后，设备进、出库前应检查、验收。规定设备贮存的环境条件要求及防护措施。

9）所有进入试验基地的测试设备，包括存放靶场的，各系统、分系统带入的以及试验基地提供的，必须经过计量确认，并加挂统一的确认标识；有效的校准证书、产品履历书或产品证明书必须随测试设备一起带入试验基地；带入试验基地的测试设备必须加挂统一的"靶场测试设备使用证"。

10）对多参数综合类专用测试设备，可以使用等效器、工艺件、标准件等手段进行校准，并能溯源到测量标准。

10.5 试验过程质量控制

（1）质量职责

由于试验产品、试验目的、试验类型、试验方法的不同，研制过程中的试验千差万别：有原理性试验、设计方案探索性试验、环境试验、地面模拟试验（冷试验）、工程研制试验、定型鉴定试验等。试验对象有全系统联试，分系统试验，整机设备试验，零、组、部件试验，乃至元器件、原材料试验。试验场地有的在实验室进行，有的在单位靶场进行，有的在国家靶场进行。参试单位，有的仅是本单位，有的是系统总体、分系统研制单位，以及试验基地等众多单位参加。不论哪种情况，质量职责均须在组织上落实。对于大型试验，通常应建立试验领导小组。其主要职责是：

1）对参试人员、试验大纲、试验产品、试验仪器设备，关键质量控制点、试验环境条件进行核审；

2）对试验过程中各项活动进行监督检查，发现问题及时解决；

3）对试验中有争议的问题作出裁决；

4）根据客观情况变化，对试验进度计划作调整；

5）协调有关试验保障事宜；

6）对试验过程中发生的试验领导小组不能解决的重大问题，负责向上级主管部门呈报；

7）对试验数据和记录进行审核；

8）试验后总结、评价试验达到要求的程度。

参试人员按"五定"（定人员、定岗位、定职责、定协同关系、定仪器设备）上岗，试验关键岗位实行操作人员、监护人员的"双岗"或"三岗"制。

（2）试验过程控制

试验是一个过程。整个试验过程必须有计划、有步骤地进行，明确先做什么，后做什么，实施全过程的管理、分阶段的控制。试验过程，一般可划分为准备、实施、总结三个阶段。

① 试验准备阶段的质量控制

试验准备阶段的质量控制，主要包括：

1）制订质量保证计划和各种质量控制文件，并融汇到试验实施计划、试验程序、操作规程中去；

2）对试验方案、试验大纲进行评审，以评价其正确性、完整性和可行性；

3）对试验产品和试验设施、仪器仪表的技术状态符合性、协调性进行检查，对计量器具进行鉴定，对参试单位在两个以上的大型试验，应统一计量标准；

4）检查试验过程中使用的各种文件是否配套、协调，与产品状态是否一致，保证"文文相符，文实一致"；

5）建立各类人员的岗位责任制，对参试人员组织资格考核，使每个参试人员都明确各自的岗位职责；

6）对试验过程中可能出现的问题和后果进行分析，并制订相应的对策；

7）建立严格的故障报告、分析和纠正措施制度，数据收集管理制度，以及技术状态控制办法；对试验过程中发生的各种问题及时进行分析，查明原因，采取有效的纠正措施；对产品状态和试验状态的任何更改，都要进行严格控制；

　　8）对各岗位制订明确具体的工作评价标准。

　　② 试验实施阶段的质量控制

　　试验实施阶段的质量控制，主要包括：

　　1）临试前要对试验件、试验设施，特别是接口部位的技术状态进行最终检查；

　　2）严格执行试验程序、操作规程和应急预案，绝对服从统一指挥；

　　3）关键、重要岗位实行"双岗"制、"三岗"制。

　　③ 试验总结阶段的质量控制

　　试验总结阶段的质量控制，主要包括：

　　1）汇集、整理试验记录和全部原始数据，编写好试验报告，并进行评审；

　　2）对试验过程发生的问题，进行跟踪管理；

　　3）按试验任务要求，解体检验或保护受试产品。对试验设备、仪器和其他器材进行整理修复和安置。

　　4）对试验数据、信息进行整理、归档；

　　5）进行质量管理工作总结，修改、完善质量保证文件。

10.6　试验数据处理控制

　　试验的输出是数据，应保证试验数据的准确性和完整性，以对产品质量作出正确判断并作出决策。在实际中，往往存在着对试验取得的数据处理不当，而造成数据的不可信。因此应对试验数据的采集、整理与分析进行控制。

　　试验数据控制一般包括：

　　1）明确采集数据目的，明确数据采集、整理与分析责任人。

　　2）规范数据采集记录表和记录方法。

　　3）熟悉测量数据数值的准确度和精确度，按数据运算法则和数据舍入法则（GB 8170—87《数值修约规则》）整理数据。

　　4）控制异常数据的取舍。在试验中有时在一个样本数据中，出现少量过大或过小的数据，此为异常数据。只有认为是所谓过失原因（如外界干扰、测量条件意外改变、测量者疏忽大意）引起的异常数据才舍弃。对原因不明的异常数据则应根据统计学准则决定取舍（正态总体异常值的判断和处理可参照 GB 4883，指数分布异常值的判断和处理参照 GB 8056，Ⅰ型极值分布异常值的判断与处理参照 GB 6380）。

　　5）对测量结果的不确定度进行估计。测量结果的可信性虽可用测量的准确度来说明，但最终以所含测量误差的大小来估计。然而，由于被测量的真值通常是未知的，因此，从理论上讲，测量误差也是未知的。但是，在一定的测定方法条件下，可以通过试验或由其他依据，估计出测量结果对真值可能偏离的一个区间，而被测量的真值则以给定的置信概率位于这个区间之内。该区间充分地反映了在此测量方法条件下，测量结果自身的不确定性。测量不确定度就是用于表征测量过程中，由各项误差综合作用所引起的测量结果对其真值可能偏离的一个区间。具有给定置信概率区间的置信限即为测量不确定度的表征值，实质上也是测量误差限。因此，测量不确定度是一个描述尚未确定误差特征的指标。

6）采用适当的统计技术对试验数据进行分析或对产品特性评定。有关估计测量不确定度的方法，以及应用统计技术对试验数据进行分析或对产品特性评定，需要作专题讲授。

第11章 生产质量控制

生产质量控制的基本要求是为实现质量标准，对生产过程中人、机、料、法、环诸要素进行管理和控制，以保证连续稳定地、经济地生产出用户满意的优质产品。为对生产质量进行控制，已颁发一组相关的国军标，可参照使用。

生产质量控制重点抓：1）关键件、重要件控制；2）特种工艺控制；3）首件鉴定；4）多余物控制；5）检验；6）不合格品管理；7）批次管理；8）生产准备状态检查；9）产品出厂质量评审。

11.1 关键件、重要件及关键工序控制

根据特性分类的结果及产品具有的特性，将产品（包括单元件）划分为关键件、重要件及一般件。设计部门应编制"关键件、重要件项目明细表"，并经工艺、质量部门会签，主管领导审批；对于关键件、重要件应在产品设计图样和文件上进行标识。

工艺、生产部门应：

1）根据设计规定的关键件、重要件和工艺要求，编制关键过程明细表；对关键过程进行技术、工艺分析，细化工艺方法和检验要求；依据关键工序确定原则和生产实际条件，在产品转入试样生产的工艺准备阶段，提出关键工序项目，编制"关键工序目录"，应经质量部门会签，并报总工艺师或总工程师批准。

2）按 GJB 467 的规定编写关键件、重要件工艺规程和质量跟踪卡，在工艺规程中应按 GJB 190 的标注方法注明关键特性、重要特性。其相应的工艺规程封面或首页及质量跟踪卡上应分别进行标识。

3）依据批准的"关键工序目录"，编制关键工序的工艺规程和有关质量控制文件。关键工序的工艺规程应编有质量控制程序，对控制项目、内容、方法、步骤、控制用图表、原始记录等做出具体规定，关键工序编号应加盖关键工序标记；当质量控制程序未编入工艺规程时，应编制"关键工序质量控制卡"或"关键工序作业指导书"，附在该工序工艺规程后面，并在工艺规程上注明其名称和编号，上述文件均应经质量部门会签。

4）按 GJB 1330 的要求对关键件、重要件严格实施批次管理，确保关键件、重要件的质量问题具有可追溯性；具有关键工序的产品转批次使用时，必须经过复查并办理转批次审批手续。

5）关键工序实行百分之百检验，并做好检验记录。

6）关键工序使用的工艺装备、设备、计量器具处于良好状态。

7）与关键工序、关键过程有关的人员（操作者、检验员等）要实行资格考核，持证上岗。

8）关键件、重要件一般不允许超差、代料，确需代料时，应经充分的试验验证，严格审批。

9）对关键特性、重要特性的加工方法、手段以及检验方案的任何更改，应进行验证并经有关部门会签，履行比一般件高一级的审批。

关键件、重要件质量控制程序可参见 GJB 909A《关键件和重要件的质量控制》。

11.2 特种工艺控制

特种工艺一般指化学、冶金、生物、光学、电子、声学、放射性等工艺，在一般机械加工领域，特种工艺指锻造、铸造、焊接、表面处理、热处理等工艺。

特种工艺所形成的质量特性取决于工艺过程的工艺参数，直观不宜观测。因此，对特种工艺必须制订并执行特殊的技术文件和质量控制程序，才能确保产品的内在质量。

特种工艺质量控制要求包括：

1）所有特殊工艺都必须有经过批准的工艺规范（生产说明书）。工艺规范应包括检验和质量控制条款，控制条款中应明确地提出操作者资格鉴定、设备控制要求和试验方法等；

2）对设备仪器、工作介质和工作环境应进行周期检定，记录实测数据，给合格者作出合格标记；

3）所有操作和检验人员都应进行专业培训，其受训练程度和时间，应与所承担的任务要求相一致，并持有岗位培训合格证件；

4）严格管理生产现场，确保生产现场产品和零件、工作介质和仪器设备不受损坏、污染和锈蚀；

5）妥善保管生产过程质量原始记录，以准确反映操作过程。

特种工艺质量控制包括工艺控制和质量监督两方面的工作，前者为经常性的控制，后者为周期性的监督。工艺控制的侧重点是对特种工艺说明书实施的情况进行控制。质量监督的侧重点是依据质控文件，对影响特种工艺质量的人、机、料、法、环诸因素的受控状态进行监督。

工艺控制和质量监督的基本内容有：工艺方法的控制；设备、仪器、仪表和工装的控制；材料、辅助材料和工作介质的控制；工作环境的控制；操作人员和检验人员的控制。

11.3 首件鉴定

为了验证和鉴定工艺文件的正确性和可行性，须按设计图纸和技术条件要求，对生产（工艺）定型前试制的第一件零部（组）件进行全面的工序和成品检查、考核，以确定生产工艺和设备、人员能否持续地生产出符合设计要求的产品。在成批生产中，如产品或生产过程发生了重大变更之后首次加工的零部（组）件，应履行首件鉴定程序。此程序还适用于非连续生产的批次，但不要使用试制阶段不同于预期的正常生产过程方法制造的那些试制产品进行首件鉴定。

首件鉴定程序可参见 GJB 908A《首件鉴定》。

11.4 多余物控制

产品中存在的由外部进入或内部产生的与产品规定状态不符的物质称为多余物。

（1）多余物常见产生模式

1）自然物：生物、非生物；

2）加工方法：造型加工、切割与连接加工、切削与连接加工；

3）系统污染：气体、液压油、燃料、电气和电子仪器；

4）遗留物：生产用品、生活用品；

5）断裂；

6）腐蚀；

7）磨损；

8）能量污染：静电污染、磁场污染、热能污染、射线损伤、光能污染；

9）有机物挥发；

10）其他。

（2）多余物控制要求

1）应以预防措施为主，全员参与，全过程控制；

2）应结合产品特点，制定有针对性的多余物控制管理流程、方法和相应的控制程序，具备预防和控制多余物的厂房、环境，配备相应的设备、仪器、工具，并正确使用；

3）针对设计、工艺、加工、装配、测试（调试）、包装、运输、贮存、维护、飞行试验前等过程中产生多余物的主要环节，采取有效措施，实行过程重点控制；

4）在产品研制总结报告或生产质量检查确认报告中应有明确的多余物控制结论。

5）应把多余物的预防和控制措施的有效性作为工艺评审和产品验收评审的内容之一，并重点审查产品在生产和试验过程中多余物的预防和控制措施、曾经出现的多余物问题及处理情况，以保证验收产品的质量。

（3）生产现场多余物的预防和控制

1）生产厂房有空气洁净度级别要求的，应符合 QJ 2214 的规定，并根据产品特点规定厂房的温度、湿度、压力等环境要求；

2）进入生产现场、精密装配车间、总装调试厂房的工作人员应按规定着装，按要求程序出入；

3）生产区域应实行定置。设备、零（组）件、工（量）器具、资料等应按标识规定放置有序，并保持清洁整齐；

4）应设置收集多余物的容器，必要时可由专人管理并及时清除；

5）部（组）件的装配车间（或区域）应与零件的加工车间（或区域）分开，一般不应在同一空间内进行操作。

多余物控制可参见 QJ 2850A《航天产品多余物预防和控制》。

11.5　检验

（1）质量检验是保证产品质量的重要手段

通过检验，对产品作出合格或不合格的判断。

通过检验，保证流入下道工序或准予出厂的产品符合产品质量标准。

检验在生产中不仅起到质量把关的作用，也是企业掌握生产状态的重要信息源泉。

检验是维护用户利益、企业信誉和经济效益的有效手段。

很多质量法规文件都严格规定：没有产品质量标准、未经质量检验机构检验的产品不准生产和销售。

（2）质量检验的依据

1）技术标准，如产品标准、基础标准、安全和环保标准及合同中规定的特殊标准；

2）检验标准，如检验指导书、检验卡、抽样标准、产品验收制度等；

3）管理标准，如质量手册、检验工作规章制度、检验设备管理制度、不合格品管理制度、检验数据管理制度等。

（3）检验的基本职能

1）把关的职能；

2）监督验证的职能；

3）预防的职能；

4）报告的职能。

（4）检验要求

1）进货检验；

2）过程检验；

3）最终检验。

（5）检验的方式

1）按检验的数量分类：全数检验、抽样检验。

2）按质量特性值分类：计数检验、计量检验。

3）按检验性质分类：理化检验、官能检验。

4）按检验后产品完整性分类：破坏性检验、非破坏性检验。

5）按检验的地点分类：固定地点检验、流动检验（巡检）。

6）按检验的目的分类：验收性检验、监督性检验。

检验的方式多种多样，选用合适的检验方式，不仅可以正确地反映产品的质量状态，还可以节约检验费用、缩短检验周期。

检验应按质量计划、技术文件和检验规范进行。企业应根据资源配备情况和产品技术要求，选择例行的检验方法。

（6）检验控制

应建立并保持检验记录，并规定记录的格式和内容，这是产品满足规定要求的客观证据。检验记录应包括产品形成过程的控制记录、产品检验和试验的记录、不合格品审理的记录及产品质量证明文件等；内容与签署完整、数据准确，清晰。按规定要求进行标识、贮存、保护和检索，并能满足产品质量状况可追溯性要求；满足顾客和法律法规对保存期限的要求，与产品质量相关的记录应与产品的寿命周期相适应。检验记录不允许涂改，在划改情况下，应在划改处盖印章；记录的销毁应经授权人批准，销毁记录应予以登记。

为使生产过程受控，必须对产品的检验状态进行标识，表明产品经检验合格与否。标识方法可选用印章、标签、标牌、过程卡、检验记录、放置地点等。应特别注意识别和保护标识，防止涂改，防止消失后造成不同状态的误用。

应制定并执行检验印章管理的文件和程序。根据检验员岗位任务的要求，对其进行相应的岗位培训，考核合格并取得检验员资格后，方可领取检验印章。检验印章应统一设计、刻制并实行注册管理，确保印章的唯一性。检验印章应专人、专印、专用，不得借用或挪作它用，遗失印章应及时声明。检验员退休，免职或长期（半年以上）脱岗，应及时收回印章并销毁。调换检验岗位或增加新的检验内容时，应重新进行培训、考核，并相应更换印章。

（7）首件三检制度

首件自检、互检、专检通称首件三检，不同于首件鉴定，它是防止出现成批超差、返修、报废的预先控制手段。目前主要执行的是首件自检与专检。

检验工作程序可参见 GJB 1442A《检验工作要求》。

11.6　不合格品管理

不合格品管理是对不合格品的适用性作出判断，并采取措施防止不合格品的非预期使用或安装。

对不合格品的管理既适用于本单位自己生产的产品，也适用于本单位接受的产品。

（1）承制单位应制定并执行不合格品管理程序

程序主要包括：

1）确定产品是否可能成为不合格品，及时作出标识，并及时报告；

2）规定不合格品标识方法；

3）作好不合格品的记录，确定不合格品的范围，如产品名称、型号、图号、研制阶段、批序号、生产时间、地点、生产设备等；

4）评价不合格品的性质，确定严重程度；

5）确定不合格品的处置方式，明确处置程序，对不合格品作出处置；

6）对不合格品的进一步加工进行控制，如返工、返修后应重新检验；

7）规定通知有关部门的方式，适当时通知用户、分承制方等；

8）规定不合格品审理组织进行审理的职责和权限、人员资格、报告方式、处理步骤等；

9）对于承制方，应规定设计师系统处置不合格品的表格形式和批准权限。

（2）不合格品审理系统

应根据不合格品的性质，并充分考虑所可能承担的风险，建立不合格品审理系统。包括：

1）成员资格应经过确认；

2）明确职责和权限；

3）对不合格品进行分级审理；

4）保证其独立行使职权。

（3）不合格品的处置

不合格品处置方式一般可包括：

1）返工；

2）返修；

3）报废；

3）让步接收；

4）降级使用；

5）退回供方。

（4）不合格品处理

不合格品处理应做到：

1）坚持"三不放过"；

2）尚未设计定型产品的不合格品，应以设计部门为主负责处理；

3）不合格品的处理结论一次有效；

4）未经履行书面批准手续的不合格品不能进入下一道工序或交付出厂；

5）不合格品责任涉及两个以上单位或难以确认时，由授权处理不合格品的人员仲裁。

不合格品管理程序可参见 GJB 571A《不合格品管理》。

11.7　批次管理

批次管理是产品批量生产中按批组织生产，确保投入产出数量清、质量清的管理制度。实行批次管理的产品要做到"五清六分批"，即产品批次清、质量状况清、原始记录清、数量清、炉批号清；分批投料、分批加工、分批转工、分批入库、分批装配、分批出厂。为此，要按批次建立生产过程质量跟踪卡，详细记录投料、加工、装配、装试过程中投入产出的数量、质量状况，以及操作者、检验者。

GJB 1330《军工产品批次管理的质量控制要求》规定了批次管理的范围、办法和程序。

11.8　试制和生产准备状态检查

试制和生产准备状态检查指军工产品承制单位在产品进入试制阶段和转入批生产前，对其是否具备开工试制和成批生产的条件进行检查。

生产过程质量控制的目的是保证生产的产品质量达到规定的要求。生产准备是否充分，将直接影响产品的质量和交付周期。生产准备包括图纸、设计资料、工艺文件的齐套、完整、有效；生产设施、环境条件、工装设备、仪器仪表配置和采购供应状况；人员培训以及质量保证工作状况。也就是说，生产准备包括设计图纸资料齐套，又包括生产五大要素人、机、料、法、环的准备。通过充分的生产准备并达到一定的标准，才能保证产品生产的顺利进行。

试制准备状态检查的目的是通过检查来促进和评价生产准备的完善程度，评价生产准备工作质量。通过检查防止或降低风险，即防止由于准备不足，而造成进度拖延、费用增加和质量难于保证的状况。

试制准备状态检查内容包括：

1) 产品设计文件齐套性；

2) 生产资源充分性；

3) 生产方案与计划；

4) 材料和元器件采购；

5) 质量保证。

试制和生产准备状态检查程序可参见 GJB 1710A《试制和生产准备状态检查》。

11.9　产品质量评审

产品质量评审是实施分阶段质量控制的重要措施，也是产品出厂前质量把关的一种方法。产品质量评审是在产品检验合格之后，交付之前，对研制产品的质量及其质量保证工作所作的全面与系统的审查。产品质量评审应分级分阶段进行。产品质量评审着重评审产品的性能、可靠性、维修性、安全性和保障性符合情况，产品性能的一致性和稳定性，产品技术状态控制情况，偏离、超差（含原材料、元器件等）的控制情况，关键过程、特殊过程控制情况，缺陷、故障的分析、处理及质量问题归零情况，采购产品质量控制情况等；对于批生产可运用统计数据评价批产品性能的一致性、稳定性和对环境的适应性、可靠性，审查产品质量凭证、原始记录、产品档案的完整性。

　　在研制和生产中进行不同级别、不同阶段的产品质量评审的目的在于，通过对产品质量评价，从而全面评价产品的质量和质量保证工作是否满足规定的要求。评审结论作为产品交付试验和出厂的重要依据，同时为各级决策提供依据。对评审中提出的问题，应进行跟踪管理，以及时解决，并避免重复发生。

　　产品质量评审程序可参见 GJB 907A《产品质量评审》。

第 12 章 售后服务质量控制

12.1 售后服务的内涵及质量要求

为适应新时期军事斗争的需要，军方对武器装备的完好性和保障性提出了更高的要求。随着部队装备建设成建制、成系统形成战斗力和保障力工作的开展，售后服务应在建立维修工程体系的基础上尽快提高到综合保障的水平。

售后服务主要包括以下内容：

1）装备日常维修和用户走访；

2）重大任务技术保障；

3）维修备件的筹措；

4）成套装备返厂修理；

5）维修能力建设设备生产和供应、技术支持；

6）用户技术培训；

7）用户技术资料的修订和产品技术状态的控制。

12.2 售后服务工作流程及要求

12.2.1 职责和权限

1）型号两总负责策划并组织实施在役型号装备技术保障和售后服务工作，负责技术状态控制，负责统筹型号装备售后服务资源，处理装备使用过程中的重大质量问题，提出型号装备完善改进意见并组织实施。

2）产品主管单位售后服务总技术负责人负责售后服务日常维修工作的组织实施，负责组织售后服务质量问题处理。

3）科研生产部门负责交付型号装备售后服务任务顶层规划，组织制定售后服务规章制度，建设售后服务体系，制订售后服务发展规划；负责与上级机关、各军兵种机关和装备部队建立信息沟通渠道，了解用户需求，并对用户满意度进行测量和评价，制订售后服务计划，收集用户反馈的信息，分解、下达售后服务任务；负责售后服务信息管理系统的建设和管理。

4）质量管理部门负责售后服务日常维修过程质量问题归零的评审和监督检查。

5）其他部门按职责分工开展相应的工作。

6）各承制单位负责所承制产品日常维修工作的组织落实，负责日常维修过程售后服务信息的统计、分析，并及时将工作落实的情况按售后服务任务下达渠道反馈到院主管部门。

12.2.2　程序内容和要求

（1）维修信息接收

科研生产部门收到用户以电话或传真等形式反馈的装备故障信息，装备保障管理处负责对用户反馈的信息进行核实、确认，初步协调维修地点、现场条件、维修时机等。

（2）任务分解、下达

装备保障管理处在与装备故障责任单位沟通的基础上，对用户需求进行分解，向相关承制单位以书面的形式下达任务，提出工作内容、完成时限及安全保卫保密等相关要求，并抄送相关部门和单位。

（3）故障处理与维修

① 现场维修

各承制单位在收到调度通知单后，应及时与用户取得联系并再次核实装备故障情况及故障产生的现象和原因，对不能通过电话指导用户自行解决的故障，及时安排技术人员携带必要的器材、设备等到部队现场开展售后服务工作，迅速完成装备故障处理。

必要时，对重大故障问题的处理，各承制单位应编制修理方案，经本单位型号技术负责人审查确认，报型号两总审查后，由各承制单位组织实施。

现场维修工作完成后，现场技术服务人员应填写《武器装备技术服务工作统计表》。《武器装备技术服务工作统计表》由各承制单位留存备查。各军兵种有单独要求的，按各军兵种的要求执行。

② 返厂产品维修

当受客观条件限制而无法在部队现场排除故障时，应将故障设备返回产品承制单位修理，返厂前必须与用户办理交接手续。同时，尽可能利用部队或承制单位的相应备件临时替代需要返厂的故障产品。返厂产品的维修具体按《在役装备返厂产品维修工作管理细则（暂行）》进行。

（4）维修过程技术状态的控制

售后服务日常维修过程中，产品的技术状态原则上不允许变更，应与设计定型或鉴定确定的技术状态保持一致。如技术状态（含软件）确实需要变更，应按定型后产品技术状态变更程序完成审批后方可实施。

对已办理技术状态变更手续需要落实到现役装备的措施，要与用户进行沟通交流，并征得用户许可。状态变更措施落实后，现场要进行必要的试验验证，并邀请用户、主管军代表室参加，对状态变更实施情况进行审查。

（5）日常维修人员要求

各承制单位在安排日常维修售后服务人员时，应对技术服务人员进行考核、遴选，确保参加技术服务的人员具备处理问题的素质和能力。

（6）质量管理

① 维修过程质量管理

各承制单位应确保日常维修过程受控，维修所用技术资料现行有效、且与产品技术状态保持一致；使用计量器具要在计量检定期内；使用的备品、备件应有质量证明文件；必要时应编制现场返修工艺和质量保证文件。

② 质量监督管理

装备各承制单位在进行日常维修工作过程中，应贯彻军代表工作条例，主动与军代表沟通信息，配合军代表执行质量监督和军检工作。

在售后服务中排除武器装备重大故障时，应主动向主管军代表室报告，请军代表参加原因分析、制定解决措施及实施的各项工作。

③ 质量问题分析、归零

各承制单位组织对日常维修过程出现的质量问题开展技术分析，对需要纳入质量归零的问题，按《型号产品质量问题归零实施细则》进行。

12.2.3　维修信息的管理

（1）维修信息的收集

各承制单位型号主管人员负责做好现场维修和产品返修过程中相关售后服务信息的收集和整理工作，并定期将装备日常维修信息按照规定要求填写完整，经本单位质量部门审查、确认，主管部门领导审批后，上报装备保障管理部门。

（2）维修信息的载体

售后服务调度通知单及各类统计表的格式按《武器装备技术保障和售后服务管理办法》有关的规定执行。

（3）维修信息的传递

装备保障管理处依据各单位上报的信息统计表，汇总、分类整理本月售后服务工作信息，并及时向型号两总、售后服务总技术负责人及院机关相关部门、主管军代表室报告装备故障和修理情况。

（4）维修信息管理、分析

装备保障管理处负责动态管理各承制单位上报的售后服务信息并存档，定期收集用户对故障修理工作的反馈意见。对维修信息定期进行分类统计分析，发现高发故障和重复性问题，向型号两总系统反馈，并纳入年度售后服务工作总结。

第 13 章　采购质量控制

采购产品是最终产品的组成部分，其质量直接影响最终产品的质量。《军工产品质量管理条例》对外购器材的质量管理提出了八个方面的要求，《关于加强 "××工程" 质量工作的若干规定》针对目前承制单位无法制约配套产品的供应和质量的情况，提出要 "加强对配套产品含原材料、元器件、标准件、通用件的质量管理与监督"。这些文件要求：

1）控制采购过程，确保采购产品符合规定要求，"谁采购、谁负责"。

2）采购单位对本单位的最终产品质量负责，对用户负责；供方对配套产品质量负责，对采购单位负责。

13.1　采购控制要求

采购控制的对象包括对采购产品（硬件、软件、过程等）及对供货单位（包括内部、外部配套协作单位）的控制。采购控制包括以下要求：

1）评价和选择供方；

2）对采购文件的控制；

3）对采购产品的验证；

4）入厂验收与保管、使用；

5）建立厂际质量保证体系。

由于用于型号的采购产品种类繁多，为使采购活动在有序和受控的状态下进行，避免因多头和分散采购造成管理失控而影响采购产品的质量，因此应由授权的职能部门进行采购。

13.2　对供方的评价

采购方对采购的质量控制活动要延伸到供方。因此，采购方应对供方满足合同要求的能力，包括质量保证能力进行评价，选择合格的供方，以确保采购产品能满足要求，减少采购风险。对供方的评价，采购方可根据采购产品的重要程度，采用不同的评价方法，如：

1）对供方的生产能力、人员或质量体系状况进行现场评价；

2）对产品样品进行评价；

3）对比类似产品的历史情况；

4）对比类似产品的试验结果；

5）对比其他使用者的使用经验；

6）利用第三方试验机构的评价结果。

采购方在选择供方时，应执行采购定点（如元器件，印制板等）和科研许可证制度，在取得产品科研生产许可证的单位中，选择供方。

本系统以外单位的定点，要在有关行业主管部门确定的有条件的单位中组织招标，择优定点，并逐步推行科研生产许可证制度。研制、生产单位一旦确定，不得随意变动。如确需变动时，报主管部门批准。

对分供方进行评价时，应注意供方按期交货的业绩及其财务状况。尤其涉及价格高、交货期长的合同，如果供方不能按期交付或合同半途而废，将会给采购方带来很大风险。

对供方评价后，应编制合格供方名单，建立供方档案，作为今后选用和采购的依据。对合格供方名单应实施动态管理，根据供方的实际业绩和质量保证能力变化，及时修正。合格供方名单应纳入成套技术资料管理。对合格供方的确认应通知用户或其代表，征得他们的同意。对用户指定的供方也应进行评价。

采购方应根据采购产品的重要性、复杂性、可检查性、标准化程度，以及供方的质量保证能力及提供产品的质量业绩等因素，通过合同确定对供方的控制类型和程度，如：

1）派常驻或流动的质量代表；

2）定期或不定期到供方进行监督检查或审核；

3）设监督点对关键工序或特殊过程进行监督检查；

4）可以由采购方与用户一起到供方实施联合最终验收；

5）要求供方提供进行产品质量审核、过程控制的记录或产品质量履历书及质量保证大纲；

6）要求供方及时报告设计变更及生产条件的重大变更情况。

采购方应保存合格供方质量记录，作为供方档案的一部分。这些记录是追溯采购产品质量和评定供方质量保证能力的重要证明材料。

13.3　采购文件

采购文件是明确采购技术要求的文件，是采购产品的依据。在采购文件中应明确、完整地全面说明订购产品的有关信息。采购文件一般包括采购清单、采购计划及采购合同等。采购文件发放前应经审批。

采购文件的内容可根据采购产品特点、重要程度，包括如下部分要求或全部要求：

1）产品类别、形式、等级或其他标识方法。

2）规范、图样、检验规程等的名称和适用版本，说明是采用国家级标准、行业标准，还是企业标准作为交货依据和验收条件，还应包括一些特殊质量要求及专门的技术要求等。

　　如采购方把有关键特性和重要特性的过程或关键工序分包给了供方时，则应将采购方相应的控制要求传递给供方，以确保这些过程能得到有效的质量控制，同时也确保在验收时无法验证的特性已由供方进行了充分的质量控制。

　　3）质量保证要求，即质量管理体系要求，以及其他质量保证要求等。

　　采购方在签订合同或订单时，还要考虑对采购产品的特殊检验和试验要求，如对半导体器件进行的破坏性物理分析、颗粒噪声检验，对火工品进行的射线检查，对标准紧固件的验证等，应按相应的产品技术与管理标准、法规的规定，在合同或订单中明确这些质量控制要求。

　　采购方需采购进口材料、元器件等基础配套产品时，应按照相应标准的要求，对采购产品的质量要求、性能指标和采购渠道进行充分的论证。对国外供方或中间商的质量保证能力和资信进行评价，并要经过批准。使用前必须经过严格的检验测试，全面掌握其功能、使用条件和接口关系。进口元器件按规定进行控制。

13.4　采购产品的验证

　　采购产品的验证是控制采购质量的又一重要环节。对采购产品的验证可依据产品的性质，以及供方的质量保证能力，采用不同的验证方法。

　　当采购方需要到供方货源处验证时，应在采购合同中予以规定，明确在何时、以何种方式进行验证，以及产品放行必备的条件。

　　对于关键的采购产品，即对最终产品质量影响重大的，或涉及产品安全性的采购产品，采购方应严加控制。除提出质量体系要求外，还可以派出常驻或流动的质量验收代表，对采购产品生产过程进行监督和控制。

13.5　入厂检验与保管使用

　　（1）入厂检验

　　1）一般情况下，采购品未经检验不得入库；

　　2）应按相关的程序实施入厂检验；

　　3）对检验不合格的采购品，应按不合格品处理程序处理；

　　4）保持进货质量记录。

　　（2）采购品的保管和使用

　　建立严格的采购品保管制度，对入库、保管、发放的每个环节进行有效控制。

　　1）对保管人员进行培训、考核，做到应知应会；

　　2）未经验收和不合格的采购品不得入库；

　　3）存放场地的环境条件应满足安全、可靠、不变质和其他特殊要求；

　　4）分类保管，分清批次；

5）账、物、卡相符；

6）需油封或需采取其他防护措施的，应按规定执行，并定期检查；

7）对有保存期的采购品，应"先进先出"，保证在其有效期内使用；

8）出库时应有合格标记或证明文件。

（3）在使用过程中应特别注意

1）凡投入使用的采购品必须具有合格标志或质量证明文件，未经复验证明合格的器材不能投入使用；

2）有特殊要求的采购品，在使用前按规定进行检验，合格后方可投入使用；

3）代料时，必须按规定办理审批手续；

4）采购品在使用中出现的质量问题，应进行分析、研究，进行技术鉴定；

5）与供方就采购品在使用过程中出现的质量问题建立有效的信息反馈制度；

6）建立质量记录，定期统计分析，为采购品的质量追溯和改进提供依据。

13.6　厂际质量保证体系

建立厂际质量保证体系是《军工产品质量管理条例》提出的控制配套协作单位提供的产品质量的重要措施之一。

厂际质量保证体系是以整机、系统产品为对象，由整机总装单位和有关供方组织起来的横向质量保证的有机整体。厂际质量保证体系是采购方和供方共同保证整机系统质量的一种有效形式。在当前合同制环境下，厂际质量保证体系原则仍可适应，它可以通过合同以及在贯彻质量与可靠性保证大纲条件下，开展厂际质量保证体系活动。

第14章 产品检验与验收

14.1 什么是质量检验

质量检验是指借助于某种手段或方法来测定产品的——个或多个质量特性，然后把测得的结果同规定的产品质量标准进行比较，从而对产品作出合格或不合格判断的活动。就是通过观察和判断，适当时结合测量、试验所进行的符合性评价。

美国质量管理专家朱兰对质量检验所作的定义是：所谓检验，就是这样的业务活动，决定产品是否在下道工序使用时适合要求，或是在出厂检验，决定能否向消费者提供。现代工业生产是一个极其复杂的过程，由于主客观因素的影响，特别是客观存在的随机波动，要绝对防止不合格品的产生是难以做到的。因此，质量检验是很有必要性的。在工业生产的早期，生产和检验是合二为一的，生产者也就是检验者。后来，由于生产的发展，劳动专业分工的细化，检验才从生产加工中分离出来，成为一个独立的工种，但检验仍然是加工制造的补充。生产和检验是一个有机的整体，检验是生产中不可缺少的环节。从质量管理发展过程来看，最早的阶段就是质量检验阶段，质量检验曾是保证产品质量的主要手段。后来的统计质量管理阶段和全面质量管理阶段都是在质量检验的基础上发展起来的，在我们全面推行全面质量管理和实施 ISO 9000 系列国际标准时，绝不能削弱质量检验工作和取消质量检验机构。

质量检验的具体工作包括：度量、比较、判断、处理、记录。

质量检验是质量管理所不可缺少的一项工作，它要求企业必须具备三个方面的条件，即：足够数量的合乎要求的检验人员；可靠而完善的检测手段；明确而清楚的检验标准。

调查表也称为查检表、核对表等，它是用来系统地收集和整理质量原始数据，确认事实并对质量数据进行粗略整理和分析的统计图表。常用的调查表有不合格品项目调查表，不合格原因调查表，废品分类统计表，产品故障调查表，工序质量调查表，产品缺陷调查表等。

14.2 质量检验的方法

质量检验的方法一般有两种：

1) 全数检验；

2) 抽样检验。

根据产品的不同特点和要求，质量检验的方式也各不相同：

1）按检验工作的顺序分，有预先检验，中间检验和最后检验。

2）按检验地点不同，分为固定检验和流动检验。

3）按检验的预防性可分为首件检验和统计检验。

14.3　质量检验的作用

（1）把关作用

把关是质量检验最基本的作用，也可称为质量保证职能。这种作用存在于质量管理发展的各个阶段。如前所述，企业的生产是一个复杂的过程，人、机、料、法、环等诸要素，都可能对生产过程的变化产生影响，各个工序不可能处于绝对的稳定状态，质量特性的波动是客观存在的，要求每道工序都保证100%地生产合格产品，是不太可能的。因此，通过质量检验把关，挑出不合格品以保证产品质量，是完全必要的。当然，随着生产技术和管理工作的完善化，可以减少检验的工作量，但检验工作是不可取消和替代的。只有通过质量检验，实行严格的把关，做到不合格的原材料不投产，不合格的半成品不转序，不合格的零部件不组装，不合格的产品不出厂，才能真正保证产品质量。

（2）预防作用

质量检验不仅起着把关作用，而且起着预防作用，这是现代质量检验区别于传统质量检验的所在。广义说，原材料和外购件的入厂检验、前工序的把关检验，对后面的生产过程和下工序生产，都起到了预防的作用。此外，这种预防作用还表现在：在生产过程中通过检验收集一批或一组数据，进行工序能力测定或绘制控制图，以了解工序能力状况。如发现工序能力不足或生产过程出现异常状态，则要及时采取技术组织措施，以提高工序能力、消除生产过程的异常状态，预防不合格品的发生。实践证明，这种检验的预防作用是非常有效的。再有，在一批产品投产前、一个轮班开始加工一批产品时，或当设备进行修理或调整后开始生产时，都要进行首件检验；在正式成批生产后，还要定期或不定期地对生产出的产品进行巡回抽查（即巡检），发现问题及时采取措施加以解决，以预防不合格品的发生。

（3）报告作用

报告作用也就是信息反馈作用。为了使各级管理者及时掌握生产过程中的质量状态，评价和分析质量体系的有效性，做出正确的质量决策，质量检验部门必须把检验结果（特别是计算所得的指标），用报告的形式，反馈给领导及有关管理部门，以便做出正确的评价和决策。

（4）改进作用

充分发挥质量检验的把关和预防作用的关键是质量检验参与质量改进工作，这也是质量检验部门参与提高产品质量活动的具体体现。质量检验人员一般都是由具有一定生产经验、业务熟练的工程技术人员和技术工人担任。他们经常工作在生产第一线，比设计、工艺人员更了解影响生产的各种因素，质量信息也最灵通，能提出更切实可行的建议和措施，这正是质量检验人员的优势所在。在管理中实行设计、工艺、检验和操作人员相结合搞质量改进，对加快质量改进步伐，取得良好的质量管理效果是十分必要的。

14.4　质量检验的步骤

1) 根据产品技术标准明确检验项目和各个项目质量要求；
2) 规定适当的方法和手段，借助一般量具或使用机械、电子仪器设备等测定产品；
3) 把测试得到的数据同标准和规定的质量要求相比较；
4) 根据比较的结果，判断单个产品或批量产品是否合格；
5) 记录所得到的数据，并把判定结果反馈给有关部门，以便促使其改进质量。

14.5　质量检验的主要管理制度

在质量管理中，加强质量检验的组织和管理工作是十分必要的。我国在长期管理实践中已经积累了一套行之有效的质量检验的管理原则和制度，主要有：

（1）三检制

三检制就是实行生产者的自检、工人之间的互检和专业检验人员的专检相结合的一种检验制度。

① 自检

自检就是生产者对自己所生产的产品，按照图纸、工艺和合同中规定的技术标准自行进行检验，并作出产品是否合格的判断。这种检验充分体现了生产工人必须对自己生产的产品质量负责的原则。通过自我检验，使生产者充分了解自己生产的产品在质量上存在的问题，并开动脑筋寻找出现问题的原因，进而采取改进措施，这也是工人参与质量管理的重要形式。

② 互检

互检就是生产工人相互之间进行检验。主要有下道工序对上道工序流转过来的半成品进行抽检；同一机床、同一工序轮班交接班时进行相互检验；小组质量员或班组长对本小组工人加工出来的产品进行抽检等。

③ 专检

专检就是由专业检验人员进行的检验。专业检验是现代化大生产劳动分工的客观要求，它是自检和互检不能取代的。而且三检制必须以专业检验为主导，这是由于现代生产中，检验已成为专门的工种和技术，专职检验人员对产品的技术要求、工艺知识和检验技能，都比生产工人熟练，所用检测仪器也比较精密，检验结果比较可靠，检验效率也比较高；其次，由于生产工人有严格的生产定额，定额又同奖金挂钩，所以容易产生错检和漏检。那种以相信群众为借口，主张完全依靠自检，取消专检，是既不科学，也不符合实际的。

（2）重点工序双岗制

重点工序双岗制就是指操作者在进行重点工序加工时，还同时应有检验人员在场，必要时应有技术负责人或用户的验收代表在场，监视工序必须按规定的程序和要求进行。这里所说的重点工序是指加工关键零部件或关键部位的工序，可以是作为下道工序加工基准的工序，也可以是工序过程的参数或结果无记录，不能保留客观证据，事后无法检验查证的工序。实行双岗制的工序，在工序完成后，操作者、检验员或技术负责人和用户验收代表，应立即在工艺文件上签名，并尽可能将情况记录存档，以示负责和以备查询。

（3）留名制

留名制是指在生产过程中，从原材料进厂到成品入库出厂，每完成一道工序，改变产品的一种状态，包括进行检验和交接、存放和运输，责任者都应该在工艺文件上签名，以示负责。特别是在成品出厂检验单上，检验员必须签名或加盖印章。这是一种重要的技术责任制。操作者签名表示按规定要求完成了这道工序，检验者签名表示该工序达到了规定的质量标准。签名后的记录文件应妥为保存，以便以后参考。

（4）质量复查制

质量复查制是指有些生产重要产品的企业，为了保证交付产品的质量或参加试验的产品稳妥可靠、不带隐患，在产品检验入库后的出厂前，要请产品设计、生产、试验及技术部门的人员进行复查。

（5）追溯制

追溯制也叫跟踪管理，就是在生产过程中，每完成一个工序或一项工作，都要记录其检验结果及存在问题，记录操作者及检验者的姓名、时间、地点及情况分析，在产品的适当部位做出相应的质量状态标志。这些记录与带标志的产品同步流转。需要时，很容易搞清责任者的姓名、时间和地点，职责分明，查处有据，这可以极大加强职工的责任感。

（6）质量统计和分析制

质量统计和分析制就是指企业的车间和质量检验部门，根据上级要求和企业质量状况，对生产中各种质量指标进行统计汇总、计算和分析，并按期向厂部和上级有关部门上报，以反映生产中产品质量的变动规律和发展趋势，为质量管理和决策提供可靠的依据。统计和分析的指标主要有：品种抽查合格率、成品抽查合格率、品种一等品率、成品一等品率、主要零件项目合格率、成品装配的一次合格率、机械加工废品率、返修率等。

（7）不合格品管理制

不合格品管理不仅是质量检验也是整个质量管理工作的重要内容。对不合格品的管理要坚持"三不放过"原则，即：不查清不合格的原因不放过；不查清责任者不放过；不落实改进措施不放过。这一原则是质量检验工作的重要指导思想，坚持这种思想，才能真正发挥检验工作的把关和预防的作用。对不合格品的现场管理主要做好两项工作，一是对不合格品的标记工作，即凡是检验为不合格的产品、半成品或零部件，应当根据不合格品的类别，分别涂以不同的颜色或作出特殊标记，以示区别；二是对各种不合格品在涂上标记后应立即分区进行隔离存放，避免在生产中发生混乱。对不合格品的处理有以下方法：1）报废；2）返工；3）返修；4）原样使用，也称为直接回用。

（8）质量检验考核制

在质量检验中，由于主客观因素的影响，产生检验误差是很难避免的，甚至是经常发生的。据国外资料介绍，检验人员对缺陷的漏检率有时可高达 15%～20%。检验误差可分为：

1）技术性误差。它是指由于检验人员缺乏检验技能造成的误差。

2）情绪性误差。它是指由于检验人员马虎大意、工作不细心造成的检验误差。

3）程序性误差。它是指由于生产不均衡、加班突击及管理混乱所造成的误差。

4）明知故犯误差。它是指由于检验人员动机不良造成的检验误差。

测定和评价检验误差的方法主要有：

1）采用重复检查，是由检验人员对自己检查过的产品再检验一到两次，查明合格品中有多少不合格品及不合格品中有多少合格品。

2）复核检查：由技术水平较高的检验人员或技术人员，复核检验已检查过的一批合格品和不合格品。

3）改变检验条件：为了解检验是否正确，当检验人员检查一批产品后，可以用精度更高的检测手段进行重检，以发现检测工具造成检验误差的大小。建立标准品，用标准品进行比较，以便发现被检查过的产品所存在的缺陷或误差。由于各企业对检验人员工作质量的考核办法各不相同，还没有统一的计算公式；又由于考核是同奖惩挂钩，各企业的情况各不相同，所以很难采用统一的考核制度。但在考核中一些共性的问题必须注意，就是质量检验部门和人员不能承包企业或车间的产品质量指标；再就是要正确区分检验人员和操作人员的责任界限。

14.6 质量检验的组织工作

质量检验的基本检验类型有进货检验、工序检验和完工检验。

（1）进货检验

进货检验是指企业购进的原材料、外购配套件和外协件入厂时的检验。为了确保外购物料的质量，入厂时的验收检验应配备专门的质检人员，按照规定的检验内容、检验方法及检验数量进行严格认真的检验。凡是原材料、外购件、外协件进厂时必须有合格证或其他合法证明书，否则不予验收。

（2）工序检验

工序检验是指为防止不合格品流入下道工序，而对各道工序加工的产品及影响产品质量的主要工序要素所进行的检验。其作用是根据检测结果对产品做出判定，即产品质量是否符合规格标准的要求；根据检测结果对工序做出判定，即工序要素是否处于正常的稳定状态，从而决定该工序是否能继续进行生产。工序检验通常有三种形式：

  1）首件检验；

  2）巡回检验；

  3）末件检验。

  （3）完工检验

  完工检验又称最后检验，是指在某一加工或装配车间全部工序结束后，对其生产的半成品或成品进行的检验。

第 3 篇
型号质量保证

第3篇
西非阿散蒂人

第 15 章　可靠性工程

世界新军事革命开始于 1993 年。美军现在基本上完成了新军事革命的前期，预计到 2030 年左右将完成新军事革命。未来 20 年，新军事革命发展将集中在以下几个方面：一是武器装备的信息化，武器装备信息化最终将提高作战能力；二是军队编制体制侧重于小型、多能、可重组，实现扁平化；三是作战理论侧重于进行联合作战。因此，武器装备将向超高可靠性方向发展，为提高武器系统的响应能力，发达国家军方正在致力于通过提高装备的可靠性来实现和保持部队良好的战备水平。

15.1　导弹武器系统全寿命可靠性保障工程的概念

可靠性工程管理、设计与分析、试验和验证等均为可靠性工程保证工作项目内容和要求，还包括可靠性、维修性、安全性、保障性、环境适应性和电磁兼容性等方面内容，用以指导可靠性工程工作的开展。

导弹武器系统全寿命可靠性保障工程主要是指：导弹武器系统在设计过程中充分考虑使用因素，从而在设计、生产过程中开展的可靠性保障工作，包括贮存可靠性。

可靠性保障工作是指：为确保导弹武器系统在设计、生产过程中充分开展可靠性工作，提供所需要的支撑性技术、基础条件建设、管理以及人才等资源保障条件。

15.2　导弹武器系统全寿命可靠性保障工程的指导思想与目标

15.2.1　指导思想

导弹武器系统全寿命可靠性保障工程的指导思想是建设功能较齐全的环境可靠性研究试验平台，创造符合武器系统产品质量可靠性试验需要的试验设备硬件平台。以型号专业技术、可靠性、元器件、理化分析及无损检测等技术领域的优秀专业人才为基础，形成集团导弹全寿命周期可靠性中心，试验对象主要面向设备级、分系统级、系统级产品，作为可靠性研究试验的技术专家队伍，履行评审、把关、咨询、参谋的职能。

按照"分别投资、集中建设"的原则，集中建设元器件检测、筛选、破坏性物理分析、失效分析、原材料理化分析和工艺质量检测、环境和可靠性试验等的技术资源，增强各种检测试验手段，确保型号产品质量可靠性的评估和验证能力。"分别投资"意思是各型号（研制和批产）均要参与该领域的投资；"集中建设"意思是在院（基地）级集中建，不能搞小而全的低水平重复建设，要集中搭建共用平台。

通过开展工艺可靠性研究，在设计、生产过程、检验等环节探索有效的工艺控制方法、手段，提高产品制造质量。

为了贯彻集团一盘棋的思想，按照专业化、社会化、效益化的原则，统筹考虑可靠性研究试验体系建设，最大程度地实现集团资源的共享和重用，适应科研生产快速发展的要求。

15.2.2　目标

型号可靠性工程的目标是按照科工集团统筹建设的规划目标，利用现有资源建设成集团可靠性研究试验中心，主要负责：

1）可靠性关键技术的研究；

2）装备环境鉴定、可靠性增长和可靠性鉴定工作；

3）元器件、材料、工艺的检测、鉴定和失效分析工作；

4）对各分中心进行技术指导、咨询和人员培训；

5）可靠性信息和数据的采集和收集；

6）建设导弹武器系统全寿命周期可靠性资源数据库。

通过集团可靠性研究试验中心的有效运作，确保研制装备达到规定的可靠性要求，提高现役装备的可靠性水平，以满足系统战备完好性和任务成功性要求、不断降低对保障资源的要求、减少寿命周期费用。导弹武器系统的产品结构件在全寿命周期内性能要满足武器系统的使用要求和设计要求。

15.3　导弹武器系统全寿命可靠性保障工程的主要内容

15.3.1　可靠性保证

（1）可靠性定性要求

① 简化设计

在满足系统功能和性能的前提下，简化设计，降低装备的复杂性。

② 冗余设计

在设计时，用多于一种的途径来完成规定的功能，以提高系统的任务可靠性和安全性。

③ 降额设计

降低元器件、零部件承受的应力，降低设备故障率，提高装备的安全性和可靠性，按照 GJB/Z 35—1993《元器件降额准则》进行降额设计。

④ 确定关键件和重要件

按照 GJB 190—1986《特性分类》进行特性分类，在产品研制各阶段都应确定影响可靠性的关键件和重要件，并进行严格管理，明确标识、加以控制。

⑤ 环境防护设计

按照产品可靠性设计准则和环境适应性设计准则，采取改善环境或减小环境影响的措施，如冷却措施、减振措施，进行如保护涂（镀）层、密封等环境防护设计，选用耐环境能力强的设计方案、结构形式、材料、元器件和工艺等，考虑适当的耐环境设计余量，采取防止瞬态过应力作用的措施，将环境防护的具体操作使用要求编入使用维护手册，落实日常维护的环境适应性措施。

⑥ 热设计

按照产品可靠性设计准则的要求，必须通过元器件的选择、电路设计、结构设计、布局的调整等来减小温度对设备可靠性的影响，提高武器装备对环境温度的适应性。

⑦软件可靠性设计

按照 GJB/Z 102A—2012《军用软件安全性设计指南》进行软件可靠性和安全性设计，并开展软件工程化设计和管理，保证软件的可靠性。

（2）可靠性设计与分析工作项目

① 可靠性建模

参照 QJ 2933—1997《地（舰）空导弹武器系统可靠性设计与分析指南》建立可靠性模型，随着设计的深入与变更应作相应的修改，包括：

1）武器系统、分系统、设备都应进行功能分析，建立相应的功能和可靠性模型；

2）应分别建立基本可靠性模型与任务可靠性模型，可靠性模型包括可靠性框图和可靠性数学模型；

3）产品的可靠性模型应该随系统研制进程中试验信息的增多，系统结构、性能、任务要求和使用条件的更改而修改。

② 可靠性分配

可靠性分配工作参照 QJ 2933—1997 执行，包括基本可靠性与任务可靠性指标分配，可靠性分配的内容：

1）按照 QJ 2933—1997 规定的方法，将产品的可靠性指标自上而下逐级地分配到规定的产品层次，以此落实相应层次的可靠性要求，并使整体与部分之间的可靠性相互协调；

2）可靠性分配值的层次应与可靠性模型相一致，一般应到组合与组件以上层次产品；

3）可以根据可靠性预计的结果进行适当的调整；

4）各层次产品的可靠性指标分配结果应报总体或任务提出方。

③ 可靠性预计

可靠性预计时，对于设计改进的产品用应力分析法预计；对于新研制的产品，可以采用相似设备法或元器件计数法，在设计方案确定之后，用应力分析法重新预计。

1）可靠性预计的数据来源。可靠性预计应采用符合 GJB/Z 299C—2006《电子设备可靠性预计手册》的数据；如果采用了其他数据，应作详细说明。

2）可靠性预计的温度条件。高于规定的环境严酷度时，用高的严酷度等级；可靠性预计的温度用+55 ℃。

3）质量系数。质量系数按照实际装机的元器件等级选取，但应满足可靠性定量要求。

4）环境系数。进行预计时，环境系数应参考 GJB/Z 299C—2006 中表 4.3－1 执行。

④ 故障模式、影响和危害性分析

故障模式、影响和危害性分析包括：

1）按照 GJB/Z 1391—2006《故障模式、影响及危害性分析指南》的分析程序和所使用的表格进行故障模式、影响和危害性分析（FMECA）；

2）系统、分系统和设备应进行故障模式与影响分析，必要时可进行故障模式、影响和危害性分析；

3）设备级以下产品（含可更换单元）采用硬件法，系统和分系统可采用功能法；

4）故障模式与影响分析进行到组件层次，对于产品的关键单元，分析工作应做到元器件级；

5）故障模式与影响分析为确定关键产品、设计改进和过程控制提供依据；

6）分析结果应形成报告并报任务提出单位。

⑤ 元器件、零部件和原材料的选择与控制

按照 Q/WE 007.1～007.6《二院元器件选用目录》的要求选择和控制元器件、零部件和原材料。参考执行 QJ 2227A—2005《航天元器件有效贮存期和超期复验要求》的规定，减少元器件、零部件和原材料品种，元器件的质量等级应与可靠性要求相匹配，降低保障费用和系统寿命周期费用，保证达到和保持设备的固有可靠性。

⑥ 可靠性关键产品的确定和控制要求

应利用故障模式、影响和危害性分析（FMECA）、故障树分析（FTA）、热分析等技术方法确定关键产品。在整个型号研制过程中，制定并实施控制可靠性关键项目的程序和方法，并使有关人员都了解这些项目的重要性和控制要求。可靠性关键件、重要件（产品）的判别准则为：

1）故障会严重影响系统工作或使系统不能达到规定的任务目标的项目，存在一个或多个单点故障的产品；

2）故障危及人员和设备安全的项目；

3）价格昂贵、难以采购或生产的产品；

4）使用表现不理想，且曾经导致试验失败的产品；

5）故障可能导致重要信息丢失的项目；

6）采用新技术、新产品、新工艺有较大风险的项目；

7）实际使用的超过降额准则要求的元器件；

8）有使用限制、贮存期有限，或对环境敏感的产品和项目；

9）在运输、装卸、贮存、包装和测试时需要特别关注的项目。

具体控制要求应按照 GJB 450A—2004《装备可靠性工作通用要求》进行。

⑦ 有限元分析

1）目的。在设计过程中对产品的机械强度和热特性等进行分析和评价，尽早发现承载结构和材料的薄弱环节及产品的过热部分，以便及时采取设计改进措施。

2）工作项目要点。在产品研制进展到设计和材料基本确定时应进行有限元分析（FEA）。对安全、任务关键的和必须的机械结构件和产品应尽量实施 FEA。

（3）可靠性试验与验证

① 环境应力筛选试验

环境应力筛选的目的是建立并实施环境应力筛选（ESS）程序，以便发现和排除不良元器件、制造工艺和其他原因引入的缺陷造成的早期故障。

结合 GJB 1032—1990《电子产品环境应力筛选方法》和本型号的要求制定适用于武器系统型号各级电子、机电产品的 ESS 要求，其他类产品可根据自身特点采用适当的方法筛选。

ESS 应 100％在电子元器件、插板（组件）、组合、设备的电子产品层次上进行，以剔除低层次产品组装成高层次产品过程中引入的缺陷。

电子元器件按照《地（舰）空导弹武器系统元器件筛选技术条件》的规定进行筛选。

② 可靠性验证与评价

结合武器系统的特点，即型号样本量少，对武器系统可运用工程分析方法，通过综合利用与产品有关的各种信息，在军贸鉴定试验前，评价武器系统是否达到了规定的可靠性要求。

武器系统产品的可靠性分析评价，可采用部分可靠性试验与工程分析结合的方法（将一定数量的产品可靠性试验信息，与可靠性预计、FMECA、FTA、同类产品可靠性水平对比分析、低层次产品可靠性试验数据综合等方法结合），评估装备的可靠性水平。

充分利用武器系统相似产品及联调或外场试验获取的各种试验数据和实际使用数据，完成武器系统装备或分系统的可靠性分析评价。在分析评价方案和结果报告中，应详细说明所利用的各种数据、采用的分析方法和置信水平。

15.3.2　维修性保证

（1）维修性定性要求

① 可达性

产品的配置应根据其故障率的高低、维修的难易、尺寸和质量的大小以及安装特点等统筹安排，使总体布局合理。维修部位看得见、摸得着，拆装方便，同时有足够的维修作业空间。

② 标准化

产品尽量通用化、系列化和组合化，减少维修备件的品种和数量。优先选用标准化的产品，减少其品种、规格和生产厂家，减少基层级维修的专用工具。

③ 模件（块）化

采用模块化设计，要求产品按功能、结构划分为外场可更换单元（LRU）和内场可更换单元（SRU）。

④ 互换性

同种产品之间在实体上（形状、尺寸）、功能上能够互相替换。同一型号的设备、单元以及组件、部件、零件等在功能和实体上都应具有互换性；不同厂家的相同型号的成品、附件必须具有功能和结构的互换性。

⑤ 防差错及识别标记

产品具有完善的防差错措施及识别标记，以防止差错、杜绝事故。对危及战勤人员安全的部位，应有醒目的警告标志和防护措施；对火工品、易燃品及有毒品，应注明专用标志；各级维护保养的润滑点、测试点、调整点等应具有明显的识别标志。

⑥ 维修安全

应确保实施维修作业时不会发生人员伤亡、设备损坏等事故。对于运动部位、机件，维修时肌体必经的通道、手孔和需要移动的笨重的装置、机构，均应有防机械损伤的设计；维修对象应有防意外通电的保险设计，如防差错接电、防雷电、防静电、防高压等技术措施。

⑦ 减少维修内容和降低维修技能

要求产品设计能尽量减少维修工作量，缩短维修时间和人员培训时间，应该考虑检测方便，尽量设置不解体检测点；更换 LRU 后，原则上不应进行调试；采用换件的维修方法，降低对维修人员技术水平的要求和维修作业难度。

⑧ 人素工程要求

要求产品设计符合人素工程，提高维修工作的质量和效率。尽量减少单人无法搬动的 LRU 的维修项目；系统及设备应有保证维修操作人员正常工作的环境防护设计；车内安装的各种监视仪表应便于乘员观察，并按重要程度分层次布置，并且仪表盘对正常工作范围和不正常工作范围应有明显的标志。

⑨ 维修经济性要求

在确定系统可靠性、维修性、维修保障要求以及机内测试（BIT）、备件等设计时，必须权衡其经济效益，从系统总体上降低全寿命周期费用；贵重部件应为可修复式的；弃件的元器件寿命应选配的大致相等；必要时对于某些部件可采用无维修设计。

⑩ 地面设备的自动检测

武器系统应该具备加电自检、实时监测和故障定位功能，可以实时确定武器系统的功能是否正常。作战装备的自动检测功能应按故障检测率要求覆盖影响作战的故障模式；测试维护软件应将故障隔离到所要求的可更换单元，并能标识发生故障的位置。

必须提高武器系统设备系统检测的自动化程度，提高各分系统检测的独立性，减少对外部测试设备的依赖，简化操作程序，降低对使用人员的要求。各级产品的测试性要求必须反映在相应的研制任务书中。

⑪ BIT 设计的要点

把产品按功能和结构合理地划分为 LRU 和组合等易于检测和更换的单元,电子产品的 LRU 一般要设计到插板级,以提高故障隔离能力;设置充分的内部和外部测试点,便于在各级维修测试时使用,测试点应有明确的标记;对影响安全和任务完成的产品,必须进行性能监控,并有报警要求;在完成功能设计同时,应进行 BIT 设计,杜绝功能设计完成后,未进行 BIT 设计就进行投产和产品生产后再补检测线路的设计。

(2) 维修性工作项目

① 维修性建模

维修性建模的用途主要用于进行维修性分配、预计、分析和评定,包括:

1) 各分系统按照 GJB/Z 57—1994《维修性分配与预计手册》的要求建立包括维修职能流程图、系统维修功能层次框图的维修性物理模型;

2) 建立包括概率模型和统计模型在内的数学模型。

② 维修性分配

维修性分配是将产品维修性定量要求按规定分配给规定的功能层次,以保证系统或设备最终符合规定的维修性要求。按照 GJB/Z 57—1994 的要求进行维修性分配,分配方法包括:

1) 等值分配法:适用于系统各单元复杂程度、故障率相近,或者缺少可靠性、维修性信息时做初步分配;

2) 按故障率分配法:适用于已有可靠性分配值或预计值;

3) 按故障率和设计特性的综合加权分配法:适用于已知单元可靠性值及有关设计方案;

4) 利用相似产品数据分配法:适用于有相似产品的维修性数据。

③ 维修性预计

1) 目的。

维修性预计的目的包括:

· 预先估计产品设计方案可能达到的维修性水平,以便做出设计决策;

· 及时发现维修性设计及保障缺陷,作为更改设计或保障安排的依据;

· 当研制过程中更改设计或保障要素时,估计其对维修性的影响,以便采取对策。

2) 基本步骤。

维修性预计的步骤为:

· 收集所预计产品的资料和类似产品维修性资料;

· 建立维修性物理模型,进行产品维修职能与功能层次分析;

· 从 GJB/Z 57—1994 中选用适当的方法进行维修性预计;

· 对维修性预计结果及时进行修正。

3) 方法。

维修性预计的方法按照 GJB/Z 57—1994 的要求进行,方法如下:

• 单元对比预计法：适用于各种产品维修性参数值的早期预计。以某个维修时间已知的或能够估测的单元为基准，通过其他单元与基准单元的对比确定维修时间，再按维修频率求均值，得到修复性或预防性维修时间；

• 时间累计预计法：适用于各种电子设备的维修值初步预计和详细预计，也可用于其他装备。逐项确定维修作业时间，累加求得修复时间、工时等维修性数值，特别注意把测试性结合到预计中。

④ 故障模式及影响分析（FMEA）——维修性信息

1）目的。

分析产品可能的故障模式、故障原因及影响，从而确定与故障检测、故障隔离、故障修复及抢修等有关的维修性设计及设计改进所需的信息。

2）工作项目要点。

按照 GJB/Z 1391—2006 的工作项目进行故障模式、损坏模式及影响分析，以获取维修性信息。维修性工程中 FMEA 的深度和范围取决于各维修级别上规定的维修性要求及产品的复杂程度和类别。基层级 FMEA 应到 LRU，其中包括：

• 故障预估；

• 故障检测和隔离方法；

• 确定修复故障的维修活动。

本工作项目应与可靠性的 FMEA 工作项目结合起来进行。

⑤ 维修性分析

1）目的。

维修性分析的目的为：

• 对设计满足维修性定性与定量要求的情况进行评估；

• 确定提高维修性效费比的最佳途径；

• 积累用于维修计划和后勤保障分析所需要的维修性数据。

2）维修性分析的主要工作项目。

维修性分析的主要工作项目包括：

• 确定为消除故障所需的基层级可更换件；

• 确定每种修理活动中要采取的处置方法；

• 确定每项维修所需的工具和操作空间；

• 确定搬运要求及拆卸、更换、调整时的可达性；

• 分析每项故障检测和隔离的可行性；

• 确定故障编码结构和故障码表；

• 确定每项维修的安全保障要求和措施；

• 分析每项维修活动中的潜在危害；

• 需附加的标志、标牌的位置和名称；

• 安排维修的优先顺序；

- 确定合格的可更换件的配置和明细表；
- 评估每项故障的维修时间。

3）分析方法。

结合产品的特点，使用 GJB 368B—2009《装备维修性工作通用要求》工作项目 205 的方法进行分析。

⑥ 维修性设计评价

1）目的。

根据维修性检查单，结合维修性演示、试验进行维修性设计检查及评价，发现和鉴别维修性设计缺陷，通过改进设计或改善保障条件来提高维修性，实现维修性增长。

2）工作项目要点。

维修性设计评价工作适用于整个研制过程，在产品研制的关键点（阶段节点）要明确维修性的设计目标，结合产品的技术设计评审进行维修设计的审查。

根据维修性要求编制维修性检查单，检查和评定产品维修性设计符合维修性设计准则的程度和水平，并对检查出的设计缺陷及时采取措施，改进设计。

开展本工作项目后，应形成包括维修性设计符合性、维修性设计评价、设计改进意见等内容的设计评价（分析）报告。

3）方法。

维修性设计评价的方法如下：

- 制定维修性设计检查单：把产品的维修性设计要求改写为检查单的表述形式，用来检查和评定维修性设计符合维修性设计要求的程度和水平，并对检查出的设计缺陷及时采取措施，改进设计；
- 简单分析评价法（是/不是评分法）：简单、直观，一般用于研制阶段设备级及设备级以下的产品的设计评审，也适用于设计人员自查；
- 详细分析评价法（加权评分法）：在研制阶段系统级和分系统级的维修性设计评审时采用，评审应根据检查单每一条目的重要程度和符合性情况，进行加权评分。

4）维修性设计评价报告。

维修性设计评价包括：

- 维修性设计要求检查单；
- 维修性设计评价（评分）报告；
- 维修性设计改进意见。

（3）测试性设计要求

测试性设计要求如下：

1）系统、分系统、设备在整个研制过程中，都应开展以 BIT 为主的测试性设计工作，与产品的性能设计同步进行，并融合到一起；

2）武器系统测试维护具有三种工作状态：加电自检、实时监测和维护测试，对 BIT 系统和测试维护软件应按这三种状态设置；

3）总体应进行武器系统测试性总体方案设计，确定武器系统 BIT 的硬件及软件组成，规定基层级测试维护的三种工作状态，分系统、设备需完成的软件、硬件支持，进行测试性分配。各分系统、设备相应制定测试性方案，根据测试项目，划分加电自检、实时监测和维护测试的测试内容，确定各级别的测试方式及故障隔离定位方法，将分配到的指标再次分配，设计三种工作状态的 BIT 及对应软件，提出诊断设计应考虑的因素；

4）在工程研制阶段，各分系统、设备按照测试性设计准则进行详细设计，按照优化原则，确定诊断方案，合理选用故障检测和隔离用检测点，设计故障诊断树和故障字典，进行测试性预计和分析；

5）武器系统测试维护软件应包括系统加电自检、实时监测（作战过程中监测）和维护测试（根据维修等级不同作相应的加电自检、故障诊断、定位等）功能；

6）反复修改设计直到测试性水平达到或超过定性、定量要求。

15.3.3　安全性保证

（1）初步危险分析

① 目的

识别明显的危险，列出危险源清单、可能的危险事件及其后果，提出消除或控制危险的措施。

② 要求

结合工程经验和型号的具体特点，通过回顾与查阅类似产品的经验教训和有关安全性资料，识别系统方案中可能存在的危险，编制危险源清单，包括使用/保障危险源及职业健康危险源。

识别危险源至少应从以下方面考虑：

1）火工类：战斗部、发动机、电爆管、安全执行机构等。

2）机械类：转塔运转、天线转动、伺服结构、起竖装置、导弹装填、设备结构的尖角、车辆运动、低频机械振动、载体平台低频晃动、高强度噪声、设备与人员的跌落、振动、冲击、噪声等。

3）温度类：高温、发热部件、低温金属操作部件等。

4）高电压类：高电压、车内机柜用电、发射机高压设备、各种车辆用电、高强度静电、雷电等。

5）电磁类：发射机、电磁辐射、电磁场、空间射线等。

6）气压类：高压气瓶、高压气体、低气压环境等。

7）生化类：有毒物质、有害气体等。

8）其他：发控时序、导弹运动、导弹误发射、敌我识别错误、操作失误、话务安全、信息安全、软件安全等。

针对危险源逐个进行初步危险分析，使用/保障危险及职业健康危险分析参考表 15 - 1进行。

表 15 - 1　武器系统产品层次初步危险分析表

序号	危险源名称	危险事件	危险可能性	危险严重性	采取的措施
1					
2					
3					

危险源名称：指识别出的危险源名称。

危险事件：指危险事件，包括本身危险、使用与保障危险、职业健康危险等。

危险严重性：指危险源的危险事件发生后所造成的影响程度，一般用危险严重性等级划分表征危险严重程度，见表 15 - 2。

表 15 - 2　危险严重性分类表

说明	等级	定义
灾难性的	Ⅰ	人员死亡、系统功能完全损失或报废、环境严重破坏
严重的	Ⅱ	人员严重伤害、（含严重职业病）、系统或环境较严重破坏
轻度的	Ⅲ	人员轻度伤害、（含轻度职业病）、系统或环境轻度破坏
可忽略的	Ⅳ	轻于Ⅲ类的人员伤害、轻于Ⅲ类的系统或环境破坏

危险可能性：危险可能性是指产品在可预期的任务期间可能产生危险的频率，危险可能性等级定义见表 15 - 3。

表 15 - 3　危险可能性等级表

说明	等级	单个项目	总体（总体大小由产品定义）
频繁	A	在寿命期内可能经常发生	连续发生
很可能	B	在寿命期内可能发生若干次	频繁发生
偶然	C	在寿命期内可能偶尔发生	发生若干次
很少	D	在寿命期内不易发生，但有可能发生	不易发生，但有理由预期可能发生
极少	E	在寿命期内不易发生，可认为不会发生	不易发生，但有可能

采取的措施：指为预防危险发生，对危险源或危险事件在设计、防护或应急采取的消除危险或降低相关风险的安全性措施和方案。

（2）分系统危险分析

① 目的

用于识别有关分系统的部件间接口的危险，识别其性能恶化、功能故障或工作失误会形成危险的所有部件。

② 要求

识别部件的故障模式和部件故障、人为差错输入等对安全性的影响。

按照 GJB/Z 1391—2006 的要求进行分系统故障模式和危害性及其影响的分析。按照 QJ 2236A—1999 的方法进行风险评价，特别是对安全性具有灾难性、严重后果影响的故障模式应引起特别重视，将其作为危险分析的故障危险源，并采取危险控制措施。

针对故障危险源逐个进行分系统危险分析，分析的内容包括：名称、运行形式、故障模式、频率估计、危险状况、影响、危险等级、预防措施和确认等。

（3）系统危险分析

① 目的

检查系统符合研制任务书和有关规范中安全性要求的程度，包括：识别接口问题；系统干扰及人为差错对危险的影响；环境造成的危险。在系统设计评审时提交危险分析表。

② 要求

分析每个分系统在正常和不正常工作时对系统整体工作的影响。确保一个元器件或分系统的工作、人为差错或环境不会损害系统中其他元器件或分系统的工作安全，也不会导致其损伤。

按照 GJB/Z 1391—2006 的要求进行系统故障模式和危害性及其影响的分析。按照 QJ 2236A—1999 的方法进行风险评价，特别是对安全性具有灾难性、严重后果影响的故障模式应引起特别重视，将其作为危险分析的故障危险源，并采取危险控制措施。

针对故障危险源逐个进行系统危险分析，分析的内容包括：名称、运行形式、故障模式、频率估计、危险状况、影响、危险等级、预防措施和确认等。

（4）安全性风险评价

安全性风险评价是为消除或控制危险，而把危险按其风险水平排序，以便正确决策，并采取适当的纠正措施或补偿措施。风险评价是将危险源或危险事件按严重性和发生的可能性划分等级后，按表 15-4 给出的危险风险评价矩阵进行排序，并按表 15-5 的风险指数和风险处理原则对应关系对危险进行处理，作出接受、需管理者决定或不接受等决策。危险风险评价参考表 15-6 进行。

表 15-4　危险风险评价矩阵

频率	危险类别			
	Ⅰ（灾难性的）	Ⅱ（严重的）	Ⅲ（轻度的）	Ⅳ（可忽略的）
A（频繁）	1	3	7	13
B（很可能）	2	5	9	16
C（偶然）	4	6	11	18
D（很少）	8	10	14	19
E（极少）	12	15	17	20

表 15-5　风险指数与处理原则对应表

风险指数	1～5	6～9	10～17	18～20
处理原则	不可接受	不希望，需要设计决策	可接受，需要评审	不需评审即可接受

表 15 - 6　危险风险评价表

序号	危险源/危险事件	危险严重性	危险可能性	风险指数
1				
2				
3				

（5）安全性关键项目清单

将危险严重性为灾难性（Ⅰ类）、严重性（Ⅱ类）及危险风险高的项目（风险指数为 1~9，包括功能、软硬件产品及操作规程）确定为安全性关键项目。按表 15 - 7 编制安全性关键项目清单，按关键项目要求进行质量控制。

表 15 - 7　安全性关键项目清单

序号	产品名称或功能	危险源	任务阶段	危险事件	严重性
1					
2					

（6）安全性措施

针对危险源和危险事件，核查对产品所采取的安全性设计措施。对存在安全性薄弱环节的产品，应进一步采取安全性设计措施或防护措施，将危险风险降低到可接受的范围。

对系统级还要包括大型试验安全性设计，制定应急措施和处理预案。

（7）安全性验证

通过试验、演示或其他方法验证安全性关键的硬件、软件和规程是否符合安全性要求。

在研制阶段，验证安全性关键硬件、软件和规程是否符合安全性要求。在重大研制阶段转换前或系统飞行试验前进行安全性验证。

要求确保充分验证了设计的安全性，包括使用和维修规程，因设计无法消除的Ⅰ、Ⅱ级危险而设置的安全装置、报警装置等。

15.3.4　保障性保证

（1）保障性定性要求

① 使用保障定性要求

使用保障定性要求如下：

1）作战装备和保障装备都应便于操作，尽量减少操作人员，对保障人员的技术水平要求低，工作强度小，便于替换和补充；

2）具有较高的运输性，装备能适用铁路、水路装载工具和运输；

3）具有良好的替换功能，功能相似或相近的通道在特殊情况下应可以替代或重组；

4）所需能源应做到通用化、系列化、模块化，使用的品种、数量少。

② 维修保障定性要求

维修保障定性要求如下：

1）用于维修工作的时间要短，检测时间、更换部件时间等尽量短；

2）减少基层级预防性维修，即降低预防维修的频率，减少维修人员数量；

3）采用的维修专用设备、工具尽量少，并要求携带、使用方便；

4）装备必须配置机内测试设备，要求故障隔离率、检测率较高，虚警率低；

5）筒弹在中继级只进行加电测试维护。

③ 保障资源定性要求

保障资源定性要求如下：

1）考虑外方部队编制限额，合理进行专业划分，尽量降低对维修人员数量和技能的要求；

2）尽量减少备件和消耗品的品种和数量，在保证质量的前提下，尽量采用价格便宜、便于筹措、储存和供应的标准件和通用件；

3）保障设备应与装备相匹配，尽量采用通用的保障设备，减少专用和特殊保障设备，减少保障设备的种类、规格和数量；

4）使用与维修装备所需的技术资料应配套齐全，满足平时和战时使用与维修的需要，内容系统、完整，易懂易学；

5）装备使用与维修人员应及时得到训练，训练内容、训练方法、训练资料、训练器材以及教员，应满足训练需要；

6）使用与维修装备内计算机所需的硬件、软件、检测仪器、保障工具、文档、设施及人员，应满足平时和战时的需要；

7）保障设施应满足平时和战时使用、维修、储存装备及训练的需要，应尽量利用现有保障设施；

8）装备包装、装卸、储存和运输所需保障资源应与装备相匹配，与包装储运环境相适应，保证装备能安全地由生产厂运送到外方，并在规定的储运期内保持可用状态。

（2）使用保障设计

① 使用保障方案的主要内容

根据订购方的使用保障约束条件和初始使用保障方案，制定和完善使用保障方案。使用保障方案的内容主要包括：

1）装备使用方案和在预期环境下使用功能的简要说明，包括导弹技术准备、发射准备、发射的步骤，武器系统的工作任务、阶段及工作流程；

2）使用保障的组织机构及其职责分工；

3）使用保障资源及要求；

4）战时使用保障安排建议；

5）使用保障工作的组织与实施要求。

② 规划使用保障的一般程序

规划使用保障的一般程序如下：

1）在论证阶段，订购方应提出初始使用保障方案和使用保障约束条件。

2）在方案阶段，应通过使用工作分析和对初始使用保障方案的评价，在装备设计方案和使用保障方案之间进行协调，在费用、进度和战备完好性之间进行权衡，优化使用保障方案，为规划使用保障资源提供输入。

3）在工程研制阶段，结合装备和保障资源研制、建设情况及有关信息，进一步修订、完善使用保障方案。在后续阶段，可根据需要，继续修订和完善。

（3）维修保障设计

① 一般要求

按照 GJB/Z 1391—2006 的要求，进行故障模式影响及危害性分析；按照 GJB 2961—1997《修理级别分析》的要求，进行修理级别分析、维修工作分析；按照 GJB 1378A—2007 的要求，进行装备预防性维修分析；确定维修体制和维修保障需求，制定并完善维修方案。

② 维修保障方案的主要内容

维修保障方案的内容主要包括：

1）装备使用方案和在预期环境下使用功能的简要说明，包括导弹技术准备、发射准备、发射的步骤，武器系统的工作任务、阶段及工作流程；

2）维修保障的组织机构及其职责分工；

3）维修类型（预防性维修、修复性维修）及其主要内容；

4）维修策略（不修复、部分修复、全部修复）；

5）维修级别及其任务；

6）实施维修工作的时机及工时要求；

7）主要保障资源；

8）维修活动约束条件（费用、供应、环境条件、运输等）；

9）战时保障安排建议；

10）维修工作的组织与实施要求。

③ 规划维修保障的一般程序

规划维修保障的一般程序如下：

1）首先，订购方应提出初始维修保障方案和维修保障约束条件。

2）在研制和军贸鉴定阶段，进行保障性分析，制定并优化维修方案，为规划维修保障资源提供输入。同时结合装备和保障资源研制、建设情况及有关信息，进一步修订、完善维修方案。在后续阶段，可根据需要，继续修订和完善。

（4）维修体制

① 工作项目要求

工作项目要求包括：

1）确定维修体制划分；

2）确定维修保障设备及任务。

② 维修体制划分

1）地面作战设备维修体制。

武器系统采用三级维修体制，即基层级、中继级和基地级（生产厂或修理厂）。

基层级的维修工作在作战阵地完成，维修项目主要是以日常维护保养、氪气补充为主，更换简单、少量的随车外场可更换单元（LRU）的方式进行。

中继级的维修工作在阵地完成，维修依据战车配置的机内测试设备（BITE）以及备件维修车装载的可更换单元备件 LRU，对作战装备进行故障检测和更换 LRU。

基地级维修是将中继级的故障设备返回生产厂（或修理厂）维修，对战车进行全面故障检测和维护。

2）导弹维修体制。

导弹采用两级维修体制：基层级、基地级（生产厂级）维修。

基层级维修利用导弹测试装置进行测试，故障弹不维修，直接送基地级维修。基地级维修由生产厂进行。

③ 维修保障装备及任务

1）基层级的维修保障装备及任务。

基层级的维修是指乘员级维修，由武器系统乘员组在现场自行完成维修保障工作，本级维修保障装备由武器系统、机内测试设备、维修工具及随车 LRU 等组成。基层级维修一般只承担检查、维护、保养武器系统及更换简单、少量的随车故障 LRU 的工作。

2）中继级的维修保障装备及任务。

本级的维修以维修车为基础。

本级的维修保障装备由维修车组成，维修车上配备专用仪器设备、专用工具、通用测量设备，较全面的 LRU 备件及工具箱等。维修保障任务由乘员和维修车人员共同完成，一般依靠武器系统 BITE 和维修车及维修车携带的 LRU 对武器系统进行检查、维护和调校，对导弹进行加电测试维护。

3）基地级的维修保障装备及任务。

基地级维修对武器系统进行全面的检测，对整车进行维护，对有故障的导弹进行排故、检修。

武器系统维修体制任务及所需资源的具体内容见表 15－8。

表 15－8 武器系统维修体制任务及所需资源

保障内容	维修级别		
	基层级	中继级	基地级
实施单位	乘员组	维修车	维修中心
实施人员	乘员	乘员和维修人员	专业维修人员
维修对象	简单部件	地面装备系统	全系统

续表

保障内容	维修级别		
	基层级	中继级	基地级
主要任务	定期检查；保养，加添燃料、润滑油，更换现场可更换单元	周期性维护检修；排除疑难故障	综合维修；武器系统大修；部件维修；备件补充；导弹检修
维修方式	保养、维护、诊断、更换简单 LRU	更换 LRU 和其他具备条件的单元组件、部分维护、调整、测试和检查	修理、调整或校准
维修设施	机动	机动	固定
维修资源	1）维修所需材料、备件； 2）BITE； 3）工具； 4）技术手册等	1）BITE； 2）车内工具； 3）专用和通用的自动测试设备； 4）导弹测试设备； 5）维修车； 6）技术手册等	1）专用和通用的自动测试设备； 2）导弹测试设备； 3）模拟设备； 4）校准和计量设备； 5）BITE； 6）工厂的工具； 7）文件、图纸

（5）保障资源设计

① 一般要求

通过规划保障资源对规划使用保障和规划维修过程中提出的初步资源保障需求进行协调、优化和综合，并形成最终的保障资源需求。

② 人力和人员

制定出合理的人员数量和技术等级要求，装备部署后能及时得到所需的人力和人员保障。

③ 供应保障

以最低的费用及时、充分地提供装备使用与维修所需的物资。基本要求如下：

1）供应物资尽量标准化，使装备易于获得供应保障；

2）尽量减少使用与维修所需供应物资的种类和数量；

3）进行备件和消耗品需求分析研究，确定备件种类与数量、消耗品种类与数量，并及时编制准确、详细的供应物资清单，其内容包括供应物资的种类、数量、规格、供应编码、用途、单价、生产厂等。

④ 保障设备

以最低的费用及时提供使用、维修装备所需的保障设备。基本要求如下：

1）保障设备机动性应与装备的使用、维修方式相适应；

2）保障设备应有良好的可靠性、维修性和保障性；

3）专用的复杂设备应具有自检功能；

4）保障设备应具有保障要求，特别是计量要求。

⑤ 训练和训练保障

及时训练出装备使用与维修所需的合格人员，获取训练所需的保障资源。

制定训练方案，提出训练教材清单和训练器材清单，并按规范的体例编制教材。

⑥ 技术资料

及时提供正确使用与维修装备所需的技术资料。

结合目前已有防空导弹武器系统的资料，按照顾客的要求，整合资料体系，编制技术资料目录，并按规范编写技术资料。

⑦ 包装、装卸、储存和运输

结合武器系统的特点，在装备设计时应考虑包装储运问题，使装备设计得便于包装储运；保证装备能安全到达使用地，并在规定的储运期限内保持完好无损，包括：

1）明确包装、装卸、储存和运输的具体方式；

2）规划包装、储运资源，明确包装储运设备、储存设施、包装储运资料和包装储运人员的训练等。

15.3.5　环境适应性保证

（1）环境分析

① 武器系统使用环境分析

根据武器系统的使用环境和顾客的要求，针对不同装载平台和气候环境，将武器系统及其相关产品进行环境划分，并进行环境效应分析。

各承制方应对承制产品的具体使用环境（含微环境）进行分析。

② 确定寿命期环境剖面

武器系统的使用特点是长期贮存，即时使用。因此要求武器系统的各级产品均具有较高的环境适应性和长期贮存性能。

（2）制定环境条件

根据武器系统使用环境特点和环境因素分析，随着研制工作的深入，逐步修订环境条件。

（3）环境适应性设计

环境适应性设计应根据产品使用环境寿命周期剖面和相应的环境条件，对产品在环境应力作用下预计的响应进行工程分析，确定在这种环境应力下设备所用元器件和材料的性能，对不能满足环境条件要求的产品要采取防护措施。

武器系统的环境适应性设计准则应该从以下几个方面考虑：

1）低气压防护设计；

2）高温防护设计；

3）低温防护设计；

4）湿热防护设计；

5）防盐雾设计；

6）防霉菌设计；

7）防沙尘设计；

8）振动与冲击防护设计。

（4）环境试验

在设备进行环境适应性设计后，应按照规定的环境试验要求进行环境试验，确保环境适应性设计能够满足使用要求。

15.3.6　电磁兼容性保证

（1）电磁兼容性保证工作目标

电磁兼容性保证工作目标为：

1）武器系统达到系统内电磁兼容和系统间电磁兼容；

2）最大限度减少产品电磁干扰问题，以降低研制费用和缩短研制周期；

3）提高武器系统装备的完好性和成功性。

（2）电磁兼容性保证工作基本原则

坚持以电磁兼容性规范为依据、电磁兼容性设计为重点、电磁兼容性试验考核验证相结合的工作方针，开展电磁兼容性工作，包括：

1）根据武器系统功能特性、电磁特性和电磁环境条件，制定和剪裁选用电磁兼容指标、设计、试验等相关标准，规范电磁兼容性工作；

2）分析可能存在的电磁干扰问题，有选择、有重点地采取屏蔽、接地、搭接、滤波、布线等相应的多层次综合性电磁兼容性设计措施，确保满足电磁兼容性要求；

3）通过电磁兼容性试验，寻找和发现可能存在的电磁干扰问题，并采取电磁兼容性改进措施，确保武器系统最终达到电磁兼容性设计要求；

4）对新研制产品应开展本大纲规定的电磁兼容性设计、试验、分析、管理等全部电磁兼容性工作项目；

5）对直接采用的或仅结构做了少量更改的其他型号的产品，其电磁兼容性工作可直接进入工程研制阶段，按本大纲要求开展必要的电磁兼容性试验工作，为完善产品电磁兼容性提供依据。

（3）电磁兼容性保证工作项目

① 制定电磁兼容性指标

提出各级产品电磁兼容性指标，并纳入研制任务书中。

② 电磁兼容性分析

对产品设计方案的电磁兼容性或者技术状态更改对产品电磁兼容性的影响进行分析；对产品电磁兼容性试验结果进行分析。

③ 电磁兼容性设计

各级产品可剪裁各型号武器系统电磁兼容性设计准则和其他相关电磁兼容性设计规

范，形成产品的可应用电磁兼容性设计准则；在产品功能设计的同时应进行电磁兼容性设计。

④ 电磁兼容性试验

按电磁兼容性指标要求，各级新研产品进行电磁兼容性试验，针对电磁兼容性试验和功能调试中出现的电磁干扰问题，有针对性地开展产品电磁兼容性设计改进工作，确保产品能够满足电磁兼容性要求。

⑤ 电磁兼容性审查

进行产品电磁兼容性工作审查，确认产品是否符合任务书中规定的电磁兼容性要求，审查有关电磁兼容性文件及其完整性。

（4）电磁兼容性指标要求

① 武器系统电磁环境条件

根据 GJB 1389A—2005《系统电磁兼容性要求》、GJB 151B—2013《军用设备和分系统电磁发射和敏感度要求与测量》和武器系统作战使用要求与典型运用模式，确定武器系统电磁环境条件。

② 装备电磁兼容性指标要求

1）电场辐射敏感度指标。

以相关规定的电磁环境条件作为战车、装筒导弹、导弹的电场辐射敏感度指标，即在该电磁环境条件作用下，作战装备及所属设备不应出现任何故障和功能特性的降低超过规范允许的指标容差。

2）电磁兼容性安全裕度。

战车整车电磁兼容性安全裕度不低于 6 dB。

③ 设备电磁兼容性指标要求

根据 GJB 151B—2013 对陆军地面设备（车载设备）和空间设备（弹载设备）规定的电磁兼容性指标项目，为战车车载设备与弹载设备剪裁采用指标项目，并同步采纳与各指标项目相对应的电磁兼容性指标。

（5）电磁兼容性设计要求

电磁兼容性设计应根据产品功能特性与结构和电磁兼容性指标要求等，针对产品可能存在的电磁干扰问题和借鉴其他型号设计经验，规定电磁兼容性设计要求、方法和应用措施。

根据设计对象的电磁特性、结构特性、电磁环境，预测和分析可能存在的电磁干扰问题，有选择、有重点地采取屏蔽、接地、滤波、布线等相应的多层次综合性电磁兼容性设计措施，确保满足电磁兼容性要求。

① 电磁环境防护设计

针对武器系统面临的外部电磁环境，进行武器系统电磁环境防护设计，设计包括：

1）屏蔽设计：对发射装置、光电跟踪系统设备、指控系统设备、搜索雷达设备、供配电系统设备机柜结构上的缝隙应采取电磁屏蔽设计措施；

2）频率隔离：为了保证多辆战车协同工作状态下的电磁兼容能力，搜索雷达应配置多个工作频点，通过不同频点选择实现频域隔离；采用抗异步干扰和提高接收机抗过载等措施。

② 机壳及箱体屏蔽设计

机壳及箱体屏蔽设计包括：

1）屏蔽材料选用高电导率和磁导率材料；

2）结构屏蔽设计时，结构上的接缝和开口的数量尽量少、面积尽量小，开口的尺寸尽量小于被屏蔽的强辐射波长的二十分之一；

3）机柜和箱体上的通风、散热孔采用金属网、穿孔金属板、蜂窝板或其他具有良好屏蔽性能的类似物体封闭；

4）机箱、机柜的电连接器或滤波器的安装不应降低壳体的整体屏蔽效能；

5）屏蔽设计应保持电气连续性和封闭性，机柜、箱体的金属搭接面均做导电处理；

6）屏蔽壳体的搭接优先使用焊接，必须使用螺钉或螺栓搭接时，可考虑在搭接面间填入导电密封橡胶；

7）增加缝隙的深度和接缝处的重叠尺寸，提高接合面的加工精度；

8）屏蔽壳体必须接地。

③ 接地设计

为避免战车车载设备间接地回路出现共阻抗地线干扰，战车系统应进行以下接地设计：

1）战车电气系统按照分组接地的原则，在转塔和车舱内机柜建立分基准接地点，然后接到战车车体的基准接地面上；

2）每个组合设置独立的接地插座或集中的接地接点，将这些接点区分为机壳地、数字地、模拟地、噪声地；电路中的地线分别汇接到上述各类接地接点上，不得混连；

3）装有多个组合的机柜，在机柜内设置接地线束，将机柜内所有组合的接地插座汇接在该线束上。

4）在转塔高频设备中，进行多点等电位接地，组合的金属底板作为信号参考平面；

5）雷达发射机设有独立接地点，并有独立接地回线，不使用波导、机架、机壳作为回流线。

④ 电缆布线设计

电缆网设计的基本原则是：按信号特性划分类型、按类布线、相互隔离，最大限度抑制线间干扰耦合。布线设计包括：

1）不同类线束应分开敷设，尽量拉大间距；如果不同类线必须捆扎为一束时，应采用屏蔽电缆线，尽量减小不同类信号线缆的捆扎长度；

2）不同类线尽量不使用同一连接器，否则应在连接器内将低电平信号线插针与其他插针分开或利用备用、接地插针进行隔离；

3）大功率线、电引爆线应单独敷设，与其他电缆线分开，并且不能使用同一连接器；

4）对于频率高于 12 MHz 的基准信号，调频脉冲信号、雷达中频接收信号和发射触发信号可选用双层屏蔽同轴线；

5）电缆线屏蔽层尽量与连接器外壳做 360°搭接。

⑤ 滤波隔离设计

滤波隔离设计包括：

1）雷达和通信接收端口采用滤波、限幅措施；

2）车载设备机柜电源输入端加装电源滤波器；

3）设备二次电源输入和输出端都应采取滤波措施；

4）高压电源、伺服电源、设备二次电源应有隔离措施；

5）使用光电隔离器件、隔离变压器隔离收发设备；

6）直接从配电组合向用电器和二次电源配电。

⑥ 导弹电磁兼容性设计

1）导弹各舱段之间的连接接触面具有导电的连续性；

2）导引头、复合引信结构设计可采用分区或分仓设计，隔离大功率电路和小信号电路。对敏感器件、敏感电路及引线采取屏蔽措施；

3）弹上设备二次电源输入和输出端应采取滤波措施；

4）火工品电路采用单独的电缆线和连接器，电缆应使用双绞屏蔽线。

（6）电磁兼容性试验与评定

① 电磁兼容性试验

在武器系统研制阶段应进行产品的电磁兼容性试验，以验证产品电磁兼容性是否满足要求，并为电磁兼容性设计改进提供依据。

电磁兼容性试验要求如下：

1）电磁兼容性试验对象包括战车、战车新研车载设备、导弹及弹载设备。电磁兼容试验方法按 GJB 152B—2013 规定的方法进行；

2）武器系统不进行专门的电磁兼容性试验，而是以通过系统联调验证达到系统内电磁兼容性要求；

3）电磁兼容性试验依照试验大纲进行。电磁兼容性试验大纲详细规定产品的技术状态和试验的要求、方法、判据等；

4）电磁兼容性试验应针对产品的各种典型工作状态进行，确保试验结果能真实反映产品的电磁兼容性；

5）在产品验收中，质量管理部门组织对电磁兼容性试验大纲、实验室出具的电磁兼容性试验报告、试验中电磁干扰故障及其改进措施等进行评审，确认试验有效和产品电磁兼容性满足要求。

② 电磁兼容性评定

1）设备电磁兼容性评定。

电磁兼容性试验证明，设备满足为其规定的各项电磁兼容性指标要求，则判定设备电磁兼容性满足要求。

　　2）装备电磁兼容性评定。

　　电磁兼容性试验证明，战车、装筒导弹及所属设备均满足电磁兼容性要求，并且通过系统联调试验，则判定装备满足电磁兼容性要求。

　　3）武器系统电磁兼容性评定。

　　电磁兼容性试验证明，各装备及其组成设备均满足电磁兼容性要求，并且通过了武器系统联调试验，则判定武器系统电磁兼容性满足要求。

　　武器系统可靠性工程工作项目见表 15-9。

表 15-9　武器系统可靠性工程工作项目

工作项目类型	工作项目名称	设备类型	
		新研设备	改造设备
可靠性	可靠性建模	√	√
	可靠性分配	√	√
	可靠性预计	√	★
	故障模式、影响和危害性分析	√	√
	元器件、零部件和原材料的选择	√	★
	有限元分析	△	△
	可靠性试验与验证	√	√
维修性	维修性建模	√	√
	维修性分配	√	√
	维修性预计	√	★
	故障模式及影响分析——维修性信息	√	√
	维修性分析	√	√
	维修性设计评价	√	√
安全性	初步危险分析	√	√
	分系统危险分析	△	△
	安全性风险评价	√	√
	安全性验证	√	√
保障性	使用保障设计	√	√
	维修保障设计	√	√
环境适应性	环境适应性设计	√	★
	环境试验	√	√
电磁兼容性	电磁兼容性设计	√	√
	电磁兼容试验与评定	√	√

　　注：√—执行；

　　　　△—根据需要执行；

　　　　★—改进部分设备执行，沿用部分复核复算。

第 16 章 工艺保证

工艺是将各种原材料、半成品通过加工（改变其形状、物理特性、化学特性和装配、调试等操作）转化成为产品的方法和过程。从广义上讲，工艺是指方法和过程，是形成产品的一系列重要技术活动。从狭义上理解，工艺是指形成产品的加工方法，是产品设计物化为产品的过程。

工艺工作包含工艺技术和工艺管理两方面的内容。工艺技术是实现产品性能要求的主体，工艺管理则是工艺技术正确实施的保障手段。工艺管理的内涵就是科学地策划、组织、指导、控制各项工艺工作的全过程。工艺管理的概念是把人、机、料和自动化、信息化的制造技术，用过程管理的方法集成起来，对产品设计、工艺设计、工艺技术准备阶段和生产制造全过程实施科学系统的管理。工艺是保证型号产品质量的重要方面。

16.1 控制设计对工艺技术的选用

研制中出现的制造质量问题中，设计工艺性问题占有较大的比例，因此要控制设计对工艺技术、方法的选用。设计应尽量选择标准工艺、成熟工艺。严格控制禁用或限用的工艺（如镀镉）。在设计评审时应将设计所选用的工艺技术作为评审内容。

16.2 工艺策划和开发

工艺亦是一种设计。因此，就应如控制产品设计那样控制工艺。工艺应根据产品设计文件的要求，对制造过程质量控制进行统筹规划和安排，将材料、设备、工艺装备、能源、操作人员和专业技能等生产要素合理地组织起来，明确规定确保产品质量的生产制造方法和程序。

工艺策划和开发的内容可包括：

1）制订生产质量控制计划；

2）验证工序能力并开展工序质量控制；

3）对技术难度大、工艺不稳定、难以保证质量和影响产品研制进度的工艺技术进行攻关，只有经鉴定并确认能满足设计要求后，才能纳入工艺文件，并用于生产。

工艺策划和开发工作可分成两类：

1）样机试制的工艺策划和开发工作；

2）成批生产的工艺策划和开发工作。

16.3　工艺人员参与设计

从产品的方案论证阶段开始，工艺人员就应参与设计活动，包括：

1）了解设计方案和采取的技术途径；

2）提出设计方案工艺性方面的建议；

3）了解产品生产对厂房、设备、工装、工艺试验、新材料、新技术的需要项目及内容，提前准备进行技术改造和技术攻关。

16.4　对产品设计的工艺性审查

工艺性是指所设计的产品及其零部件，在一定生产条件下，进行制造和检验的可行性和经济性。

工艺性审查是工艺人员对产品设计文件中有关产品结构工艺性、加工合理性、可检测性、所采用的标准、验收准则等进行审查并会签。

工艺性审查应做到综观全局、统筹兼顾、合理协调。以机械产品为例，应全面考虑产品从毛坯制造到加工、装配整个过程及其以后的使用、维修工作。不能为了零件加工的工艺性变好而使毛坯制造和产品装配的工艺性变坏。

工艺性好坏主要决定于产品的设计阶段。因此，工艺性审查应在设计阶段进行，并由设计和工艺人员共同参加。

对于机械产品工艺性审查的主要内容包括：

1）零件结构的铸造和锻造工艺性；

2）零件结构的机械加工工艺性；

3）产品结构的装配工艺性；

4）产品结构的维修工艺性等。

16.5　编制工艺文件

生产按工艺文件执行，工艺文件的质量直接影响生产的质量。工艺文件包括：工艺方案、工艺路线、工艺规程、工艺装备设计等。

（1）工艺方案

工艺方案指出产品试制或生产中的技术关键及解决办法，规定各项工艺工作应遵循的基本原则，是制定工艺路线、工艺规程，组织工艺装备设计等的依据文件。

不同生产阶段，其工艺方案是不同的，如：新产品样机试制工艺方案、新产品小批试制工艺方案与批量生产工艺方案的内容有所不同。

工艺方案设计应包括可生产性和技术先进性两个方面的内容，即：工艺方案能够保证实现产品设计图纸规定的各项技术要求和质量标准，且又能够使产品质量和制造产品的生产率较高而成本较低。

（2）工艺规程

工艺规程规定了产品制造的工艺过程及要求。工艺规程可包括：产品加工、检验和试验规程，产品验收（拒收、拒付）准则等。

工艺规程应特别明确对特殊过程的设备、人员及参数监控要求，对工艺过程中的停止点或强制检测点，必须明确检查内容、到场人员、检查方法及检查记录、评定标准的相关要求。

关键工序的工艺规程应进行工艺评审，更改签署要比签署级别提高一级。

（3）工艺装备设计

工艺装备是产品制造过程中所用的各种工具的总称，其包括刀具、夹具、模具、专用计量器具、辅具、钳工工具和工位器具等。工艺装备设计是用来保证工件加工精度、表面质量、互换性以避免零部件的磕、碰、划伤的重要手段。工艺装备设计必须满足使用要求，结构性能可靠，操作安全、方便，有利于实现优质、高产、低耗和改善劳动条件。工艺装备设计要尽量提高工艺装备的标准化、通用化、系列化水平。对工艺装备要进行验证，验证工艺装备能否满足工艺要求，以及是否可靠、合理、安全。

16.6　工艺评审

工艺评审是由非直接参与工艺设计的专业技术人员参加的，为保证产品符合性质量而进行的有计划、有组织的活动。它按照设计要求、研制合同、有关标准和规范，对工艺的先进性、经济性、可行性进行详细的分析、审查和评价，是为确认工艺提供决策咨询的一项重大活动。

工艺评审的主要内容包括：

1）工艺设计可行性的评审；

2）工艺总方案、工艺说明书等指令文件的评审；

3）关键件、重要件、关键工序和特种工艺的工艺文件评审；

4）新工艺、新技术、新器材应用的评审；

5）工艺技术攻关和工序能力的评审。

工艺评审应分级、分阶段进行。

工艺评审程序参见 GJB 1269A《工艺评审》。

16.7　工艺定型

工艺定型是生产定型的组成部分。通过工艺定型，才能正式转入批量生产。试制阶段的关键工艺技术如果没有解决，不能转入批量生产。

工艺定型的主要内容：

1）组织工艺定型（试生产）的工艺准备：编制工艺定型（试生产）工艺总方案，完善全套工艺文件，补充设计工装和非标准设备，修订材料消耗工艺定额文件，参与评估外协、外购合格供方的工艺技术保障能力；

2）组织工艺定型（试生产）文件验证：完成工艺攻关、工艺试验、生产验证，考核全套工艺文件、工装和非标准设备使用情况；

3）组织对工艺总方案、关键工序等工艺文件进行评审，核定材料消耗工艺定额，鉴定工装和非标准设备，完成全套定型工艺文件的编制；

4）组织完成工艺定型：组织完成工艺定型会议文件编制和工艺定型审（鉴）定会议，完成定型文件上报、归档。

第 17 章　元器件保证

元器件的质量、可靠性是型号可靠性保证的基础。型号的元器件用量甚大，例如航天型号用到的元器件数量有几万只，并且需要 $\lambda = 10^{-8} \sim 10^{-10}$ 的质量水平的元器件。然而，目前国产元器件质量水平平均只有 $\lambda = 10^{-5} \sim 10^{-6}$。因此，元器件质量、可靠性是影响型号质量的重要因素。例如：

1999 年航天部门对当年运载火箭的现场质量问题作了统计分析，如下所示：

原因	设计	制造工艺	管理	人为差错	器材	待定
（%）	25.6	9.3	18.6	27.9	23.3	4.6

在国外，美国海军对一个产品故障原因进行了统计，如下所示：

原因	设计	元器件	使用维护	制造
（%）	40	30	20	10

以上统计表明，元器件质量是仅次于设计质量的一个重要问题。

航天部门曾对元器件失效原因以及 DPA 作了统计分析（见表 17-1 和表 17-2）。它表明影响元器件质量与可靠性主要有两个原因：一是元器件固有质量缺陷，即元器件生产厂在元器件设计、工艺、原材料选用等过程中存在一些缺陷所致；二是元器件的使用方，即对元器件的选择、采购、使用过程中存在某些失控所致。统计数据表明，由于元器件固有缺陷导致元器件失效与由于选择、采购或使用不当造成的元器件失效的比例几乎各占 50%。因此为保证元器件质量、可靠性，一方面要提高元器件的固有质量、可靠性，另一方面则是加强元器件使用方的质量控制，提高元器件的使用可靠性。特别是在元器件的固有质量、可靠性提高后（如表 17-1 所示，选用进口元器件），如何保证元器件的使用可靠性就显得更为重要和迫切了。

表 17-1　元器件失效原因分类统计表

元器件产地	分析数量	失效原因分类					
		固有缺陷		使用不当		原因不明	
		失效数量	（%）	失效数量	（%）	失效数量	（%）
国产	3 365	1 498	44.52	1 511	44.90	356	10.58
进口	861	161	18.70	575	66.78	125	14.52
总计	4 226	1 659	39.26	2 086	49.36	481	11.38

表 17 - 2　航天用元器件 DPA 数据统计表

元器件产地	实做 DPA		DPA 不合格		不合格比例/（%）	
	批数	元器件数	批数	元器件数	批数	元器件数
国产	4 842	17 887	938	4 012	19.4	22.4
进口	3 939	10 225	307	773	7.8	7.6
总计	8 781	28 112	1 245	4 785	14.2	17.0

早在 1988 年颁发的 GJB 450，其工作项目 207 要求型号制定元器件大纲，以控制对元器件的选择、采购和使用，目的是保证元器件的使用可靠性。

1997 年，中国航天工业总公司针对当时航天型号所面临的严重质量问题，为控制元器件质量问题，提出了"五统一"管理，即统一选用、统一采购、统一监制和验收、统一筛选和复验、统一失效分析，并取得良好的效果。在"五统一"管理实施一年多后，中国航天工业总公司增加了破坏性物理分析（DPA）内容，完善了对元器件的质量控制。

2000 年国防科工委将"五统一"管理推广至整个国防科技工业。在《关于加强国防科技工业质量工作若干问题的决定》中要求"各单位对元器件（含进口元器件）要实行'统一选用、统一采购、统一监制和验收、统一筛选和复验、统一失效分析'的五统一管理。严格元器件质量控制和可靠性试验，重点型号的关键元器件应做好破坏性物理分析（DPA）、颗粒碰撞噪声检测试验（PIND），确保装机元器件质量"。

为对型号用元器件质量进行统一监控，应规定承担型号研制的单位主管领导、有关职能部门以及元器件技术支撑机构的职责，明确归口管理部门。型号两总系统对本型号元器件的选用和质量管理工作负责。

型号应明确指定专业主管人员协助总师做好型号元器件的选用管理和质量保证工作。应将元器件质量保证工作纳入型号质量、可靠性保证大纲，且应列入型号计划，并实施。

应建立元器件验收、筛选、复验、发放以及失效分析等信息的信息库，保证元器件信息的可追溯性。

应定期发布有关元器件的信息，供相关型号研制单位使用。

17.1　元器件"五统一"管理

为保证型号用元器件的质量，按《关于加强国防科技工业质量工作若干问题的决定》要求，要对元器件实施统一选用、统一采购、统一监制和验收、统一筛选和复验及统一失效分析，即"五统一"的质量保证工作。型号承制单位应结合本单位研制产品特点，制定元器件"五统一"管理办法，明确职责完善程序，逐步实施"五统一"管理。图 17 - 1 是"五统一"管理程序。

（1）统一选用

统一选用即统一元器件的技术标准和选用范围。

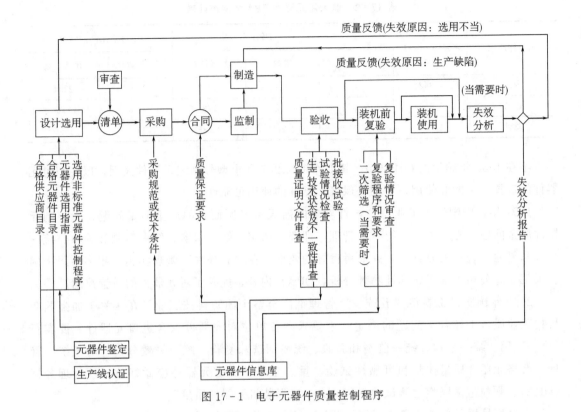

图 17-1　电子元器件质量控制程序

型号应根据国家或行业批准的"电子元器件选用目录",结合型号特点制定本型号用元器件选用目录或优选目录。设计人员应按型号用元器件优选目录选用元器件。必须选用目录外元器件时,应按规定办理审批手续。

制定型号元器件选用目录时应规定技术条件、元器件品种和厂家。应尽可能压缩元器件品种和厂家。对国产元器件,要选择生产线质量受控、元器件性能稳定、信守合同的单位作为供货厂家。必须选用进口元器件时,应组织专题论证,按规定办理手续。

设计人员应根据电路功能、性能和可靠性要求,正确选择元器件品种和质量等级。元器件质量等级可查阅 GJB 299C、MIL—HDBK—217 等资料。

设计应编写型号选用的元器件明细表,对其应组织评审,并经批准。表 17-3 是一张元器件选用明细表实例。

表 17-3　元器件选用明细表

工程型号:　　　　　　　　系统代号:　　　　　　　　分系统或设备代号:

序号	元器件名称	型号规格	采用标准	质量等级	单机用量	生产单位	降额等级	曾用于何型号	备注

续表

序号	元器件名称	型号规格	采用标准	质量等级	单机用量	生产单位	降额等级	曾用于何型号	备注
编制人：（签名） 日期：　年 月 日		审核：（签名） 日期：　年 月 日		评审组长：（签名） 日期：　年 月 日			批准：（签名） 日期：　年 月 日		

（2）统一采购

统一采购是要承制单位制定统一的标准或要求，以控制元器件品种、选用范围和供货单位，并由授权的部门统一协调组织采购。

1）根据元器件明细表编制采购文件。采购文件应提出元器件监制、验收方式、技术标准、信息提供以及质量问题反馈等质量保证要求，并在合同上明确。表 17-4 是采购文件的实例。

表 17-4　型号用电子元器件采购文件

生产单位：

（公司/国家）采购文件编号：

序号	产品名称	型号规格	用于何工程何分系统（整机）	单机用量	申请采购数量	进度	主要参数	封装形式	技术规范标准	附加技术条件名称	质量等级	下厂监制验收单位（或复验单位）	是否列入选用目录

填报单位：　　　　　　制表人：　　　　　　批准人：　　　　　　填报日期：

2）控制进货渠道

根据元器件供应单位的质量保证能力、供货配套进度和价格水平，以及国家主管部门的意见，确定合格元器件供应单位。

3）进口元器件的采购

按"统一归口、集中引进、确保质量"的原则，统一通过国外生产商或可信供应商采购进口元器件。不允许在国内商店、公司采购。严格审查进口元器件的采购文件。

（3）统一监制和验收

监制和验收是指元器件使用方质量代表到元器件供应单位，根据采购合同规定的品种及技术条件，对制造中的元器件进行质量检验、控制和对提交的合格品进行验收，并了解供应单位的质量管理情况。

订货合同有监制和验收要求时，由元器件使用单位统一组织有监制、验收资格的人员，按合同规定的标准或协议到供货单位进行监制、验收。监制、验收人员应提交下厂监制、验收报告。

（4）统一筛选和复验

这里讲的筛选是指补充筛选或二次筛选。凡已采购的元器件在筛选试验（生产厂的）没有满足使用方规定的项目、应力、时间或有其他特殊要求的技术条件时，由使用方进行的筛选。

复验是指入库复验，装机前复验和超期复验。筛选、复验标准或要求，应由行业或研制单位统一规定。应由授权的单位进行入库复验，补充筛选。对筛选、复验合格的元器件应按规定开具合格证，随同合格的元器件一起提供委托单位。凡无合格证的元器件不得装机使用。

经复验、补充筛选合格的元器件，但在装机使用前已超过规定贮存期的，应按规定进行超期复验。只有复验合格的元器件才能装机。

为保证发放合格的元器件，元器件使用单位应建立元器件发放制度，以控制元器件发放。

（5）统一失效分析

凡型号用元器件在入厂验收、复验、补充筛选、超期复验以及在型号研制、生产和使用等过程中出现的失效要进行失效分析。凡属元器件供货单位制造缺陷造成的失效，应向供方反馈并按失效性质（批次或个别）采取相应措施（退货、重新筛选、更换等）。如果是使用方设备故障或操作失误导致的失效，应由责任单位采取相应纠正措施，防止再发生。

需要进行 DPA 的，按 GJB 4027《军用电子元器件破坏性物理分析方法》执行。

元器件失效分析应由授权的失效分析单位进行，并应给委托单位提交失效分析报告。

17.2　破坏性物理分析（DPA）

为验证和评价型号用半导体器件（包括分立器件和单片、多片以及混合集成电路）的质量，查明可能影响性能、可靠性的异常情况，要求"重点型号的关键元器件应做好破坏性物理分析（DPA），颗粒碰撞噪声检测试验（PIND），确保装机元器件质量"。

DPA 一般适用于下列情况：

1）成品或在制品中半导体器件的质量验证；

2）半导体器件的验收（对半导体器件生产厂）；

3）半导体器件的超期复验。

DPA 主要项目有：

1）键合强度试验；

2）剪切强度试验。

型号应规定进行 DPA 的范围、抽样与方法、合格判据、不合格处理以及有关的管理办法。

（1）成品或在制品中半导体器件的 DPA

鉴于目前元器件本身质量不高，对于成品或在制品所用的关键半导体器件，如果这类半导体器件的生产厂未进行 DPA，则需补做 DPA。应抽取与已装入产品相同厂家、相同批次、相同规格、性能合格的器件作为 DPA 的样品。应规定做 DPA 抽样数、方法和判据。DPA 方法按 GJB 4027《军用电子元器件破坏性物理分析方法》要求进行，进口分立器件按 MIL—STD—750 要求进行。

DPA 不合格的器件，型号两总应组织专家进行 FMEA 分析，根据是否会造成单点故障以及后果的严重性，作出决策。

（2）半导体器件的验收

DPA 应当是在器件生产厂按要求进行。因此在采购器件时，应在采购文件中提出按 GJB 4027 进行 DPA 的要求，作为器件验收条件之一。

（3）半导体器件的超期复验

当器件贮存期超过规定的期限时，需按 GJB 4027 的规定进行 DPA。DPA 不合格的器件，不能使用。

（4）DPA 管理

DPA 应由认可的失效分析中心进行。承担 DPA 的单位应对 DPA 结论的准确性负责，并将有关的信息按要求传递至信息中心。

当 DPA 器件的失效模式或失效机理具有普遍性时，型号管理机构应采取相应的措施。

第 18 章 计量与标准化

18.1 计量

计量工作已经从 20 世纪 50 年代仿效苏联的管理模式，单纯地搞量值传递，把计量工作局限于保证计量器具的单位统一和量值准确上，转变为贯穿于企事业单位的新产品开发、原材料检测、生产工艺控制、产品质量检验、物料消耗、环保监测、经济核算、定额管理、设备管理、能源管理、安全管理、责任制考核、技术改造等经营管理的全部活动。

计量管理水平和计量技术素质代表着一个单位的水平和能力，是现代化企事业单位实力和水平的窗口。

安全生产和环境检测都要靠计量这只工业的眼睛进行监视，只有合理设置必要的检测过程才能保证人身安全，保证设备正常运行，避免环境污染。

在 ISO 14001 环境管理体系标准中的 5 大过程都与计量有一定的关系，甚至专门有一节是"检测和测量"。OHS 18001 职业安全管理体系标准中 5 大过程 17 个要素都与计量有关。

质量管理发展的三个阶段中无论是质量检验阶段，统计管理阶段，还是全面质量管理阶段，计量工作都起着重要的作用，可以说没有强有力的计量保证，就没有产品质量。特别是 ISO 9000 质量管理体系标准中，大量条款与计量有关。1994 版的 9000 系列标准共有 26 项标准，ISO 10012 计量器具的质量保证体系是其中之一。2000 版的 9000 系列标准有 4 项核心标准，1 项辅助标准就是 ISO 10012 测量控制体系，而其他的都转化为小册子、技术规范和技术标准，可见计量在质量中的重要作用。

聂荣臻说："科技要发展，计量须先行。"在国防部五院建院时，聂荣臻提出的开门七件事中就有计量和仪器。朱镕基说："国外工业发达国家，把计量检测、原材料和工艺装备列为现代化工业生产的三大支柱。"栾恩杰说："计量上不去，科技走不远。"总之，计量工作不仅是工业企事业单位的重要技术基础，而且是科研生产的支柱之一，也就是说是型号科研生产工作的一部分。

18.1.1 计量的概念

计量的概念起源于商品交换，随着生产力的发展，社会的进步，科学技术的发展，计量的概念和内容不断地发展、充实和完善。今天，计量不仅仅是一项专业技术，它早已成为一门独立的学科，即计量学。计量工作是武器系统研制、生产的基础，渗透在各项工作之中。随着武器系统性能的不断提高，计量工作发挥着越来越重要的作用。

（1）计量

国家计量技术规范 JJF1001—2011《通用计量术语及定义》关于计量的定义是："实现单位统一、量值准确可靠的活动"。

（2）计量学

计量学的定义是："测量及其应用的科学"。

（3）量值传递和溯源

量值传递是通过对测量仪器的校准或检定，将国家测量标准所实现的单位量值通过各等级测量标准传递到工作测量仪器的活动，以保证测量所得的量值准确一致。

量值溯源是通过具有规定不确定度的不间断的比较链，使测量结果或计量标准的量值能够与规定的参考标准、国防最高计量标准、国家计量标准乃至国际计量标准联系起来。

量值传递与溯源的关键是对测量器具的校准/检定。在型号科研、生产中的量值应溯源于院级计量标准，二院的量值应溯源于航天计量标准直至国防计量标准或国家基准。

（4）校准

校准是"在规定条件下的一组操作，其第一步是确定由测量标准提供的量值与相应示值之间的关系，第二步则是用此信息确定由示值获得测量结果的关系，这里测量标准提供的量值与相应示值都具有测量不确定度"。

（5）检定

检定是"查明和确认计量器具是否符合法定要求的程序，它包括检查、加标记和（或）出具检定证书"。

（6）计量确认

计量确认是"为保证测量设备处于满足预期使用要求的状态所需的一组操作"。这组操作通常包括校准和验证、各种必要的调整或维修及随后的再校准、与设备预期使用的计量要求相比较，以及所要求的封印和标签。只有测量设备已被证实适合于预期使用要求并形成文件，计量确认才算完成。预期使用要求包括：测量范围、分辨力、最大允许误差等。计量要求通常与产品要求不同，并不在产品要求中规定。

（7）测量过程控制

测量过程是"产生测量结果的一组操作"。测量控制体系是"为完成计量确认和测量过程连续控制所需的一组相互关联或相互作用的要素"。一个测量过程中有诸多因素影响测量结果，计量器具只是诸多因素之一，因此，除加强计量器具的计量管理之外，还应加强对测量过程的控制。应按照 GJB 15481—2001《检测实验室和校准实验室能力的通用要求》对重点校准实验室、电子元器件检测实验室、理化分析实验室、例行实验室等为保证型号产品质量出具重要数据的实验室进行管理，在技术改造等工作中重点加强这些实验室的能力，使之成为满足型号科研、生产任务所需的计量测试研究手段；对关键、重要的测量过程所需的测量方法、测量人员、环境条件、计量器具、测量记录等进行控制；合理配备计量器具，计量器具的允许误差极限应优于被测参数允许误差极限的 1/4，必要时，开展测量不确定度分析，有条件时，制定测量保证方案，采用核查标准进行测量过程控制。

18.1.2　计量工作的任务

《中华人民共和国计量法》第一章总则第一条阐明了计量立法的宗旨和目的，是为了加强计量监督管理，保障国家计量单位制的统一和量值的准确可靠，有利于生产、贸易和科学技术的发展，适应社会主义现代化建设的需要，维护国家、人民的利益。由计量立法的宗旨和目的以及计量的概念可知，计量工作主要有两方面的任务，一是要统一使用"中华人民共和国法定计量单位"，二是保证测量数据准确可靠，进而保证产品质量。

概括地说，计量工作的基本任务是：统一国家计量制度，保证量值准确可靠，维护社会经济秩序，为各行各业和人民生活提供计量保证。具体地说，就是通过计量标准及各种测量技术手段，将量值传递到科研生产第一线，保证所用计量器具的量值及测量数据准确可靠，从而保证产品质量，保证科学研究的顺利进行和国民经济的顺利发展。

为实现基本任务，需开展一系列工作，主要是：统一计量单位制，建立计量标准装置，研究测量方法，进行计量基础建设，开展计量器具的校准/检定和修理，进行量值传递，依法进行监督管理，实施产品研制全过程和经营管理的计量监督管理工作。

18.1.3　计量器具的管理

1）各厂所计量机构对计量器具的选型、购置、验收、建账、调度、使用、维护、修理、校准（或检定）、降级、封存、闲置、报废等全过程实行归口统一计量管理。

2）测量结果应具有溯源性，溯源渠道应能保证量值准确一致。各单位的量值应溯源于院级计量标准，二院的量值应溯源于航天计量标准直至国防计量标准或国家基准。

3）计量器具的配备应与科研、生产和经营活动相适应，计量器具的允许误差限为被测量允许误差的 1/4 以下时，不确定度的累计影响方可忽略不计。使用者应确认计量器具在计量确认有效期之内方可使用。

4）根据科研、生产的实际情况，在用计量器具分为强制管理（A 类）、周期管理（B类）和特别管理（C 类）。

a）强制管理（A 类）。

强制管理的计量器具包括：

- 计量标准器及其主要配套设备；
- 用于贸易结算、安全防护、医疗卫生、环境监测方面的列入《中华人民共和国强制检定的工作计量器具目录》的计量器具；
- 用于型号产品性能检验的计量器具；
- 对全院范围内提供检测服务的检测机构，用于直接出具检测数据的计量器具；
- 计量技术机构用于精密测试的计量器具。

b）周期管理（B 类）。

周期管理的计量器具是指被测参数有不确定度要求，需按周期检定/校准或能力测试进行溯源的计量器具。

　c）特别管理（C 类）。

　特别管理的计量器具包括以下两种：

　· C1 类（投入使用前一次性检定/校准或比对）：是指自身性能极不易变化且被测参数不确定度要求较低的计量器具。

　· C2 类（功能检查）：是指用于对功能正常性进行检查的或者是对无准确度要求的被测参数进行定性观察作为功能性使用的计量器具。

　5）计量器具都应有计量标志。

　a）经计量确认，符合使用要求的计量器具，用"合格"标志。

　b）经计量确认，部分功能符合使用要求而限制使用的计量器具，用"限用"标志。

　c）经计量确认，仅用于功能性使用的计量器具，用"准用"标志。

　d）发生故障或超过计量确认有效日期等不合格计量器具，用"禁用"标志。

　e）封存的计量器具用"封存"标志。

　6）不合格计量器具的管理。

　a）不合格计量器具是指：

　· 经校准不符合使用要求的计量器具；

　· 已经损坏的计量器具；

　· 过载或误操作的计量器具；

　· 显示不正常的计量器具；

　· 功能出现了可疑的计量器具；

　· 超过规定的确认有效期的计量器具；

　· 封缄的完整性已被损坏的计量器具；

　· 无有效计量确认标志的计量器具。

　b）应立即停止使用不合格的计量器具，并及时报告本单位计量管理机构。计量机构在校准/检定中发现不合格计量器具应及时通知使用方等有关单位，并提供有关数据。计量机构应立即将不合格计量器具贴上"禁用"标志。

　c）应对不合格计量器具所给出的测量数据进行评定，确认该数据的有效性和对产品质量的影响程度。评定工作应有计量机构参加。对不合格计量器具进行隔离，修理后重新确认合格方可使用。

18.1.4　型号计量管理

　1）各型号应根据《中华人民共和国计量法》、《国防计量监督管理条例》、《国防科技工业计量监督管理办法（暂行）》、《中国航天科工集团公司计量监督管理办法》和二院计量管理的有关规定，结合各型号任务的具体情况制定计量保证大纲。

　2）国防科工委《国防科技工业计量监督管理暂行规定》要求：武器装备重点型号设置型号计量师（或型号计量工作系统）。根据情况也可设型号主任计量师和主管计量师，主任计量师和主管计量师可由设计师和计量人员担任。由设计师系统与计量系统共同肩负起型号计量保证与监督工作，有利于发挥两个系统的积极作用和特长。

3）可行性论证阶段，总体及分系统单位应分析计量保证方面的需求，有针对性地提出需完善配套的计量保证课题和项目，组织开展计量技术预研。

4）方案阶段，应根据型号总体和分系统的技术指标，将其转化成计量要求，提出计量工作要求和研究项目。研制单位对所研制产品的主要战术技术指标进行分析，初步确定需要检测或校准的项目或参数，同时提出对研制产品需开展的测量过程和所需的计量器具，进行测量溯源性分析，包括计量测试保证资源与能力的初步分析。方案评审时，应对研制单位的计量保证能力进行评审。在建立型号设计师系统的同时，建立型号计量工作系统，制定型号计量保证大纲，组织设计师系统计量培训。

5）工程研制阶段，随着型号产品研制的进展，及时分析计量保证能力，提出补充要求，组织开展测量过程的控制，完成计量测试研究课题，开展专用测试设备的方案评审、校准方法评审和验收评审。

6）定型阶段，应围绕大型试验等各项工作对监视与测量过程进行确认，组织力量完成计量测试任务，进行计量保证措施检查，对量值溯源渠道、校准周期、计量技术文件和记录等进行确认。设计定型和工艺定型评审时，应含有计量保证的内容。

根据交付产品的检测和校准需求，按 GJB 5109《装备计量保障通用要求检测和校准》的要求编制《装备检测需求明细表》、《检测设备推荐表》和《校准设备推荐表》或《校准系统推荐表》，并编制《装备检测和校准需求汇总表》。

生产阶段，计量工作主要落实在合理配置计量器具上。为保证批生产质量，在生产定型时应合理确定各部分产品加工参数的允许误差，对计量器具的配备和涉及产品技术性能、量值准确等的技术文件以及计量保证能力进行验收。生产单位的计量标准、校准人员、环境条件和有关计量管理规定应符合要求。工艺过程和产品质量检验应符合计量管理的要求，按产品技术标准、工艺规范的要求确保计量器具配备率和检测率满足要求，并有重点地开展抽查校准工作，对重要环节使用的不合格计量器具及其测量数据进行必要的追溯，以保证批生产质量。生产单位计量机构应参与工艺评审、质量评审、生产定型等工作，进行计量审查。交付时应保证交付的计量器具配套齐全，符合技术文件要求，有校准/检定证书，计量标志齐全，校准方法、测试方法等完整，符合要求。

7）专用测试设备的计量管理。专用测试设备研制方案论证时应充分考虑计量校准要求。专用测试设备研制方案评审时，应对其计量性能的科学性与合理性、可校准性及其计量保证条件等进行充分的审查，评审应有计量人员参加。专用测试设备的校准方法应由计量机构组织评审并有院计量专家组成员参加。专用测试设备验收评审时，评审会和测试组应有计量人员参加，测试过程应依据校准方法等制定测试方案，并在受控的条件下进行，测试过程应有详细的原始记录，并向评审会提交完整的测试报告。专用测试设备应按校准方法进行校准，经计量确认符合使用要求后方可使用。

8）产品交院时的计量管理。应证实配备的计量器具的参数、测量范围、最大允许误差、计量确认有效期等适合于被测参数的预期使用要求并填写《测量需求表》和《计量器具计量确认表》。院产品保证部组织对《产品测量需求表》和《计量器具计量确认表》以及有关资料进行评审通过后，测量方可实施。

9）大型试验的计量管理：

• 计量器具检定/校准日期与大型试验的计划结束日期的间隔不得超过六个月，否则，必须重新检定/校准并计量确认。

• 应对参试计量器具进行检查，确认计量器具的参数、测量范围、最大允许误差等满足被测参数的预期使用要求，并填写《试验计量测试需求表》和《试验参试计量器具计量确认表》报产品保证部。

• 参试单位提供证明计量器具满足使用要求的资料，经产品保证部组织检查通过后，方可将计量器具带入试验现场。

• 进入试验现场后，经试验队组织开展计量复查通过并粘贴"复查通过"标志后，计量器具方可使用。

常用计量管理规定见表 18-1。

表 18-1　常用计量管理规定

序号	发文号	名称	发文机关
01		中华人民共和国计量法	全国人大
02	GB/T 19022—2003	测量管理体系——测量过程和测量设备的要求	
03	第 54 号令	国防计量监督管理条例	国务院中央军委
04		国防科技工业计量监督管理办法（暂行）	国防科工委
05	GJB 15481—2001	检测实验室和校准实验室能力的通用要求	国防科工委
06	GJB 5109—2004	装备计量保障通用要求检测和校准	总装备部
07	天工法技〔2010〕932 号	中国航天科工集团公司计量监督管理办法	航天科工集团
08	Q/QJB 217—2013	型号计量监督检查规范	航天科工集团
09	Q/QJB 137.22—2007	设计文件与研究试验文件编写规定第 22 部分：专用测试设备校准方法	航天科工集团
10	院法产保〔2011〕886 号	中国航天科工集团公司第二研究院计量管理办法	二院
11	院法产保〔2014〕868 号	中国航天科工集团公司第二研究院专用测试设备计量管理办法	二院
12	Q/WE 3112.1—2011	型号计量保证第一部分：通用大纲	二院
13	Q/WE 3112.2—2011	型号计量保证第二部分：通用大纲实施指南	二院

18.2　标准化的定义与工作内容

18.2.1　定义

（1）标准

标准是指为在一定范围内获得最佳秩序，对活动或其结果规定共同和重复使用的规定、指南或特性文件。该文件经协商一致制定并经一个公认机构的批准。标准应以科学、技术和经验的综合成果为基础，并以促进最大社会效益为目的。

说明：

1）标准是一种文件；

2）标准以特定形式发布；

3）制定标准的目的是为了统一，促进获得最大社会效益；

4）标准是以重复性的事物和概念作为约束对象；

5）标准具有一定的先进性和水平。

（2）标准化

标准化是指为在一定的范围内获得最佳秩序，对实际的或潜在的问题制定共同的和重复使用的规则的活动。标准化工作通过制定标准、实施标准和对标准实施进行监督来实现。标准化的显著好处是改进产品、过程和服务的适用性，防止技术壁垒，并便于技术合作。

说明：

1）标准化是过程和活动；

2）标准化是一种手段与方法；

3）标准化管理是一门技术，也是一门科学。

18.2.2　标准的分类

根据标准的适用范围可分为：

（1）国家标准

国家强制性标准，以符号"GB"表示；例如：GB 3100～3102—1993《量和单位》；

国家推荐性标准，以符号"GB/T"表示；例如：GB/T 1.1—2000《标准化工作导则第1部分：标准的结构和编写规则》。

（2）国家军用标准（也属于国家标准范畴，由解放军总装备部与国防科工委颁布实施）

国家军用标准，通常以符号"GJB"表示；例如：GJB 450—88《装备研制与生产的可靠性通用大纲》；

指导性国家军用标准，以符号"GJB/Z"表示；例如：GJB/Z 113—98《标准化评审》；

解放军总装备部颁布的国家军用标准，以符号"GJBz"表示；例如：GJBz 20213—94《地空导弹武器系统可靠性要求和验证》。

（3）行业标准

型号研制常用的行业标准如下：

航天行业标准——以"QJ"表示，如：QJ 3065.1—98《元器件选用管理要求》，该套标准是防空导弹武器系统研制最常用的标准；

航空行业标准——以"HB"表示；

机械行业标准——以"JB"表示；

电子行业标准——以"SJ"表示；

冶金行业标准——以"YB"表示；

化工行业标准——以"HG"表示。

（4）地方标准

由汉字"地方标准"的大写拼音缩写"DB"加上省、自治区、直辖市行政区域代码的前两位数字组成，如北京市地方标准以"DB11"表示。

（5）企业标准

根据航天产品研制需要，企业标准主要包括以下三级：

集团公司级：航天科工集团公司标准——以"Q/QJB"表示；航天科技集团公司标准——以"Q/QJA"表示；

院（局、基地）级、所级（厂级）：以"Q/（企业代号）"表示。

18.2.3　标准体系

标准体系由技术标准、管理标准、工作标准三部分组成。在标准体系中技术标准处于主体地位，管理标准和工作标准为技术标准的实施起保证作用，为技术标准的实施服务。

（1）技术标准

技术标准包括技术基础标准，设计标准，产品标准，原材料、辅助材料和半成品标准，零部件标准，元器件标准，工艺与工装标准，检验和试验方法标准，包装、运输、标识和贮存标准，安全、卫生和环境保护标准等。型号研制中应重点抓好设计标准，原材料标准，标准件、元器件标准，工艺标准的贯彻实施工作。

设计标准：设计标准是型号研制全过程的依据性文件，设计定型提交的全套资料必须符合相关设计标准的要求。

原材料标准：应在型号研制的方案阶段确定型号原材料标准的选用范围，并在各研制阶段贯彻实施，以合理压缩原材料的品种规格。在型号产品定型前可进行原材料标准的选用范围的完善工作。在型号产品定型后，主要应做好选用原材料新旧标准的对照与替代工作。

标准件、元器件标准：应在型号研制的方案阶段确定标准件、元器件标准的选用范围，并在各研制阶段贯彻实施，以最大限度地合理采用标准件、元器件，缩短设计与制造周期。型号产品的元器件品种控制与选用质量控制，应作为型号质量控制的重点，并应作为产品设计评审的控制项目之一。标准件、元器件超范围选用时，应按规定办理审批手续。弹上产品不得选用准军级以下的元器件。

工艺标准：工艺标准是型号研制各阶段组织生产的依据性文件，工艺定型提交的全套资料必须符合相关设计标准与工艺标准的要求。

（2）管理标准

管理标准一般由管理基础标准（术语、格式的统一），计划管理标准，生产管理标准，技术管理标准等各业务管理标准构成。质量体系程序文件的各项标准是管理标准的重要组成部分之一，项目管理标准也是管理标准体系中的一个部分。管理标准是针对某一部门或某一管理环节进行协调和统一而制定的。制定并实施管理标准，可减少型号技术协调中的扯皮现象。如：Q/WE 877—2000《地（舰）空导弹武器系统的研制阶段与管理》就是一项管理标准。

技术管理标准是型号研制中应用最多的，例如，约束设计文件质量的 QJ 1714B《航天产品设计文件管理制度》与 QJ 1167A《航天产品研究试验文件管理制度》。这两项系列标准是型号设计师的必读标准，并应在新型号方案阶段提出明确的贯彻标准要求。型号两总可明确提出：要求参加本型号研制的设计师必须参加这两项标准的培训考核，并应将考核合格作为设计师上岗的约束条件之一。又例如：约束工艺文件质量的 QJ 903B《航天产品工艺文件管理制度》，各院（局、基地）可在此基础上制定细化标准，如二院制定了 Q/WE 008《常用工艺文件格式》与 Q/WE 864《调试用工艺文件编写要求》等标准。这些标准应在初样阶段对工艺师进行培训考核，并应将考核合格作为工艺师上岗的约束条件之一。

（3）工作标准

工作标准的对象是人所从事的工作或作业。构成质量体系作业文件的各项标准就是工作标准的重要组成部分。按岗位制定的工作标准应包括的内容有：岗位工作任务、工作程序和工作方法、职责与权限、质量与定额要求、人员岗位技能要求及考核办法等。切实可行的工作标准可作为对设计师、工艺师及管理岗位人员实施考核的依据。

18.2.4　标准化工作的主要内容

《中华人民共和国标准化法》明确规定：标准化工作的任务是制定标准、组织实施标准和对标准的实施进行监督。

（1）制定标准

标准化部门是标准制定的组织立项、过程管理与颁布部门；型号设计师、工艺师等是制定各类技术标准的主体；各级管理人员是制定管理标准与工作标准的主体。GB/T 1.1—2000《标准的结构和编写规则》是编写各级标准的重要技术依据之一，各级标准的制定规则一般都是在此基础上形成的，例如：制定二院标准的主要管理依据是 Q/WE 878—2001《院标准制定修订管理办法》。制定标准的主要工作流程如下：

计划→（调研、试验）→征求意见稿→送审稿→标准审定会→报批稿→（必要的会签）→发布（网上与文本两种形式）→归档（文本与光盘）

型号标准化大纲及各类型号专用管理标准，由型号总指挥批准；其他型号技术标准，由总设计师批准。

各型号通用的标准，由院主管标准化工作的副院长批准颁布。

（2）实施标准

实施标准是各级各类人员的重要工作之一，实施标准就是对型号标准化大纲、标准选用范围以内的各类标准组织进行实施。主要工作内容包括：

1）参加标准或实施细则的评审；

2）在设计文件、研究试验文件、工艺文件与软件文档的编制、审校时，注意自觉贯彻现行有效的标准。

3）在产品研制、生产与试验中，对贯彻标准情况进行自我检查，发现标准贯彻存在问题时，及时反馈。

（3）对标准的实施进行监督

对标准实施进行监督主要采取的方式是：

1）对各研制阶段技术文件进行严格的标准化审查，通过审查发现并监督改正标准实施中存在的错误；对其中共同性的问题，有针对性地列入日后的标准宣贯与培训计划中。

2）将每年 1～2 次的型号标准化工作检查纳入型号研制计划，组织专家对重要标准的贯彻实施情况进行检查；

3）实施转阶段标准化评审，是 GJB/Z 113《标准化评审》对型号标准化工作提出的新要求。按此要求，各型号应根据研制特点，提出不同的评审节点与要求，通过实施评审，检查型号标准化大纲及其选用标准的贯彻情况。

（4）标准文献的借阅和利用

二院、三院各单位均有专门借阅标准文献的部门，也建立了各级标准的全文数据库。这里有国标、国军标（海军标）、航天行业标准及相关的行业标准以及院标及型号标准化规定，还有国际先进标准，如 ISO、IEC，可供设计师借阅。查阅文献有两种方式：一种是手工查阅，可根据标准代号或主题词在各级标准目录中查阅；另一种是计算机查阅，可根据计算机中菜单的提示进行检索查阅。目前，二院局域网上可查询国家标准、国家军用标准、总参标准、海军标准、航天行业标准、航空行业标准、机械行业标准、电子行业标准、中船总基础标准、二院标准的目录、文摘及标准全文。各个单位的标准化部门可进行标准的下载与打印，并登记后下发设计师、工艺师使用。

18.3　型号标准化

18.3.1　概述

型号标准化是以型号为主体对象开展的标准化工作，其主要任务是：正确选用标准、制定文件、构建型号标准化文件体系；实施标准和标准化要求，并对实施情况进行检查监督；开展型号各层次产品"三化"（通用化、系列化、组合化）设计。

要做好型号标准化工作，应当采用系统工程的管理和方法，针对型号任务的特征，合理确定型号的标准化目标和要求，提出适用于达到目标和要求并经优化的工作方案，管理好标准化系统，有序地完成各项任务。

（1）产品的"三化"

"三化"是通用化、系列化、组合化（模块化）三者的简称。标准化工作的一项重要任务就是促进武器装备各层次产品——系统、分系统、设备、组件、零件、元器件、原材料开展"三化"设计，充分利用已有资源和成果，最大限度地减少同一水平上的重复劳动，以有限的品种满足多样化的需求，达到降低成本、缩短研制周期、提高产品质量与可靠性、简化维修与后勤保障、提高武器装备保障力和战斗力的目的。

（2）"三大规范"的编制与实施

"三大规范"是设计规范、试验规范、工艺规范三类规范的简称，是型号的成熟经验和技术诀窍的结晶，属于企业技术标准范畴。"三大规范"是型号设计与试验输入之一，对"三大规范"的贯彻情况同样是型号各类技术评审的重要内容之一。

（3）标准文献资源

标准文献信息（包括技术标准、各级标准化期刊）是技术研究和型号研制的重要技术资源，现行有效的技术标准反映或代表了当前技术发展的最新技术动态，如计算机总线接口标准、信息传输方面的标准。同时有些技术标准内容也是技术人员必须掌握的基本技能，如机械制图、电气制图规则方面的标准，如设计文件、研试文件、工艺文件等技术文件管理制度和规则方面的标准。

（4）型号标准化的作用，任务和特征

1）型号标准化是型号系统工程的技术基础和组成部分，贯穿于型号工程的所有领域和全过程，即型号所有结构和功能系统的硬件和软件，以及形成产品的所有工作环节，从任务论证开始到产品定型的所有过程都需要标准化。

2）标准化要求是型号"研制总要求"中的一项重要内容，符合标准化要求是型号设计定型的必备条件

型号"研制总要求"是国家或用户对型号研制提出的总要求，是签订研制合同和组织研制工作的基本依据。目前，标准化要求已成为"研制总要求"的一项重要内容。标准化要求一般包括：

a）为达到型号的使用要求和主要战术技术指标，规定的接口标准以及设计、试验验收和使用过程中应遵循的规范和标准；

b）为提高装备的使用效能，减少寿命周期费用，规定的可靠性、维修性、安全性、保障性、测试性、环境适应性、电磁兼容性、人机工程、软件工作等专业工程标准和试验方法等标准的执行要求；

c）为控制型号质量，规定应执行的质量管理标准；

d）与型号研制有关的标准化综合要求、"三化"要求及其他工作项目、控制措施等要求。

达到标准化要求也是产品设计定型的要求。《军工产品定型工作条例》规定设计定型应达到的五项标准和要求之一为符合"标准化、系列化、通用化"，其他四项要求也与标

准有关，符合标准化要求成为产品设计定型的必备条件。

3）标准是衡量产品适用性的依据，组织好标准的贯彻实施是确保产品质量达到研制要求的重要标志。

产品的质量体现在产品的适用性，产品适用性的各项要求是以各级型号规范来规定的，其中绝大部分内容是从现有的通用标准、规范中选择适用于该产品的内容加以综合而成的。标准与规范也就成为型号研制的依据。产品研制一开始就采用先进、科学的标准，按照标准、规范规定的性能指标及方法去设计、制造和试验，就能保证产品的性能质量建立在先进的技术水平基础上。因此，组织好标准的贯彻实施，符合标准要求是保证型号产品质量，使产品达到使用效能的重要标志。

4）标准化是型号工程科学化管理和优化设计的重要手段，是确保型号研制生产获得最佳秩序，取得经济效益的有效途径。

18.3.2　型号研制各阶段的标准化工作

（1）论证阶段的标准化工作

① 主要任务

1）进行型号标准化要求的论证；

2）提出标准化要求。

② 主要内容

1）收集国内外类似型号研制的标准化信息；

2）进行标准化要求的论证，提出标准化要求的建议；

3）在投标时针对标书中的标准化要求提出实施方案。

形成的文件

③ 一般不形成标准化文件，但投标时，应编制标准化要求实施方案。

（2）方案阶段的标准化工作

① 主要任务

1）建立标准化工作系统；

2）进行标准化方案论证，提出标准化方案。

② 主要内容

1）组建型号标准化工作系统；

2）开展型号标准化方案论证，确定型号标准化工作方案；

3）编写系统、分系统及重要设备的产品标准化大纲；

4）编制标准选用范围；

5）编制系统、分系统及重要设备的型号标准体系表，并提出标准制定项目的建议；

6）总结方案阶段标准化工作，编写方案阶段标准化工作报告；

7）进行方案阶段标准化评审，提出方案阶段标准化评审报告。

③ 形成的文件

1）型号标准化工作系统管理规定；

2）标准化方案论证报告；

3）型号标准体系表；

4）型号标准制定（修订）规划与计划建议；

5）型号标准化研究课题与工作项目计划；

6）各级产品标准化大纲；

7）标准、原材料、元器件等选用范围（目录）；

8）标准实施规定；

9）系统、分系统和重要设备的"三化"方案；

10）各类技术要求的统一化规定；

11）方案阶段标准化工作报告；

12）方案阶段标准化评审报告等。

（3）工程研制阶段的标准化工作

① 主要任务

1）实施"产品标准化大纲"，验证型号标准化方案的正确性和可行性，通过工程实践，发现问题、积累经验，进一步修改、完善"产品标准化大纲"；

2）编写工艺标准化综合要求，并在样机试制中贯彻实施。

② 主要内容

1）设计标准化工作：

a）编制实施产品标准化大纲的支撑性文件；

b）开展产品"三化"（通用化、系列化、组合化）设计；

c）制定缺项标准；

d）处理标准的超范围选用问题；

e）进行标准实施情况的统计和分析，并开展标准化效益的分析与评估；

f）编写样机设计标准化工作报告；

g）进行样机设计标准化评审；

h）修订和补充"产品标准化大纲"以及标准选用范围。

2）工艺标准化工作：

a）编制工艺标准化综合要求；

b）编制实施工艺标准化综合要求的支撑性文件；

c）开展工装的"三化"设计；

d）协调和处理试制过程中和工装设计、制造过程中出现的标准化问题；

e）进行工艺、工装标准实施情况的统计和分析，开展标准化效益分析与评估；

f）编写工艺标准化工作报告；

g）进行样机工艺标准化评审，提出样机工艺标准化评审报告。

③ 形成的文件

1) 设计标准化工作：

a) 设计文件编制标准化要求；

b) 大型试验标准化综合要求及相应的标准选用范围；

c) 有关标准实施规定；

d) 型号标准化工作的年度计划；

e) 样机设计标准化工作报告；

f) 样机设计标准化评审报告。

2) 工艺标准化工作：

a) 工艺标准化综合要求；

b) 工艺、工装文件编制标准化要求；

c) 工艺、工装标准选用范围；

d) 工装"三化"要求、方案及相应的规定；

e) 工艺、工装标准化文件制定计划；

f) 样机工艺标准化工作报告；

g) 样机工艺标准化评审报告等。

（4）设计定型阶段的标准化工作

① 主要任务

1) 全面检查"产品标准化大纲"在产品研制中贯彻实施的情况；

2) 对设计过程中的标准化工作进行总结，分析。

② 主要内容

1) 协调和处理设计定型中出现的标准化问题；

2) 进行设计定型标准实施情况的统计和分析；

3) 编写标准化效果分析与评估报告；

4) 全面检查"产品标准化大纲"实施情况，编写设计定型标准化审查报告；

5) 进行设计定型标准化评审，提出设计定型标准化评审报告。

③ 形成的文件

1) 设计定型标准化要求；

2) 设计定型标准选用范围；

3) 设计文件定型标准化要求；

4) 设计定型申报文件标准化要求；

5) 设计定型标准化工作报告；

6) 标准实施情况的统计与分析报告；

7) 标准化效果分析与评估报告；

8) 设计定型标准化评审报告；

9) 设计定型标准化审查报告。

（5）生产（工艺）定型阶段的标准化工作

① 主要任务

1）对试生产过程中的工艺标准化工作进行全面的审查与考核，确认其已达到规定的目标和要求；

2）对生产（工艺）定型阶段的标准化工作进行总结和分析。

② 主要内容

1）协调和处理试生产及定型中出现的标准化问题；

2）进行标准实施情况的统计和分析；

3）编写标准化效果分析与评估报告；

4）检查"工艺标准化大纲"实施情况，编写生产（工艺）定型标准化审查报告；

5）进行生产（工艺）定型标准化评审，提出生产（工艺）定型标准化评审报告。

③ 形成的文件

1）工艺标准化大纲；

2）生产（工艺）定型标准选用范围；

3）工艺、工装文件定型标准化要求；

4）生产（工艺）定型标准化工作报告；

5）工艺、工装标准实施情况的统计与分析报告；

6）工艺、工装标准化效果分析与评估报告；

7）生产（工艺）定型标准化评审报告；

8）生产（工艺）定型标准化审查报告。

18.3.3　型号标准化文件体系

标准化对型号研制、生产的支持和指导作用主要通过型号标准化文件来实现。构建一个先进、合理、切实可行的型号标准化文件体系，对完成型号标准化任务具有重要意义。

18.3.4　标准化工作系统

（1）型号标准化工作系统的特征

型号标准化工作系统是为完成某一个型号工程研制而设置的、完成特定任务的组织，它与各研制单位的标准化职能部门既有业务上的密切联系，又有不同的任务目标和内容。型号标准化工作系统是型号设计师系统的一个组成部分，它依存于型号，同时接受所在单位标准化职能部门的支持和业务指导。由于型号由多个研制单位共同研制，因此决定了型号标准化工作系统是一个跨行业、跨部门、跨单位的分散组织。

（2）型号标准化工作系统的任务

1）确定型号标准化工作原则；

2）建立型号标准化文件体系；

3）组织贯彻实施标准；

4）完成研制各阶段标准化审查；

5）组织开展产品"三化"设计；

6）协调和解决标准化问题。

（3）型号标准化工作系统的结构

型号标准化工作系统是在型号总设计师领导下设计主管标准化工作的标准化总师、标准化主任设计师和标准化主管设计师等组成的工作系统。标准化主任设计师和主管设计师一般应由专职标准化人员担任，当研制单位标准化人员素质或人员数量不具备的时候，也可由设计师或兼职标准化人员担任。

1）所有型号研制的标准化工作均应设置相应组织或指定专人负责；

2）型号研制标准化组织（或专人）是型号设计师系统的组成部分；

3）凡涉及型号研制的标准化事宜都应服从该型号总设计师的领导。

（4）型号标准化工作的保障条件

1）型号标准化工作计划；

2）型号标准化工作的经费；

3）实施标准的技术条件和物质条件。

18.3.5　型号工程中的"三化"

型号工程中的"三化"工作基本任务是开展"三化"设计，这是型号系统工程的重要任务之一，对缩短研制周期，降低研制风险，节省寿命周期费用，提高装备质量、可靠性和综合保障能力等都具有重要作用。

（1）型号工程中的"三化"任务

1）贯彻继承性原则，控制新研系统和项目数量；

2）在系统配套和产品、工装设计中采用各类"三化"成果，开展"三化"设计；

3）保证产品互换性和接口统一；

4）总结"三化"成果，适时充实"三化"数据库。

（2）型号工程中各层次产品"三化"工作的重点

① 全型号的"三化"工作

1）提出型号"三化"工作基本要求；

2）控制新研系统和项目的数量；

3）统一全型号接口及互换性要求。

② 分系统的"三化"工作

1）贯彻上层次提出的"三化"要求；

2）采用通用化产品、系列化产品和通用模块为系统配套；

3）为系统派生留出接口。

③ 设备级的"三化"工作

1）采用通用模块，进行设备组合化设计；

2）选用标准零部件、元器件进行设计；

3）开展设备典型结构的设计。

④ 零件的"三化"设计

1）零件结构要求通用化、系列化；

2）零件技术要求的统一。

⑤ 工艺装备的"三化"工作

1）选用标准的刀、量、模、夹具及通用零件；

2）开展组合夹具、成组加工夹具设计。

18.3.6　国际合作的标准化工作

（1）国际合作项目标准化工作特点

1）研制阶段不完整，各阶段的标准化工作内容不同于自行研制项目；

2）我国标准化基本体制与外国的差异带来的问题；

3）消化、分析、转化国外标准是标准化工作的重点；

4）多国标准共存；

5）工艺、材料、标准件国产化攻关；

6）工作受到使用方制约。

（2）引进项目中的标准化工作

1）组织专门力量对引进的标准进行翻译、分析和转化；

2）组织制定相关标准，开展国外标准的中国化工作；

3）组织对标准件、元器件、材料的国产化；

4）组织贯彻各级、各类标准。

（3）标准的引进、翻译、分析、应用

① 标准的引进

在引进项目的论证与谈判过程中，参加论证和谈判的人员要把引进标准同引进技术图样、资料、文件等视为同等重要，在引进合同中一定要写入引进相关标准的条款，以便于在引进技术的同时将标准一同引进。

标准化工作主要是在认真分析引进项目和相关技术要求的基础上，提出引进相关标准的原则，并以此确定需要引进的标准的类型和标准的清单。

在论证和谈判阶段，一般只能确定需要引进的标准的类型，在技术图样和文件全面引进后，通过对技术图样和文件的审阅、分析，找出在技术图样和文件中注明和引用的标准以及转化技术图样和文件及标准时所需要的标准（隐含标准），最终确定引进标准的清单。

标准引进首先是通过合同中引进标准的条款来实现所需标准的收集，但由于各种条件的限制，往往不可能从合作方获得全部标准，因而还需要采用其他渠道进行标准的收集工作。国外标准的收集工作是一件非常困难的工作，需要花费大量的人力、物力和财力。但收集到一个重要标准却可以解决工程中的关键问题。

② 标准的翻译

引进和收集的国外标准要应用到工程中去指导研制和生产，必须将这些标准翻译成中文，所以对翻译的质量和水平要求就很高，特别是对翻译的准确性要求非常严格，为此，对标准内容的编排顺序、格式、名词、术语、符号、代号等都必须作出统一规定。同时对标准的翻译工作严格把关，建立严格的技术审查程序，设置专人负责，层层把关。

应当说明，对标准的翻译很难完全杜绝不准确或错误，特别是一些专业性很强的技术内容，因此，在工程中使用这些标准时，如出现疑问，应以原文为准，并及时对译文进行修订。

③ 标准的分析、应用

对于国际合作项目中引进的标准和相关国外标准，在型号实施过程中如何采用和贯彻实施，是引进项目标准化工作必须考虑的问题，只有通过对这些标准认真分析提出贯彻实施标准的具体办法，才能保证这些标准的正确执行。

对于标准的应用，首先要做好应用和实施标准的准备工作，最重要的是做好实施标准的培训，将前期对标准分析的成果、实施标准的建议和指南等，传输给每个技术人员。

（4）标准的中国化

引进的最终目的，是要学习和借鉴外国的先进技术，使之成为我国国防工业研制技术的组成部分。所以，标准的中国化也是重要的工作内容。

标准的中国化是指将国外标准通过一定的形式转化为中国的标准。在前期对国外标准分析的基础上，结合每一项标准的具体内容，确定合适的转化方法。

1）直接代替。我国标准技术内容等同于或高于国外标准，可直接用我国标准代替相关国外标准。

2）修订中国标准。通过研究国外标准中先进的技术内容，对中国标准进行修订，使我国标准与国外标准相适应。

3）制定新标准。我国无同类标准时，可以制定新标准。新标准一般以国外标准为基础，结合我国的具体情况制定。

4）组织技术攻关。由于我国技术水平、工艺水平和生产能力等因素的制约，国外标准中的一些技术要求在国内还没有实践过，特别是一些关键技术的实现，需要组织技术攻关，通过技术攻关得出可行的数据和方法，作为编制标准的依据。

（5）技术输出项目中的标准化工作

技术输出项目的知识产权是我国的，因此，标准作为一项技术也必须输出，标准化工作主要在三个方面做好标准的技术输出工作：

1）做好技术输出中标准的需求分析。依据合同规定的条款，分析项目的技术内容，从而确定该项目对标准的需求，作为开展标准化工作的依据。

2）准备向合作方提供标准资料。按照合同的要求准备好标准资料和相关技术资料。

3）项目实施过程中的标准化工作。主要包括对标准的技术咨询，对合作方技术人员进行培训，解答有关标准实施方面的问题等。

第 19 章　软件质量管理

近年来，随着计算机技术快速发展及信息化程度不断提高，软件越来越广泛地应用于军事装备中，软件对武器装备功能的支持度（指功能依靠软件实现的比率）也越来越高，软件作为武器系统的"灵魂"其核心地位日益突出，软件质量和可靠性已成为影响武器系统作战能力的关键因素之一。

19.1　软件质量概述

19.1.1　软件产品质量特点

计算机软件和硬件一样，也是一种产品，它的质量也主要是设计、制造出来的，而不是计算或测试出来的。但它与硬件产品不同，它是通过承载媒体表达的信息所组成的知识产品，是与计算机系统操作有关的程序、规程、规则、文档和数据。由此决定了软件产品及其质量的形成有下述主要特点：

1）是一种逻辑实体，产品及其研制过程可视性差。

2）产品的制造过程主要是研制（也称开发）过程，软件质量主要由研制过程决定，而生产（复制）过程对软件本身的质量无直接影响（若不考虑计算机病毒感染的因素），只能通过设备和载体来影响软件质量。

3）软件在使用过程中不存在老化和磨损问题。

4）软件是为系统服务的，其质量，特别是可靠性和安全性要求由系统决定，更受制于系统；特别是嵌入式软件，其开发和使用都与所嵌入的硬件密切相关。

5）软件维护就是要修改软件，使之成为新的版本，而不是修复成原样；而且修改一处，常常波及多处。

这些主要特点决定了对软件质量的管理和控制的具体方法与硬件有较大差别，不注意这些差别就不可能实现相应的软件质量要求。

19.1.2　软件产品质量特性

软件产品质量的定义和硬件产品质量的定义一样，是"一组固有特性满足要求的程度"。软件的固有特性主要是从功能性、可靠性、易用性、效率、维护性、可移植性六个方面定义，见表 19-1。不同的软件产品对质量特性有不同的侧重面，不能对所有特性都要求很高。

表 19 - 1　软件质量特性

名称	含义
功能性	与一组功能及其指定的性质有关的一组属性。这里的功能是指满足明确或隐含的需求的那些功能
可靠性	与在规定的一段时间和条件下，软件维持其性能水平的能力有关的一组属性
易用性	与一组规定或潜在的用户为使用软件所需作的努力和对这样的使用所作的评价有关的一组属性
效率	与在规定的条件下，软件的性能水平与所使用资源量之间关系有关的一组属性
维护性	与进行指定的修改所需的努力有关的一组属性
可移植性	与软件可从某一环境转移到另一环境的能力有关的一组属性

19. 1. 3　型号软件产品质量现状

1）武器系统中软件规模大、结构复杂、作用关键，且与硬件接口关系复杂。

2）软件产品质量与要求相比差距很大。

• 若干型号研制过程中由软件引起的故障与由硬件、元器件引起的故障之比达 3∶1。

• 航空某型飞机首飞前共暴露 800 个故障，其中软件故障有 600 个；有的型号在试飞阶段，软件故障占故障总数的 80%。

• 有统计数据说明，愈到试飞后期，软件故障中软件需求问题所占的比率愈大，高达 60% 以上。

• 许多系统事故由软件失效引起。

3）软件研制和管理方式落后。大多数软件开发和管理人员对软件工程化的观念没有很好建立，还停留在手工作坊式，即所谓"自编、自导、自演"的状态，有如下特点：

• 不把软件看成产品，更不看成单独的产品。

• 不把软件产品与硬件产品一样地列入系统配套表，不单独考虑软件的研制费用和周期，而只作为硬件的附属物对待，特别对嵌入式软件如此。

• 软件开发从接受任务、需求分析、设计、编程、测试到交付使用基本由一人进行。

• 不规定软件开发的具体研制阶段，也不要求产生中间产品，直到交付程序时才有产品。于是，中间过程只有开发者自己知道。

• 不进行适当的软件测试，更不了解独立测试的意义。

• 软件更改缺乏严格控制，不进行软件配置管理。

这种状况已经导致许多次失败或事故。国外在 20 世纪 60 年代末，总结了手工作坊式软件开发不适应大而复杂软件开发的需要所造成的后果：产品质量无法保证、软件开发周期一再拖延，以及软件开发经费预算一再突破，称之为"软件危机"，并研究出一个对策，就是彻底改变软件开发方式，实施软件开发工程化（简称软件工程化）。近 30 年的实践表明，软件工程化的确是摆脱"软件危机"的唯一出路。

19.2　软件质量管理要点

软件质量管理的基本原理，与硬件是共同的。ISO 9000：2000 标准列举的 8 项质量管理原则同样适用于软件。基于上述软件质量特点，结合当前我国国防工业软件研制实践的状况，我国软件产品的质量实现过程当前最关键的问题就是坚决实施软件工程化，按照软件工程化的要求进行管理。

（1）软件工程化

软件工程是软件开发、运行、维护和引退的系统方法。按照软件工程进行软件开发就是软件工程化。著名的软件工程七原理是：

1）按软件生存周期分阶段制定并实施计划；

2）逐阶段进行确认；

3）坚持严格的产品控制；

4）使用现代程序设计技术；

5）明确责任；

6）用人少而精；

7）不断改进开发过程。

实施软件工程必须关注四个方面（有人称为四根支柱），即：

1）软件开发方法学，这是科学依据；

2）软件工程规范，这是纪律保证；

3）软件开发技术和工具，这是支持手段；

4）软件工程管理，这是成功的前提和决定因素。

需要特别强调：软件工程管理是软件工程实施得以成功的前提和决定因素！

（2）按照软件工程化要求强化软件研制管理

高层领导必须关注下列十条：

① 将软件列入型号产品配套表

武器系统各层次（系统、分系统和设备）所设计的具体设备中的软件都应列入相应的技术配套表，与硬件一样进行管理，统一计划，有单独研制经费、周期和资源保证。

② 自上而下，明确任务，统一指挥

1）武器系统各层次对软件研制有不同的具体管理要求。

• 系统层抓型号全局性的管理，如总的软件策划和控制要求、统一的规范、配置管理规定；

• 分系统层则既有系统性的，也有软件项目性的管理任务；

• 设备层抓具体软件项目研制需求与开发的各项管理。

2）应自上而下地明确规定要求，实现型号统一管理。

③ 全面考虑软件生存周期全过程，确定研制流程

软件开发过程可分为易于管理的若干阶段，分别进行质量控制和质量保证。系统研制过程与软件生存周期横型图见图 19-1，软件研制各阶段和运行维护阶段工程和管理概要见表 19-2。

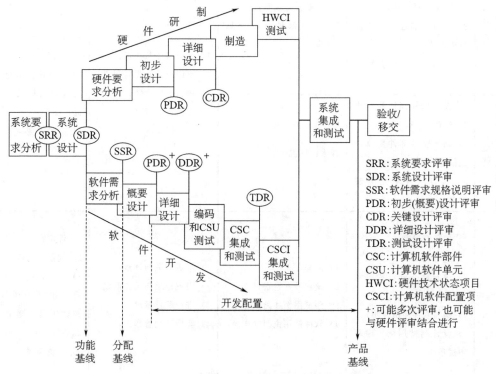

图 19-1　系统研制过程与软件生存周期模型图

表 19-2　软件研制各阶段和运行维护阶段工程与管理概要

研制阶段	主要技术工作	完成标志	管理任务	主要质量手段
系统需求定义	1）分析系统需求和使用环境； 2）论证软件项目可行性； 3）确定软件关键性等级； 4）拟订软件研制任务书； 5）明确软件验收方法	软件研制任务书	1）分析风险； 2）确定指标； 3）拟订质量大纲要求； 4）确定资源保证； 5）组织供需双方协作	1）评审； 2）规范
软件需求分析	1）确定运行环境； 2）确定功能、性能和接口要求，编写软件需求规格说明； 3）确定关键软件部件； 4）制定软件开发计划； 5）制定软件配置项测试计划； 6）开始编写软件使用说明	1）软件需求规格说明； 2）软件开发计划（含质量保证计划和配置管理计划）； 3）软件配置项测试计划（初步）	1）制定质量大纲实施计划； 2）组织验证与评审； 3）进行配置管理； 4）实施计划管理； 5）组织供需双方协作	1）评审； 2）规范； 3）结构化技术与工具（如数据流图DFD、控制流图CFD、数据字典DD等）； 4）配置管理

续表

研制阶段		主要技术工作	完成标志	管理任务	主要质量手段
设计	概要设计	1）建立总体结构，划分模块； 2）定义各模块接口； 3）进行可靠性、安全性分析设计； 4）制定软件部件测试计划	1）概要设计说明； 2）软件部件测试计划（初步）	1）组织验证与评审； 2）组织记录并报告问题； 3）进行配置管理； 4）实施计划管理	1）评审； 2）规范； 3）结构化技术与工具（如结构图 SC、流程图等）； 4）配置管理
	详细设计	1）设计软件部件的算法和细节； 2）确定软件部件接口详细信息； 3）拟订软件单元测试方案	详细设计说明		
软件实现		1）编写源程序； 2）进行调试； 3）进行静态分析和单元测试； 4）编写软件使用说明； 5）设计测试用例、编写测试程序	1）源程序； 2）模块开发卷宗； 3）测试用例和测试程序； 4）软件使用说明（初稿）	1）组织验证与评审； 2）组织记录与报告问题； 3）进行配置管理； 4）实施计划管理	1）评审； 2）规范、约定； 3）结构化技术与工具（如编程语言、调试工具、测试工具等）； 4）配置管理
测试	软件部件集成与测试	1）执行软件部件集成测试计划； 2）编写软件部件测试分析报告； 3）编写完成软件使用说明	1）可运行的程序及数据； 2）软件部件测试计划； 3）软件部件测试分析报告； 4）软件使用说明	1）加强测试； 2）分析风险； 3）组织评审、记录并报告问题； 4）确定可否供系统联试； 5）进行配置管理； 6）实施计划管理	1）评审； 2）规范； 3）测试技术、工具； 4）配置管理
	软件配置项测试	1）测试整个程序； 2）试用软件使用说明； 3）编写配置项测试分析报告	1）配置项测试计划； 2）配置项测试分析报告		
	系统联试（系统测试）	按系统联试（系统测试）要求开展工作	系统联试（系统测试）分析报告	1）分析并报告问题； 2）组织问题追踪； 3）进行配置管理； 4）组织转阶段评审	1）评审； 2）回归测试； 3）配置管理

续表

研制阶段	主要技术工作	完成标志	管理任务	主要质量手段
验收交付	1）验收测试与审核（可利用已有测试与审核结果）； 2）进行移交	1）产品移交文件； 2）软件验收报告	1）组织验收； 2）组织记录并报告问题	1）评审和审核； 2）测试技术、工具
运行维护	1）使用； 2）记录运行状态与问题； 3）维护	1）问题报告单； 2）修改申请报告单； 3）新版本全套文档	1）分析并报告问题； 2）组织问题追踪； 3）进行配置管理	1）配置管理； 2）回归测试； 3）评审

④ 确定软件关键性等级

在系统安全性分析的基础上，按软件失效可能造成后果的严重性将软件分级，例如分为 A、B、C、D 四个等级，见表 19 - 3。

表 19 - 3　某工程的软件安全关键程度分级方法

级别	定义	危害事例说明
A	失效可能导致灾难性危害的软件	人员死亡，或系统报废，或导致环境灾难
B	失效可能导致严重危害的软件	人员严重受伤，或严重职业病，或严重系统损坏，或严重环境危害，或导致任务失败
C	失效可能导致轻度危害的软件	人员轻度受伤，或轻度职业病，或轻度系统损坏，或轻度环境危害，或影响完成任务
D	失效可能导致轻微危害的软件	使用中麻烦增加或不方便，但不影响完成任务

需要说明的是，与关键或重要软件在同一个处理器运行的软件亦应作为重要软件管理，因其可能使处于同一个处理器运行的其他重要软件丧失重要功能。

⑤ 区别对待

1）软件研制管理要求的简繁、宽严，应按照软件关键性等级和软件规模大小区别对待。

2）对同一个软件在型号研制不同阶段管理要求也不同，一般在模样阶段要求从宽，初样阶段严格，正样阶段十分严格。

软件规模分类方法见表 19 - 4。

表 19 - 4　某工程的软件规模分类方法

软件规模	嵌入式软件源码行数或指令条数 n	非嵌入式软件源码行数 n
巨	$n \geqslant 100\,000$	$n \geqslant 500\,000$
大	$10\,000 \leqslant n < 100\,000$	$50\,000 \leqslant n < 500\,000$
中	$3\,000 \leqslant n < 10\,000$	$5\,000 \leqslant n < 50\,000$
小	$300 \leqslant n < 3\,000$	$500 \leqslant n < 5\,000$
微	$n < 300$	$n < 500$

⑥ 及时编制必要的文档

软件文档就像硬件的图纸或技术规格说明，是软件的必要组成，是软件过程控制的主要依据。GJB 2786A、GJB 438B、GJB 5234A 和 GJB 5235 规定的文档要求一般有下列项目：

1）系统阶段设计文件（SSDD）（或软件任务书）；

2）软件开发计划（SDP）；

3）软件需求规格说明（SRS）；

4）接口需求规格说明（IRS）；

5）软件设计文档（SDD）——概要设计、详细设计；

6）接口设计文档（IDD）；

7）软件产品规格说明（SPS）；

8）版本说明文档（VDD）；

9）软件测试计划（STP）；

10）软件测试说明（STD）；

11）软件测试报告（STR）；

12）计算机系统操作员手册（CSOM）；

13）软件用户手册（SUM）；

14）软件程序员手册（SPM）；

15）固件保障手册（FSM）；

16）计算机资源综合保障文件（CRISD）；

17）软件验证与确认计划（SVVP）；

18）软件验证与确认报告（SVVR）；

19）软件配置管理计划（SCMP）。

⑦ 组织软件研制的分阶段评审

按照 GJB 2786A—2009 规定的软件产品评价和 GJB 5234—2004 给出的软件验证和确认活动，在软件验证与确认计划所规定的评审点及时组织阶段评审，可分为内部评审（由项目组长负责）和正式评审（由上级负责）。按软件关键性级别采用不同的评审类型，见表 19 - 5。

表 19 - 5　按软件关键性级别采用不同的评审类型

评审类型	软件关键性级别			
	A	B	C	D
系统需求内部评审	△	△	(△)	(△)
软件需求正式评审	△	△	(△)	(△)
软件概要设计内部评审	△	△	(△)	
软件详细设计内部评审	△	△	△	(△)
软件详细设计正式评审	△*			
软件实现内部评审	△	△	(△)	
软件部件测试内部评审	△	△	(△)	
软件配置项测试正式评审	△	△	(△)	(△)
系统联试（系统测试）正式评审	△	△	(△)	(△)

注：△表示必须；（△）可放宽要求；△*可用专检代替；空白表示不进行。

⑧ 严格软件配置管理

1) 类似硬件的技术状态管理，软件配置管理更加困难、更加重要。已有很多软件未管理好的教训，对基线的变更应严加控制。

2) 武器系统、分系统和设备三层各有不同的具体管理任务，如图 19-2 所示。

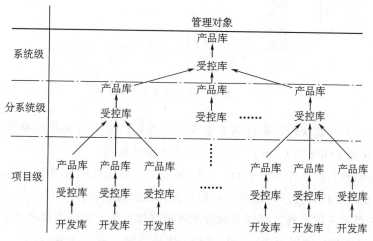

图 19-2　型号指挥线三个层次软件配置管理的不同任务

• 系统层应规定统一标识方法，进行系统基线管理，保证所用软件均取自产品库，版本正确；

• 分系统层应是最主要的配置管理实施层次，应制定管理细则，进行分系统基线管理，督促下属设备搞好配置管理，严格更改控制，保证所用软件版本正确；实际上分系统层往往是软件配置项产品库的主要管理层次；

• 设备层具体实施上级规定的配置管理活动，包括配置标识、控制、状态纪实、审核，保证软件产品均由受控库产生。

3) 应该特别注意三条基线的管理和控制：功能基线、分配基线和产品基线。

4) 在系统的不同研制阶段变更控制的严格程度应有区别。例如，方案论证和模样阶段一般应放宽或仅由软件开发组自己管理；初样阶段就应进行严格管理，形成受控库和产品库，基线变更应经过适当的审批手续；试样阶段（正样阶段）应很严格地管理基线，特别要控制变更。

5) 经过评审和批准的软件配置管理项应纳入受控库管理。通过验收评审的待发放软件产品必须纳入产品库管理。

6) 在整个软件生命周期过程中，必须使用正版开发工具（操作系统、编译工具等），加强对开发、试验、配置管理用计算机的管理，专机专用，不得作其他用途，定期使用最新版本杀毒软件进行病毒检查和清除病毒，防止计算机及软件遭受计算机病毒的侵袭。

⑨ 关注软件研制的技术支持

尽可能早地明确系统全局性的软件要求。如对软件的功能、性能需求，软件的外部接口需求，通信协议，应尽可能在软件任务书中明确。否则，将造成软件故障的主要来源。如某型号两次系统试验的统计数据见图 19－3。

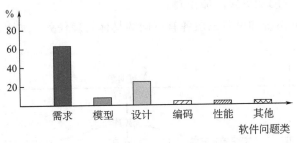

图 19－3　型号软件问题类型分布实例

1）组织制定并贯彻软件可靠性和安全性设计准则：要求对关键性等级为 A、B 级的软件，在开发策划期间参照 GJB/Z 102A 制定有关设计准则。

2）规定有限种类的软件开发平台，支持配备先进适用的软件开发环境，不允许用盗版软件来开发型号软件，要求严格管理，防止计算机病毒袭击。

3）配备必要的管理工具，特别是软件配置项管理工具、文档生成辅助工具。

⑩ 建立闭环的软件故障报告、分析和纠正措施系统（SFRACAS）

在系统分析和设计阶段开始，就应建立 SFRACAS，在软件检测、评审过程中，按规定记录、整理、分析软件的故障数据，实施闭环控制。在软件开发、测试部门，以及外场试验、使用部门，建立问题报告制度。对软件的更改记录和信息应纳入系统承制单位的信息闭环管理系统。

总之，上述十条都是必须由高层管理者决定、要求实施并坚决予以支持，才可能取得应有效果。因为，这些工作要求的实现，首先要组织落实，即设立相应的岗位，特别是软件质量保证和软件配置管理岗位，以及高层的软件工程管理岗位；然后要有适当的经费和设施；还要保证有必要的时间。而这些方面以往考虑得不多，甚至没有考虑，因此常常难以落实，特别当经费较少或时间紧张时，这些很可能被看成可有可无，于是成为被削减的对象。

（3）特别加强软件测试

1）根据 GJB 2786A—2009、GJB 5234—2004 和 GJB 1268A 规定，认真组织软件测试阶段的工作。

软件开发期间进行的测试一般包括单元测试、部件测试、配置项测试、系统测试和验收测试。前两项主要由软件研制组自己进行（称为内部测试），后几项由上级（或其委派人）负责组织。按软件关键性等级采用不同的测试类别，见表 19－6。

表 19－6　按软件关键性等级采用不同的测试类别

测试类型		软件关键性等级			
		A	B	C	D
软件单元测试/静态分析	内部	√	√	√	
软件部件测试	内部	√	√	√	

续表

测试类型		软件关键性等级			
		A	B	C	D
软件配置项测试	正式	√	√	√	√
强化测试	正式	√	(√)		
验收测试	正式	√	(√)		
系统测试	正式	√	√	√	√

注：√ 表示适用，（√）表示可放宽要求，空白表示不进行。

2）无论内部测试，还是正式测试，都必须有规范化要求。

3）对 A、B 级，特别是 A 级软件，还应要求进行第三方测试，确保安全、可靠。

（4）强调软件重用

适当的软件重用是提高系统可靠性和安全性，同时大幅度降低软件开发成本的有效途径。武器系统有继承性，更有利于系统中的软件重用。

1）系统应提倡、要求尽可能使用经过使用考验的适合的软件。

2）考虑经费分配、报成果和制定奖励政策时，应激励软件重用。

3）鼓励软件设计时考虑便于将来重用。

4）具体重用已有软件时，对适用性和需进一步开展的工作要经过仔细分析和评审。

19.3　军用软件成熟度模型

（1）军用软件研制能力成熟度模型框架

GJB 5000A—2008 标准中描述的军用软件研制能力成熟度模型采用分级表示法，按预先确定的过程域集来定义组织的改进路径并用成熟度等级进行表示。该标准将组织的软件研制能力成熟度分为五个等级，其中 1 级（或 ML1）称为初始级，2 级（或 ML2）称为已管理级，3 级（或 ML3）称为已定义级，4 级（或 ML4）称为已定量管理级，5 级（或 ML5）称为优化级，如图 19-4 所示。

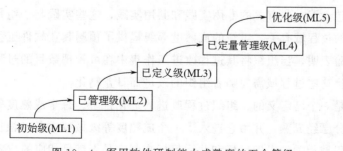

图 19-4　军用软件研制能力成熟度的五个等级

军用软件研制能力成熟度模型用成熟度等级测量的组织成熟度，其结构如图 19-5

所示。

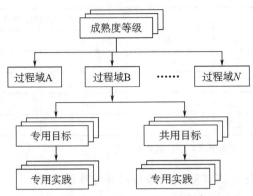

图 19 - 5　军用软件研制能力成熟度模型结构

成熟度等级向组织提供测量其过程改进的方法，并能用于预测下一个项目的大致结果。关注组织的整体成熟度，单一过程是已实施还是不完备这一点不是主要的关注点。因此，将"初始的"作为军用软件研制能力成熟度模型的起点。

成熟度等级可用于基准对比、供方选择、合同项目监督、评估和评价活动。

（2）部件间的关系

① 等级

在军用软件研制能力成熟度模型中，等级被用来描述为组织建议的一个进化路径。在评估过程中，等级还可以是判定活动的结果。评估既可适用于整个（通常是小）组织，也可适用于组织内较小的组（例如，项目组或组织中的某个部门）。

军用软件研制能力成熟度模型允许组织通过增量地处理相继的过程域集合来改进一组相关的过程。这种改进路径用"成熟度等级"表示。等级描述了改进的特征，该改进从一个不良定义的状态到另一个状态，该状态使用定量信息来确定和管理所需的改进，以满足组织的业务目标。

要达到某个特定的等级，组织必须满足预定改进的过程域或一组过程域的所有目标。

② 理解成熟度等级

1）成熟度等级概述。

成熟度等级包含了一些有关的专用实践和共用实践，这些实践与一组预先定义的、改进组织整体绩效的过程域有关。组织的成熟度等级提供了预测其在软件工程学科中的绩效的一种方法。经验表明，当组织将其过程改进工作集中在可管理数目的过程域上时可以达到最佳效果，并且这些过程域需要随着组织的改进而日益精化。

成熟度等级是一个已定义的、组织过程改进的进化台阶。每个成熟度等级表示组织过程的一个重要部分已经成熟，并为它进入下一个成熟度等级做好准备。根据是否达到与每组已预先定义过程域相关的专用目标和共用目标来判定是否满足相应的成熟度等级。

军用软件研制能力成熟度模型共有五个成熟度等级，每一等级构成了前进中过程改进基础的一个层次，是实现下一个成熟度等级的基础。

　　2）成熟度等级 1：初始级。

　　在成熟度等级 1，过程通常都是随意、无序的。组织通常不提供支持过程的稳定环境。在这些组织中，成功依赖于其中人员的能力和勤奋，而不依赖于使用已经证实的过程。尽管是这种随意、无序的环境，成熟度等级 1 的组织常常仍能生产可用的产品，提供可接受的服务；不过，他们经常超出其项目的预算和进度。

　　成熟度等级 1 的组织的主要特征是过分承诺，在遇到困难时会放弃过程，并且不能重复他们以往的成功。

　　3）成熟度等级 2：已管理级。

　　在成熟度等级 2，组织的项目已确保其过程按照方针进行策划并得到执行。这些项目聘用有专业技能的人员，这些人员拥有足够的资源，以便产生受到控制的工作产品；这些项目吸纳利益相关方；这些项目都受到监督、控制和评审；这些项目都受到评价，以保证符合其过程说明。成熟度等级 2 反映的过程纪律有助于确保在有压力的情况下保持现有的实践。在这些实践都到位的情况下，项目都能按照其文档化的计划进行实施和管理。

　　在成熟度等级 2，工作产品的状态和服务的交付在已定义的时间点（例如，在主要里程碑和主要任务完成时）对管理者是可见的。在利益相关方之间建立承诺并在需要时进行修订。工作产品受到适当的控制。工作产品和服务满足其已定义过程的说明、标准和规程。

　　4）成熟度等级 3：已定义级。

　　在成熟度等级 3，过程已经得到了很好的定义和理解，并用标准、规程、工具和方法进行了描述。作为成熟度等级 3 的基础，组织的标准过程集已经建立，并随着时间推移而不断改进。这些标准过程用于建立整个组织的一致性。项目按照剪裁指南剪裁组织的标准过程集，以建立项目的已定义过程。

　　成熟度等级 2 和成熟度等级 3 的关键区别是标准、过程说明和规程的适用范围。在成熟度等级 2，这些标准、过程说明和规程在过程的各个特定实例（例如，某个具体项目）之间可以有很大差别。在成熟度等级 3，一个项目的标准、过程说明和规程都是为了适合具体项目或组织的情况而从组织的标准过程集中剪裁出来的，因此，除了剪裁指南所允许的差别之外，这些标准、过程说明和规程都是一致的。

　　另一个关键区别是：在成熟度等级 3，过程一般描述得比成熟度等级 2 更加严格。一个已定义过程明确地阐述了其目的、输入、入口准则、活动、角色、测量、验证步骤、输出和出口准则。在成熟度等级 3，通过对过程活动的相互关系、过程的详细测量值、过程的工作产品和服务的理解，使过程得到更加积极主动的管理。

　　在成熟度等级 3，组织应使其成熟度等级 2 的过程域得到进一步的成熟。

　　5）成熟度等级 4：已定量管理级。

　　在成熟度等级 4，组织和项目为质量和过程绩效建立了定量目标，并将其用作管理过程的准则。这些定量目标是根据顾客、最终用户、组织和过程实现者的需要建立的。质量和过程绩效都按统计术语进行理解并在该过程生存周期受到管理。

对于所选择的子过程，收集并统计分析该过程绩效的详细测量值。将质量和过程绩效测量值纳入组织的测量库以支持基于事实的决策。标识过程变异的特殊原因，并在适当时纠正特殊原因的根源以防再现。

成熟度等级 3 和成熟度等级 4 之间的关键区别是过程绩效的可预测性。在成熟度等级 4，过程绩效使用统计技术和其他定量技术加以控制，并且是可定量地预测的。在成熟度等级 3，过程通常只是定性地可预测的。

6）成熟度等级 5：优化级。

在成熟度等级 5，根据对过程中固有变异的共因的定量理解，组织持续地改进它的过程。

成熟度等级 5 关注通过增量式和创新式的过程和技术改进来持续地改进过程绩效。建立组织的定量过程改进目标，持续地修订过程改进目标以反映日益变化的业务目标，并将这些目标用作管理过程改进的准则。对照定量的过程改进目标，测量并评价已部署的过程改进的效果。无论是项目的已定义过程，还是组织的标准过程集，它们都是可测量的改进活动的对象。

成熟度等级 4 和成熟度等级 5 之间的关键区别是所涉及的过程变异类型。在成熟度等级 4，组织关注过程变异的特殊原因，并提供结果的统计可预测性。虽然过程可以产生可预测的结果，但是，这些结果可能不足以实现已确定的目标。在成熟度等级 5，组织关注过程变异的共因，并且改变过程（移动过程绩效的均值或者减少过程的固有变异）以改进过程绩效并实现已确定的定量过程改进目标。

7）成熟度等级的提升。

组织首先实现项目级的控制，然后利用定量和定性两种数据进行决策继续发展到最高等级，以实现整个组织范围的持续过程改进，进而实现组织成熟度的逐步改进。

由于组织成熟度描述一个组织可能达到的预期结果的范围，所以它是预测该组织承担下一个项目的可能结果的手段。例如，在成熟度等级 2，组织通过建立合理的项目管理已经从随意、无序状况提高到有纪律状况。随着组织达到一个成熟度等级中过程域集合的专用目标和共用目标，同时也在逐步增进组织的成熟度并获得过程改进的利益。因为每个成熟度等级是下一个等级的必要基础，所以试图跳越成熟度等级通常是达不到预期目标的。

过程改进工作应关注组织在其业务环境的语境中的需要，并且更高成熟度等级的过程域可能满足组织或项目的当前需要。例如，常常鼓励试图从成熟度等级 1 发展到成熟度等级 2 的组织建立一个过程组，而建立过程组是成熟度等级 3 中组织过程焦点过程域处理的问题。过程组不是成熟度等级 2 中组织的必要特征，但它可能是组织达到成熟度等级 2 的有用方法。

这种情况有时特征化为"建立成熟度等级 1 的过程组来引导成熟度等级 1 的组织向成熟度等级 2 发展"。在尚未建立能支持更有纪律和广泛改进的基础设施时，成熟度等级 1 的过程改进活动可能主要依赖于过程组成员的洞察力和能力。

　　组织可能在选定的任何时刻开始特定的过程改进，甚至在该组织准备前进到推荐的专用实践所在的成熟度等级之前也可以。不过组织应明白，这些改进的成功是有风险的，因为成功地制度化这些改进的基础尚未建立。没有适当基础的过程在面临很大压力时，可能会失败。

　　成熟度等级 3 组织的特征是过程已定义，如果成熟度等级 2 的管理实践有缺陷，就可能将已定义过程置于很大风险中。例如，管理者可能作出计划不当的进度承诺，或者不能控制基线化需求的更改。类似地，许多组织过早地收集成熟度等级 4 特性的详细数据，结果发现因为与过程和测量的定义中的数据不一致而导致无法解释。

　　在产品构造过程中，也可以使用与较高成熟度等级相关的过程。例如，成熟度等级 1 的组织实施需求分析、设计、集成和验证。可是，这些活动在成熟度等级 3 才进行描述，在成熟度等级 3 它们被描述为一致的和妥善集成的工程过程，该过程补充了成熟的项目管理能力，一旦实施就能使工程改进不会由于即兴无序的管理过程而失败。

第 20 章　质量问题"归零"

《国防科工委关于加强国防科技工业质量工作若干问题的决定》第二十五条规定：重点型号必须建立型号故障报告、分析和纠正措施系统（FRACAS）。对型号研制生产和使用中的质量问题要按"定位准确、机理清楚、问题复现、措施有效、举一反三"的原则，杜绝重复故障的发生，实现质量改进。

20.1　故障报告、分析和纠正措施系统

建立 FRACAS 的目的：通过及时报告研制试验中产品发生的故障，彻底查清故障产生的原因，制定和实施正确、有效的纠正措施，以防止故障再现，实现产品可靠性增长，改进产品质量。

（1）及早建立 FRACAS

承制方为了及时掌握承制产品的情况和作出决策，应在方案阶段建立故障报告闭环系统。该系统应具有收集、传递、反馈、分析、处理、归档的功能，以及以适当形式显示故障信息的功能。承制方应保证故障报告闭环系统能得到完整、准确的故障信息，并将这些信息汇编成有用的、易于管理的信息集合。故障报告闭环系统输出的是综合报告。管理和工程人员将该报告与同类产品类似的故障信息加以归纳，以判明故障趋势，评价采取纠正措施的必要性及其效果。

承制方应规定故障信息系统的工作范围和内容，并保证该系统的运行。承制方还应建立一套故障信息统计分析的方法。

故障报告闭环系统应尽早地建立和运用，因为在设计早期选择纠正措施有较大的灵活性。根据已知的故障原因，可以作较大的设计更改。在生产阶段或使用阶段虽然也能采取纠正措施，但受到限制，实施也更困难。故障原因弄清得越早，切实的纠正措施采取得越及时，承制方与使用方取得的收益就越大。对于那些需要做较多工作的故障，及早采取纠正措施还有利于提前摸清什么措施更为有效。对可能发生的故障，应进行早期调查分析，采取纠正措施，避免使问题积压起来，或使若干可早纠正的缺陷，留到现场服务中去解决。

（2）如何建立 FRACAS

GJB 841《故障报告、分析和纠正措施系统》提供承制单位建立 FRACAS 的指南。它包括：

1）故障报告、故障分析和纠正措施工作的程序（包括内部、外部的）；

2）故障信息传递和故障件处理的程序；

3）故障分析和纠正措施实施状态的跟踪与监控的程序；

4）故障审查组织职责；

5）规范三个报告的格式，即故障报告、故障分析报告与纠正措施实施报告。

图 20-1 为承制单位的 FRACAS。表 20-1、表 20-2、表 20-3 为 GJB 841 推荐的三个报告的格式。

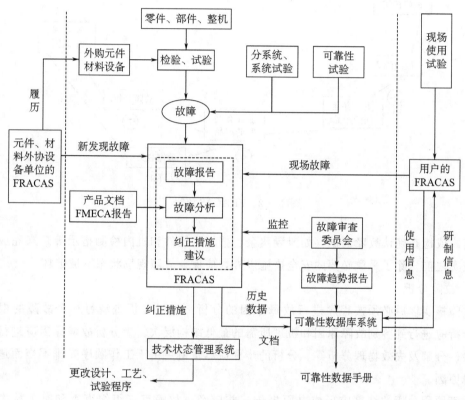

图 20-1　承制单位的 FRACAS

（3）FRACAS 的实施

FRACAS 的工作流程见图 20-2，其包括：

① 故障报告

故障报告闭环系统首先要求产品承制方把产品研制生产及使用中的每一个故障及异常现象按要求记录并及时报告。故障记录及报告必须包括充分的信息以确认故障的产品。报告应包括故障产品名称代号，故障现象，故障发生时的试验条件或工作条件（包括环境条件电子设备的机内测试指示、发生故障时产品已运行的时间）以及故障观测者等。这些要求可为故障原因分析及采取纠正措施提供充分的信息。

② 故障核实

故障报告之后，在进行原因分析或采取措施之前应核实故障。故障核实可以通过重现

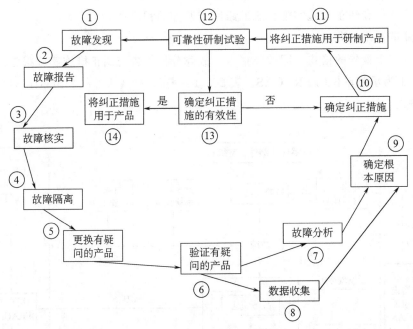

图 20-2　FRACAS 流程

故障模式或检查确认故障证据（如泄漏残余、损坏的硬件和机内检测指示等）来完成。在故障核实之前，除了采取必要的安全措施以外，应保持故障现场状态不被破坏。

③ 故障分析

故障核实以后必须按程序进行故障原因的分析。通过分析查清每一个故障的根本原因，分析应进行到鉴别故障原因和机理所需的最低结构层次。为分析故障原因应进行必要的试验、分解及失效物理分析等。分析的步骤应尽量避免由于工作顺序安排不当而造成掩盖故障原因。

故障原因分析的结果应形成书面报告，并应经过故障审查组织审查和有关技术领导审批。

④ 纠正措施

故障原因确定后，应由责任单位制定纠正措施。纠正措施的有效性应经过工程分析或试验验证，然后拟定相应文件按工程更改程序及技术状态管理等有关规定予以实施。纠正措施包括：设计更改、元器件或零件规格类型的更改、试验程序更改、材料更改、工艺更改、封装及使用操作细则更改等。总之纠正措施的实施应能防止这个故障在这种产品或同类设备上再现。如果因故障危害度轻微而没有采取适当纠正措施，尤应说明。

纠正措施的有效性验证试验至少应重复发生该故障时相同的试验，纠正措施及其有效性验证的情况也应有书面报告。

⑤ 故障报告结束

按照标准的规定，当报告的故障经分析找到原因、采取纠正措施并证实已取得预期效果后或有充分理由可以不采取纠正措施，故障报告得到审批认可后，该故障报告、分析和纠正措施管理即可闭环结束。重大故障的闭环应经故障审查组织核准并将全部资料归档。如果出现悬而未决的问题应经故障审查组织或有关部门审查并确定终止日期，对未能采取纠正措施的问题经故障审查组织核准后作为遗留问题备案。

⑥ 故障产品的识别和控制

要求对所有故障产品作明显标记，以便于识别和控制并妥善保管、加强处置管理。这项要求是考虑到有可能在故障报告系统闭环时，仍存在由于不成熟地处理故障产品，而损失了有关数据的风险。因此故障产品的处置应有严格的批准手续并妥善保管。

⑦ 故障信息管理，建立可靠性数据库

故障信息应保证完整性和准确性。故障报告、分析和纠正措施的信息应统一管理和保存，其文字报告应按统一的格式。故障信息保存可以采用文字档案或数据库的方式。

（4）故障审查组织

为了审查重大故障、故障趋势及纠正措施，承制（转承制）方根据其机构设置的具体情况，可成立专门的故障审查组织，亦可由能完成故障审查任务的机构负责此项工作。故障审查机构与质量保证部门的工作应协调一致。

① 故障审查组织的组成

故障审查组织由承制（分承制）方的设计、生产、可靠性、维修性、安全性和质量保证等方面的代表组成，订购方可派代表参加。故障审查组织办事机构由质量保证部门或其他技术部门承担。

② 故障审查组织的职权

1）定期召开会议，审查产品研制阶段以及生产阶段出现的故障信息，包括转承制方和订购方反馈的故障信息，分析与评审有关产品的故障趋势和纠正措施的实施效果；

2）对重大的故障、频繁出现的故障及可靠性关键件和重要件的故障应及时开会分析，提出纠正意见；

3）有权要求承制方对所承制的产品进行故障调查和分析，并评审其纠正措施；

4）对悬而未决的问题有权追查，并提出其处理意见，必要时向有关领导部门报告。

③ 故障审查组织办理机构的职责

1）负责处理故障审查组织的日常事务工作；

2）负责对合同规定层次产品的故障报告进行收集、分类，并按规定程序传递及组织归档；

3）负责检查故障分析和纠正措施的进展情况；

4）负责提出故障趋势的意见；

5）负责提供故障审查组织召开审查会议需要的有关资料，并对会议记录进行归档。

（5）提高故障处理能力

为了有效开展 FRACAS，承制单位应：

1）建设一支故障分析专业队伍，并着力提高人员专业技术水平。

2）配置相应的故障分析的手段，提高分析故障的能力。

3）完善一套科学的故障分析方法，规范故障分析工作。

4）尽可能利用现有的检测、失效分析机构，避免低水平重复故障。

20.2　质量问题"归零"工作

型号在研制、生产、试验和使用中暴露的质量问题应按质量问题"归零五条"要求实现归零。做好质量问题"归零"工作，对完善质量体系，改进质量管理，避免重复故障，提高产品质量和试验成功率具有良好的推进作用。

（1）"归零五条"的含义

① 定位准确

根据实际情况和需要，对在产品研制生产和使用过程中发生的所有质量问题，要准确确定发生问题的部位。

② 机理清楚

质量问题定位后，要通过地面试验或理论分析等各种手段，弄清问题发生的根本原因。

③ 问题复现

在定位准确、机理清楚后，通过地面仿真试验或其他试验方法，复现问题发生的现象，从而验证定位的准确性和机理分析的正确性。

④ 措施有效

在定位准确、机理清楚的基础上，制定出有针对性的、具体可行的纠正措施及实施计划，并且措施要经过评审和验证。

⑤ 举一反三

把发生的质量问题的信息反馈给本单位、本系统、本型号和其他单位、其他系统、其他型号，从而防止同类事件的发生。

质量问题发生的原因往往是本单位管理制度、程序上的不完善所致。因此，除了从技术上要"归零"，还需要管理上"归零"。质量问题管理"归零"的要求为"过程清楚、责任明确、措施落实、严肃处理、完善规章"。

（2）"归零五条"之间的关系

定位准确是前提；

机理清楚是关键；

问题复现是手段；

措施有效是核心；

举一反三是延伸。

（3）"归零五条"的实施

① 职责

承制单位应规定型号研制组织及职能部门实施"归零五条"的职责。目前国防科工委尚未颁发实施"归零五条"的细则或标准，但可按以下原则规定职责。

1）型号总指挥：负责领导和组织本型号的归零工作。

2）型号设计师系统：负责本型号设计质量问题的技术归零工作。技术归零报告由总师审批。

3）生产单位工艺师系统：负责产品生产质量问题的技术归零工作，总工程师审批技术归零报告。

4）质量保证部门：负责质量问题归零的归口管理。

5）计划调度部门：负责归零工作的计划、资源、经费落实。

6）行政部门：必要时对归零报告组织专家进行评审并决策。

7）跨单位、跨系统的质量问题，由型号总指挥或总设计师组织有关单位，查找原因、分清责任后，由责任单位负责归零。

8）外协、外购产品的质量问题，按"谁采购、谁负责"的原则进行归零工作。

② 程序

"归零"程序一般如下：

1）确认质量问题；

2）试验或分析复现；

3）制定纠正措施；

4）验证试验；

5）落实措施；

6）举一反三；

7）编写归零报告。

如果本单位质量体系文件中，纠正与预防措施程序能包括上述内容，则按本单位的程序执行。

③ 规范质量问题归零报告

一个型号的质量问题归零报告应统一格式及内容。归零报告内容应涉及"归零五条"的全部内容，归零报告签署要完整，并按归档制度归档。

表 20 - 1 故障报告表

故障报告表编号			编号日期			
故障发生时间			故障观测者			
故障环境条件						
故障发生时机	□环境应力筛选		□可靠性验收试验		□生产过程中	
	□可靠性增长试验		□性能试验		□试用（试飞）	
	□可靠性鉴定试验		□寿命试验		□	
故障件	故障件所属系统或设备					
	名 称	型号（图号）	生产厂	批次号	出厂日期	工作累计时间或循环次数

续表

故障现象	□不能启动	□指示异常	□泄漏
	□时好时坏	□超出允许限	□卡死
	□波形异常	□无信号输出	□
故障模式	□损坏	□短路	□饱和
	□绝缘电阻下降	□击穿	□自激
	□接触不良	□堵塞	□失控
	□开路	□不密封	□

故障核实
核实人签名   日期

填表人签名   日期
故障单位技术负责人签名   日期

故障审查组织意见
负责人签名   日期

注：1. 属□内容者，在其内打"√"记号；

　　2. 使用单位根据具体产品情况，可增加、修改、删减□内容；

　　3. 表20-2和表20-3，注1、2同样适用。

表 20 - 2 故障分析报告表

故障报告表编号		编号日期	
故障发生时间		故障观测者	

分析说明（需要时，另加附页）

故障原因	□元器件质量差 □元器件老化 □装机失误 □调试不良 □虚焊 □漏焊	□设计不合理 □材料选用不当 □化学腐蚀 □高温度 □高湿度 □误操作	□从属故障 □检测设备问题 □外接电源问题 □杂质污染 □超负荷 □
故障分析	□相关故障 □非相关故障	□责任故障 □非责任故障	□人为故障

故障责任单位

纠正措施建议	□更换控制方法 □设计更改	□工艺更改 □材料更改	□更换好的元器件 □

分析人员签名	日期
分析单位技术负责人签名	日期

故障审查组织意见

负责人签名 　　　　　　　　　日期

表 20 – 3 　纠正措施实施报告表

纠正措施实施报告表编号				编号日期			
故障报告表编号				故障分析报告表编号			
故障件名称				实施通知单号			
实施单位				实施时间			
方式	名称	型号（图号）	生产厂	批次号	出厂日期	更换拆除 工时修理	更换拆除 工时修理
拆除件							
更换件							
修理件							
纠正措施							
效果							
遗留问题							
实施人签名				日期			
实施单位技术负责人签名				日期			
故障审查组织意见							
负责人签名				日期			

第 4 篇
质量方法与质量创新

第 21 章　航天零缺陷系统工程

我国航天工业经历了 50 多年的发展，从创业之初，航天工业以"三严"作风（"严肃的态度、严格的要求、严密的方法"）保证了"两弹一星"的成功；到 20 世纪 60 年代，航天工业以周恩来总理提出的"严肃认真，周到细致，稳妥可靠，万无一失"十六字方针为科研生产及质量管理工作的指导思想，打造了从战略导弹到载人飞船的系列航天产品及产业；近年来，航天企业以"严、慎、细、实"的作风，完成了炎黄子孙飞天的梦想。航天产品是国家最高科学技术与工业基础的凝结，航天的管理更是在理念、理论、实践等各个方面代表着我国大型国有企业的管理水平。

我国航天企业从探空火箭到载人航天走过了一条"引进、借鉴、吸收、创新"的发展之路，也造就了航天企业的管理工作形成了"借鉴、吸收、总结、提高"的工作作风，并最终建立起具有中国特色的、适合航天及国有大中型企业的、系统的、理论与实践相结合的、完整的中国"航天零缺陷系统工程管理"的管理体系和方法。

"航天零缺陷系统工程管理"是对国外先进质量管理理念、理论和方法的借鉴和吸收，是对系统工程方法的实践和应用，是对几十年来航天工业在研制生产管理中管理工作的总结和升华，是航天企业"打造一流，再创辉煌"的重要基石。

21.1　航天零缺陷系统工程管理理念及目标

21.1.1　航天零缺陷系统工程管理理念

"缺陷"是指：未满足与预期或规定用途有关的要求，这些要求是指明示的、通常隐含的或必须履行的需求或期望。

零缺陷管理的理念是指：在对产品实现的整个过程管理中，发挥人的主观能动性，使每项活动过程及其结果都能满足与预期或规定用途有关的要求，达到顾客满意。

航天零缺陷系统工程管理的核心理念是：追求"零缺陷"，即追求各项技术和管理工作第一次就做到位、做好；力求在航天工程项目研制、生产和服务过程的各环节，各项过程的运行操作全面优质、准确无误；要求项目研制、大型地面试验、飞行试验等圆满完成，交付的航天产品优质可靠，使用户满意。

21.1.2　航天零缺陷系统工程管理主要目标

航天零缺陷系统工程管理的主要目标是：

1) 明确航天零缺陷系统工程管理的系统输入。将其进行分解，形成本系统工程管理所应遵循的相关规定及制度。一般项目的输入为项目的合同、任务书、国家的法律法规、国家标准、国家军用标准、企业标准等。同时还要进行多层次分解，建立分系统及以下各环节、各过程的输入要求，形成相应规定。

2) 建立管理工程系统、分系统及以下各环节执行者的责任制，并落实责任，以消除失控隐患。

3) 系统、分系统及以下各环节的输出都不向下一个环节传送有缺陷的决策、信息、物资、技术及产品，做到航天产品承制单位不向用户提供有缺陷的产品和服务。

4) 在管理工程系统的每个环节、每个层面建立起可能出现输出缺陷的事先防范措施和对缺陷实施闭环管理的有效机制。

5) 在管理工程系统的全部要素管理中，实现以人为本理论，建立完善激励机制和约束机制，充分发挥每个员工的主观能动性。

6) 航天产品承制单位根据顾客的需求和企业发展变化，及时调整管理工程系统结构及组成，实现动态平衡，保证管理系统对市场和企业发展的最佳适应性和最优应变性。

21.2　航天零缺陷系统工程管理的主要内容

航天零缺陷系统工程管理是以追求零缺陷为理念，以系统工程管理为主要特征的管理理论和方法。以产品质量管理系统为例，它的主要内容有：以人为本的航天质量文化建设，强化基础产品保证能力建设，系统管理的工程项目过程控制三个部分。

21.2.1　以人为本的航天质量文化建设

中国航天特色的质量文化是中国航天创造力的体现，是中国航天品质的体现，是中国航天"两弹一星"精神、载人航天精神和航天传统精神在质量方面的体现。培育航天质量文化，可为航天产品研制生产及质量管理提供强大的精神动力和创造良好的工作氛围；提高员工的质量意识，培养员工运用质量管理方法和工程技术的能力；营造质量文化氛围，规范员工质量行为；以工作质量保证产品质量，创造高效益，实现员工的人生价值。

（1）航天质量座右铭

航天质量座右铭是：严肃认真，周到细致，稳妥可靠，万无一失。

航天质量座右铭高度概括了航天工作者应具有的工作作风。严肃认真是工作态度，周到细致是工作方式，稳妥可靠是工作要求，万无一失是工作目标。几十年来，"十六字方针"一直深深地印刻在航天人的脑海里，自觉地体现在航天人的行动上，成为航天人永恒的座右铭。

周总理的"十六字方针"对航天工业的发展具有巨大的现实指导作用，成为航天各项工作的指导方针，并结合新的形势和任务要求不断赋予其新的内涵，逐步形成了航天的"零缺陷"理念，其内涵有三个层次：

　　1）追求各项技术工作和管理工作第一次就做对，做好；

　　2）力求产品研制、生产和服务中各环节、各零部件、各项操作全面优质、准确无误；

　　3）要求工程项目研制、大型地面试验、飞行试验等任务圆满完成。"零缺陷"的理念重在指导我们的行为过程，旨在影响我们的行为结果。

　　只有对每项工作一丝不苟、精益求精，才能确保航天产品高质量，才能确保最终产品无故障，才能确保工程项目的万无一失。追求"零缺陷"，是完成型号任务最主动、最有效和最经济的途径。

　　（2）航天质量价值观

　　航天质量价值观是：质量是生命，质量是责任，质量是财富。

　　航天工业一直受到党中央和全国人民的高度关注，是国家战略性、高科技产业。航天技术是国家综合实力和科学技术水平的重要体现。航天产品的质量事关国家地位和形象，事关国家安全和祖国统一大业，事关航天科技工业和航天应用领域的战略性发展。提供高质量的产品就是高度政治责任感和历史使命感的体现。

　　质量是航天的生命。航天产品的质量与可靠性关系到国家的利益和人民的安危；关系到战争的胜负和战士的生命；关系到企业的生存与和谐发展。

　　富国强军是中国航天的历史使命，为国家筑牢安全基石是航天企业必须承担的历史责任。提供满足需求的高质量产品，是航天企业应尽的社会责任。

　　航天产品的优质高效为企业赢得可观的经济效益，也为社会创造巨大的财富。先进的质量理念、科学的质量管理、高素质的员工队伍、优质的产品和一流的品牌都是企业的核心竞争力，也是企业的宝贵财富。

　　因此，质量是生命，质量是责任，质量是财富是中国航天人必须树立的质量理念。在具体实践中，针对不同航天型号的要求和特点，提出具体的要求。例如：在神五飞行试验中提出了"载人意识"，即责任意识（对国家负责、对事业负责、对航天员生命负责、对历史负责、对自己负责）、安全意识（以航天员安全为中心开展工作）、质量意识（载人工程的高标准、万无一失的严要求）、团队意识（组织观念、协作氛围、团队合力）、人本意识（以人为本）。这些具体要求，在实践中不断强化了航天人的航天质量观念。

　　（3）航天质量行为准则

　　航天质量行为准则是：照章办事，一次做对。

　　全体员工严格按规章办事是保证产品高质量的重要前提。要建立健全科学合理的规章制度、标准和工作程序，使科研生产和经营管理活动有章可循。

　　一次做对是符合过程控制要求并满足用户需求的具体表现。各岗位人员追求"第一次就把事情做对"，是最有效的预防措施，也是成本最低的质量实现过程。各岗位的工作必须要执行"零缺陷"标准，通过严格控制过程质量，确保最终产品质量。

　　根据"照章办事、一次做对"的行为准则，在实践中结合具体的型号任务提出具体要求。例如：在神五飞行试验工作中提出做到以下要求：三按照（程序、规程、标准）、八清除（岗位职责、测试判据、任务依据、技术关键、试验状态、应急预案、操作要点、接口关系)、五个有(依据、检查、记录、比对、结论)、五个不(漏判、误判、延判、放过一个疑点、留下任何遗憾)、四复查(质量有前科、状态有变化、靶场测试不到、单点失效)、三吃透(技术、状态、规律)。在航天产品研制生产过程中,提出实施零缺陷系统工程管理"六个零"的工作目标,即设计工艺零隐患,指令指挥零失误,设备设施零故障,生产操作零差错,程序记录零遗漏,产品实物零缺陷。这些要求的贯彻对航天项目的成功起到重要作用。

(4)航天质量文化建设方略

航天质量文化建设方略是:以人为本和全员参与。

21.2.2 强化基础产品保证能力建设

产品保证能力建设是科学开展质量工作的坚实基础,是高效实施零缺陷系统工程管理的有力支持,基于零缺陷系统工程管理的航天质量基础需要以扎实的质量管理体系为基础、健全的规章规范体系为保证、完善的产品保证技术支撑机构为支持、稳定高效的质量基础信息为管理平台,形成一套集专家队伍、技术方法、工具与管理机制为一体的产品保证工作体系,系统地构建质量基础保障平台。

(1)航天质量管理体系建设

航天质量管理体系是随着航天科技工业的发展和航天产品性能的要求进行建设的。1999 年以前,按照国防科工委颁发的《军工产品质量管理条例》(以下简称《条例》)进行建设,并取得了一定的工作效果。《条例》基本与《ISO 9004:1994》标准相类似,是以美军标 MIL—Q—9858A 为主要参考标准,结合当时我国国情以及融合了全面质量管理的思想和方法而形成的。1999 年以后,按照 ISO 9000:2000 标准的规定,同时贯彻国防科工委和航天系统有关质量工作的"三十条"、"十八条"、"七十二条"、"二十八条"、"质量问题归零双五条"和"可靠性工作十七条"等管理文件,实施 2001 版的 GJB 9000A 标准。GJB 9001A 质量管理体系提供了航天零缺陷系统工程管理的基石,是航天系统内组织行为规范、管理流程的平台和基础,是落实责任制,实现科学系统管理的基础。GJB 9000A 质量管理体系提供了航天产品实现策划、设计开发策划、批生产策划、设计控制、生产控制等系统要求,不仅仅着眼于产品质量,还着眼于企业的自身建设,使之达到用户满意,从管理上为确保武器系统全寿命周期质量可靠性提供了保证。

航天企业应在构建好 GJB 9000A 质量管理体系的基础上,将体系从符合标准导向成熟,从单纯满足顾客要求到追求卓越绩效和使相关方满意,显著提升质量管理体系运行的有效性、适宜性和充分性,着力从符合型向有效型转变、从资质型向绩效型转变,不断地自我超越,提高质量效益、实现永续经营,见图 21-1。

(2)技术支撑机构的建设

充分发挥产品保证专业机构和专家群体的作用,是航天工业产品保证技术与管理工作的成功经验。

按照统筹规划、授权认可、加大投入、有效监督的原则,中国航天逐步建立起一批产

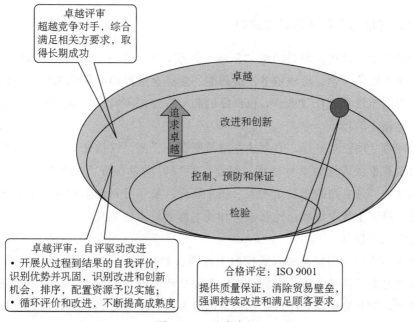

图 21-1　追求卓越

品保证专业机构，如可靠性与安全性研究中心、环境与可靠性试验中心、工艺技术研究中心、元器件可靠性中心、软件评测中心、材料检测与失效分析中心、紧固件研究与检测中心、质量与可靠性信息中心等，为型号研制生产提供了有力的产品保证技术支撑。

（3）质量标准规范体系的完善

建立健全由航天领域的国家标准、国家军用标准、行业标准、企业标准等构成的，具有自主知识产权的标准规范体系及其相应的管理与创新体系，始终是航天工业的一项战略任务。

开展标准规范体系建设的成功做法是，紧密围绕工程项目研制和管理，及时总结、固化技术成果和工程经验，研究、转化国际标准和国外先进标准，形成覆盖型号研制生产全过程的标准规范体系，加大设计规范、试验规范和工艺规范的制定和实施力度，深化航天产品通用化、系列化和组合化工作，完善标准制修订、宣贯、实施检查和效果评价的组织管理体系。

（4）全员专业素质培训

航天任务的特殊性和航天产品的复杂性，要求员工不仅应具有良好的政治素质，还必须具有相应的专业素质。对于从事航天产品研制生产的员工而言，除了开展日常的各类岗位应知应会的培训外，还应结合员工岗位，有计划、分级分类开展专业知识培训和质量与可靠性培训。要制定各级各类人员的质量培训与考核总体方案，编制针对领导干部、工程技术人员、管理人员和生产人员质量培训与考核大纲，如：结合在型号研制工作中推行可靠性技术与管理工作，编写了《"三F"技术培训教材》、《型号可靠性知识培训讲义》、《航天型号可靠性守则》等，举办多层次、多类别、多种方式的培训活动，重点开展工程项目总指挥、总设计师和设计人员可靠性工程培训。

21.2.3　系统管理的工程项目过程控制

系统管理的型号过程控制是遵循"从源头抓起，预防为主，全过程控制，系统管理"的原则和追求零缺陷理念，形成覆盖产品研制、生产全过程的可靠性工程技术体系和适应产品管理要求的质量工作长效机制，以产品的高可靠性来实现型号研制生产的高效费比。

（1）产品保证策划

从工程项目立项研制开始，必须建立型号质量责任制，以责任令等形式明确各级指挥和设计师以及各承制单位的质量职责，建立工程项目质量保证组织系统和可靠性工作系统，确定总体和各分系统的质量负责人、质量管理人员和可靠性工程师，建立工程项目质量监督系统，落实工程项目质量监督人员和技术监督机构的职责。

（2）技术风险控制

为了系统防范、合理规避和有效控制工程项目的技术风险，消除产品设计质量隐患，确保产品固有可靠性满足型号任务的要求，需要从产品设计分析入手，做到"三个吃透"。一是吃透技术，即充分认识和把握产品内在固有本质；二是吃透状态，即充分识别和验证产品使用过程中经历的所有环境及其影响；三是吃透规律，即不断研究和探索产品发展变化的规律。强调"三个吃透"，需要深入、系统的技术攻关，通过仿真计算、工程分析和试验验证等进行技术风险分析和综合评估。

（3）注重精细管理，实施全过程质量控制

细节决定成败。这一管理的基本法则对于航天产品研制生产的系统工程而言，尤其如此。导致产品失效的因素往往来自于研制生产过程某个细微的环节，软件的一个符号、电路的一个极性、结构的一个细微缺陷、状态的一个细小变化，都有可能导致产品的失效和型号任务的失败。这就要求对设计、生产、试验和交付后服务全过程进行极其严格的精细过程质量控制，强调"五有"，即有依据、有检查、有记录、有比对、有结论。通过不断总结产品研制生产中正反两个方面的经验，逐步摸索并形成一系列科学、独特的精细管理措施。

① 工程项目研制过程质量控制措施和方法

工程项目研制质量控制的主要依据是根据"型号质量保证大纲"制定的"型号研制质量管理计划"，重点采取以下措施和方法。

1）抓好4个源头。设计源头，"产品质量是设计出来的"，把好设计质量关是保证产品质量的关键；管理源头，"三分技术，七分管理"，管理出效益，因此，一开始就抓标准、规范、制度和作风建设；产品源头（元器件、原材料），只有自始至终紧紧抓住元器件、原材料质量控制，才能保证产品研制的成功，这也是质量管理的关键环节；队伍源头，人才是决定任何事物成败的决定性因素，建立一支专业的型号产品研制质量管理和技术队伍是产品研制成功的决定性因素。

2）采取7项质量控制措施。包括新工艺的选用控制、关键件重要件监造、产品研制中不可测项目的跟踪管理、软件工程化管理、功能性能测试的覆盖性、测试数据判读比对、技术状态确认。

3）严格 5 项质量保证措施。即严格产品验收、严格生产试验依据的评审、严格关键技术复核复审、严格关键技术特性复查、严格转阶段评审和出厂评审。

4）实施 4 项质量检查措施。即严格检查质量问题归零标准的执行、严格检查超差返修、严格检查举一反三、严格检查可靠性试验。

5）运用科学的质量控制技术和方法。工程项目研制表格化管理是全过程质量控制的重要方法。坚持在实践中使用项目研制表格化管理、单机产品质量与可靠性数据包管理等质量控制技术和方法，并在工程项目参研单位中加以实施应用，是质量管理的一项重要工作。

② 工程项目生产过程质量控制

生产过程质量控制的基本要求是为实现设计质量标准，对人、机、料、法、环诸要素进行管理和控制，以保证稳定、经济地生产出使用方满意的产品。主要有以下几点要求：

1）进行生产操作所使用的工艺文件、作业指导书和质量保证文件能保证生产出符合设计和合同要求的产品；生产、测试设备和工艺装备经鉴定合格；原材料、元器件检验和检测合格；工作环境符合规定；检验、试验和操作人员经考核合格，持证上岗。

2）关键件、重要件、关键工序、特种工艺要制定特殊的技术文件和质量控制程序。实施重点控制的方法和手段一般包括：编制和执行专门的质量控制程序和工艺规范；进行百分之百检验；详细填写质量记录，保证可追溯性；对不合格品处理严加控制；产品的标志清晰醒目；设置专用的质量跟踪卡或控制图等；定期校准生产、试验设备，定期检测工作环境和化验工作介质。

3）制定并实施批次管理制度，建立完整的原始记录。执行技术状态和工艺更改制度，对重要的技术更改必须进行系统分析、论证、试验，并按规定履行审批手续。

4）产品检验和试验严格遵守程序、规范和技术标准。检验合格的成品、半成品、在制品和外购产品要有识别标志和合格证明。

5）对不合格的处理必须坚持"三不放过"的原则，即原因不明不放过，责任查不清不放过，纠正措施不落实不放过。

6）严格控制多余物。在工艺文件和检验规程中要明确规定多余物控制措施，严格现场管理，做到文明生产。检验人员要对现场监督检查。

7）执行质量信息报告制度，收集、处理质量与可靠性信息。

③ 技术状态管理质量控制

技术状态是指在技术文件中规定的并在产品上最终实现的硬件、软件的功能特性。技术状态管理，就是运用行政手段以保证对产品的技术状态进行标识、控制、纪实和审核的活动；也是对设计文件以及依据它生产出来的产品进行系统的文件化管理。技术状态管理具有系统性、完整性、严密性、全面性和标准化等特点。它反映了工程项目研制、生产、使用客观规律，使系统、分系统的研制工作能有序进行，使设计更改受到控制、形成文件并可追溯，接口有明确定义并便于理解，产品与其支持文件保持一致。

在研制过程中产品技术状态的逐步确定及不断完善是客观存在的，应对其进行动态质量管理，使之始终处于受控状态。在研制过程中要从设计、试制和调试三个方面严格控制技术状态，坚持从技术状态标识、控制、纪实、审核四个方面进行有效的技术状态管理。严格控制技术状态需要做到：落实基线管理准则；建立设计技术状态表制度；管理好基本技术状态、技术状态表，以保证再生产的准确无误；严格现场技术状态管理等。

根据工程项目特点，对装备提出技术状态标识及控制要求。通过总体技术文件确定技术状态控制项目及设计要求，并将总体设计要求、技术任务书等文件传达至各分系统，确保全系统受控。

严格控制设计更改，对任何技术状态的变更都要充分论证其必要性、可行性及正确性，并进行充分的地面试验验证，按规定严格进行评审，履行审批手续。涉及其他相关系统或重要的技术状态变更要提高审批级别，重要更改要组织专家进行评审。

在工程项目研制转阶段、大型试验及飞行试验进场等环节应根据具体情况，组织开展技术状态清理复查活动。技术状态清理工作应实行归口分级管理，建立登记、建账与报告制度。整机单位报分系统抓总单位，分系统抓总单位报总体部汇总，进行技术协调性分析，建立技术状态变化登记表并作为总指挥、总设计师系统的决策依据。

通过实行动态、规范的技术状态管理，确保"两总"系统、总体部和各级管理部门对工程项目的技术状态变化情况一清二楚，从而保证研制工作的顺利进行。

④ 放行准则

所谓"放行准则"，是指参加飞行试验的产品出厂、进场、转场、加注、发射各工作阶段应遵循的质量控制要求，符合要求才允许转入下一工作阶段。

"放行准则"是航天系统对产品验收、出厂、转场、加注（适用于液体型号）、发射前等几个阶段提出的，放行准则由承担任务的总包单位行政主要领导签发后报上级主管部门审批。经批准的放行，放行准则要严格执行，不符合放行准则要求的产品，不允许转入下一工作阶段。放行准则可在研制单位内部控制使用，也可作为上级机关对型号实施质量监督的重要依据之一。

研制过程的各阶段质量放行准则，需要进行严格的评审。产品出厂前，必须经过技术认定、评审后，才能放行；靶场的放行准则是在完成技术阵地工作后，通过技术认定、评审，进入放行程序，只有经过评审合格后，才能放行，进入到发射前的运转程序。放行准则需要结合不同型号，在不同的环境、地点落实技术认定、评审工作，产品只有符合放行准则的要求后，才能进入下一阶段的研制工作。

⑤ 质量检查确认

把事后的质量复查转变为产品研制全过程中有计划、分阶段、全方位的质量检查和确认，将其纳入型号研制、生产计划具体实施，做好记录和对遗留问题进行跟踪处理。运用"质量交集"和 FMECA 分析方法，明确质量检查确认的重点，以确定质量问题的类型和处理级别，采取相应的质量控制措施；将质量复查工作前移到产品各零、部、组件生产的各工序当中，即该工序的所有质量控制过程应检查确认记录在案，核查汇总，形成产品质量档案，确保最终产品质量。

为营造自主管理文化，激发生产操作者自主质量控制的积极性和主动性，在生产操作层面推行"五自"管理，并将其作为评选生产操作层面的质量信得过职工和班组的基本条件，其主要内容包括：自检（操作者在生产过程中，每道工序完成后要按工序要求自行进行检验）、自分（操作者在向检验员交检时，根据自检情况主动将合格品与不合格品分开，主动向检验员报告产品的质量状况）、自填（操作者在填写质量跟踪记录表格时，同时认真填写自检自分统计表，并对所填记录的正确性、及时性、完整性、全面性负责）、自查（发生质量问题后，操作者眼睛向内，认真查找自身原因，坚持"三不放过原则"）、自纠（自觉制定纠正措施，并按确定的纠正措施进行自纠）。

（4）完善闭环管理，实施质量问题双归零

根据系统工程和闭环管理的思想，总结航天多年来成功的经验和失利的教训，中国航天创造性地提出并实施了质量问题技术归零和管理归零的"双五条"标准。

质量问题技术归零的五条要求是：定位准确、机理清楚、问题复现、措施有效、举一反三。质量问题管理归零的五条要求是：过程清楚、责任明确、措施落实、严肃处理、完善规章。对于质量问题本身而言，归零工作要刨根问底，求水落石出，它是有效的"救火"措施。对于其他工程项目产品而言，归零工作可以杜绝类似质量问题的重复发生，起到"防火"的作用。对于单位的质量管理体系而言，归零工作可以弥补体系的缺省链，通过将归零措施纳入相关管理文件或技术标准，落实预防为主的方针，正所谓"吃一堑，长一智"。质量问题的归零过程，是实现质量管理从事后的问题管理转化为事前的预防管理的过程。

通过质量问题归零，促使研制队伍吃透技术；通过归零，发现质量管理体系的薄弱环节；培养员工严慎细实的工作作风；提高技术水平和管理水平。质量问题归零工作结合型号研制生产的工程实践，还在不断深化、细化和规范。

质量问题"双归零"的科学性和有效性已经被近年来众多航天型号工程的成功实践所证实，成为确保航天产品质量的法宝，并在国防科技工业得到推广应用。它是更加科学的、系统的、扩展型的 PDCA 循环。

第 22 章 一次成功与质量正向确认

22.1 一次成功

22.1.1 概述

一次成功是"一次成功"技术保障分析的简称。

飞行试验是型号研制过程中的一个重要环节，是在动态、综合、真实飞行条件下对系统进行的全面考核，可以检验系统方案、设计、工艺的正确性、协调性，考核评定系统的性能、精度、可靠性等战技指标。飞行试验所需的各方面投入巨大，而试验失败所带来的影响难以估量。因此，如何避免由于在地面和机载试验中问题暴露不充分造成飞行试验失败的情况发生，确保飞行试验成功，减少反复，缩短研制周期，是型号研制过程所面临的一个重大课题。

确保型号飞行试验"一次成功"的技术保障分析工作，是围绕"确保飞行试验成功"这个"顶事件"，总体及各分系统对导弹武器系统的设计、生产、试验，直至导弹发射、飞行的全过程中的每一个流程、每一个环节、每一个分系统、每一个产品中制约产品正常工作的影响因素及控制因素进行深入细致的分析，对分析中发现的薄弱环节采取有针对性的措施，并有重点地进行试验验证，以确保飞行试验过程中，导弹武器系统的每一个流程、每一个环节、每一个分系统、每一个产品都工作可靠，确保飞行试验一次成功。

确保飞行试验"一次成功"技术保障分析的实质是全员、全系统、全过程的质量保证的具体体现，是确保飞行试验成功的一个重要方面，在实施过程中还必须配合进行"测试、试验真实性、覆盖性（真实性即天地一致性，指地面测试、试验的产品、试验环境、试验条件与飞行试验的一致性，覆盖性指地面测试、试验对飞行试验的产品、产品属性及飞行试验全过程的覆盖性）分析"等工作。实践证明，只有在保证产品设计和可靠性工作基础上，进行全员、全系统产品、全过程的质量保证，才有可能最终实现飞行试验的"一次成功"。

22.1.2 "一次成功"技术保障分析与"故障树"的异同

"一次成功"技术保障分析与故障树都是围绕"顶事件"，对导致"顶事件"发生的底事件进行逐层分解，最终找出导致顶事件发生的"底事件"。

故障树是以出现的问题作为"顶事件"，逐层、逐个地列出促使"顶事件"发生的因素，再用分析及必要的试验等方法找出造成问题的（最可能）原因，然后制定并采取有针对性的措施以避免问题的再度发生。

"一次成功"技术保障分析是以确保飞行试验"一次成功"为顶事件，对导弹武器系统的设计、生产、试验，直至导弹发射、飞行的全过程中的每一个流程、每一个环节、每一个分系统、每一个产品中制约产品正常工作的影响因素及控制因素都进行深入细致的分析，对分析中发现的薄弱环节采取有针对性的措施，并有重点地进行试验验证。与故障树相比，"一次成功"技术保障分析更具优越性：

1）故障树为事后处理，而"一次成功"技术保障分析为事前预防，确保与飞行试验相关的所有产品、环节工作可靠，对存在的薄弱环节提前采取针对性的措施。

2）故障树中的诱发因素属于偶发性、不可控，事发之前具有盲目性；而"一次成功"保障分析中的控制因素可以实施过程控制，可以采取针对性的保证措施或进行验证试验。

3）故障树分析只是在问题已经出现、造成进度推迟、造成经济损失后，被动地分析问题、解决问题；"一次成功"保障分析工作虽然需要花费一定的人力及时间，开展大量的分析工作，但通过主动的分析及有计划、有目的地采取预防性措施，可以大大地降低问题的发生率，可以避免由于出现问题而造成的工作的反复、进度推迟，能有效地促进研制工作的顺利开展，其效益难以估量。

22.1.3　总体思路及相关术语

（1）总体思路

"一次成功"技术保障分析是围绕确保飞行试验成功这个"目标"，从导弹发射、飞行工作流程入手，对弹上及地面的每一个分系统、设备及软件进行逐项分析，找出影响飞行试验成败的关键环节，分析产品的设计、生产、工艺、单机试验、全弹总装测试、地面试验、技术阵地、发射阵地准备全过程中的每一个环节、每一个工作过程，找出制约产品正常工作的影响因素及控制因素。同时，重点审查技术文件、管理文件中规定的工作项目、内容是否都已经做了，做得是否到位，并明确责任单位及责任人。对分析中发现的薄弱环节有重点地进行试验验证，从而确保每一个控制因素能够获得有效控制，在技术上、管理上确保飞行试验"一次成功"。

"一次成功"技术保障分析在工作流程上，从导弹进入发射流程开始，直到导弹命中目标的全过程的工作项目，进行分析的产品包括导弹武器系统参与发射、飞行全过程的所有系统、分系统、设备及软件。在分析过程中，可以采用表格形式进行描述，简单、直观、明了。（飞行阶段用 Fx 表示，发射阶段用 Fs 表示）。

（2）相关术语

① 关键环节

关键环节是指导弹武器系统在发射、飞行全过程中所有影响飞行试验成败的工作项目。如发射过程中的导弹供电、惯导对准、射前检查等，飞行过程中的助推器点火、弹翼/尾翼展开、发动机启动、引信解除第三级保险等指令、动作。

② 影响因素

影响因素是指影响每一个分系统、设备正常工作的相关因素。如"尾翼展开锁定正常"关键环节，可分解为"压紧开关信号正常发出"、电气控制装置收到压紧开关松开信号后正确发出"尾翼展开指令"、尾翼烟火作动筒工作正常、尾翼舵面叉耳加工精度满足指标要求、舵机轴槽口加工精度满足指标要求、尾翼舵面叉耳机械零位满足指标要求、舵机轴零位满足要求、尾翼展开、锁定机构组件正常、相关设备间的电缆完好、电连接器连接可靠等影响因素。

③ 控制因素

控制因素是指确保每一个关键环节正常、可靠的相关影响因素的再进一步分解。如上述尾翼展开锁定正常关键环节，分解的影响因素中的舵机轴零位满足要求又进一步分解为舵机反馈电位器工作正常、舵机放大器对舵机反馈电位器供电正常、舵机放大器调零电位器与调零电路工作正常三个控制因素。

④ 过程保证

过程保证是指针对每一个控制因素从设计、生产、单机试验、地面试验、全弹总装测试、技术阵地准备测试直至发射前的全过程进行保障分析，每一个控制因素在形成的全过程中，直到导弹发射前是否都一直处于正常状态，确保导弹进入发射流程和发射后直到飞行终止都正常、可靠工作。

⑤ 薄弱环节与措施

薄弱环节是指关键环节分解的控制因素中，在进入某一流程后无法检测，以至导弹飞行终止仍不能保证其正常、可靠工作的控制因素。针对确定的薄弱环节，进行具体分析，结合实际情况，采取相应措施，确保其在发射、飞行过程中正常、可靠工作。对于暂时无法采取措施的薄弱环节，要对其进行风险分析，并提出相关预案。

22.1.4　程序及分析报告

对进行飞行试验的每一状态产品，完成阶段工作后，即可进行确保飞行试验"一次成功"技术保障分析工作。对产品技术状态基本相同，而不同批次的飞行试验，可仅对技术状态更改的部分进行相关保障分析。

（1）程序

1）型号总体按导弹发射、飞行两个阶段进行过程分解，按其流程分别提出确保飞行试验"一次成功"的关键环节；

2）型号总体对每个环节进行分析，找出其相关设备、成件级影响因素，提出分析要求，统一制定分析用表格，明确责任单位；

3）相关设备、成件承制单位对每个影响因素进行分解，找出其控制因素，并明确具体责任单位、责任人；

4）相关设备、成件承制单位对每个控制因素从设计、生产、试验、导弹总装测试、全弹试验、技术阵地准备、发射准备的发射前的全过程进行相关影响因素的技术保障分析；完成"一次成功"技术保障分析后，技术状态发生变化的产品，要对其更改部分进行补充分析；

5）通过分析控制因素，找出不能得到充分保证的薄弱环节，提出验证试验方案、解决措施，对于暂时无法采取措施的薄弱环节，须进行风险分析，提出相关预案；

6）编写相关分析报告，指出存在的薄弱环节，提出有针对性的预防措施，并落实到位。

（2）分析报告

型号总体单位：《确保飞行试验"一次成功"技术保障分析要求》、《确保飞行试验"一次成功"技术保障分析（发射阶段）》、《确保飞行试验"一次成功"技术保障分析（飞行阶段）》。各分系统设备、成件责任单位：《确保飞行试验"一次成功"技术保障分析（设备、成件）》。

最后，型号总体单位根据总体与各分系统设备、成件所做的分析工作，提出《××型号确保飞行试验"一次成功"技术保障分析工作总结》。

22.1.5　管理要求

"一次成功"技术保障分析工作应制定专项工作计划，明确各分析项目的责任单位及责任人，逐一落实。在完成武器系统总体技术方案、技术设计等阶段性工作，完成阶段FMEA 分析后，参加飞行试验产品的试样设计图纸下厂前，启动"一次成功"技术保障分析工作。

首先，总体完成关键环节和影响因素的分解后，上报总师系统并组织进行讨论和审查，必要时组织评审；然后提出"一次成功"技术保障分析要求及工作计划，并下发各分系统单位；各分系统单位完成控制因素分解后，报上一级设计师系统把关、审查，并明确各控制因素的责任人和单位。

控制因素的保障要随着研制工作的进展而不断完善和补充，保障措施必须落实到位。如设计保障中的元器件选用、热防护设计、软件评测等；生产保障中的元器件筛选、复验、工艺落实、产品检验等；试验验证的真实性、覆盖性分析和试验总结等，以及其他过程中的各项保障措施。在产品生产完成后，可适时对关键产品组织产品质量复查。产品交付验收时，其承制单位要完成产品的"一次成功"技术保障分析，并作为产品出厂评审的备查材料。总体在此基础上，在完成系统性试验后，对各控制因素进一步分析及汇总，在飞行试验前完成全武器系统的保障分析总结，从而对整个系统产品质量做到心中有数。完成"一次成功"技术保障分析后，技术状态发生变化的产品，要对其更改部分进行补充分析。

22.2　质量正向确认

22.2.1　定义

质量正向确认是指随型号研制过程同步开展的、通过提供客观证据证实规定要求已得到满足所进行的系统的、有计划的认定活动。

22.2.2　职责

（1）集团公司职责

1）负责组织制（修）定型号研制过程质量正向确认要求；

2）为质量正向确认的实施提供指导；

3）监督检查质量正向确认的实施情况。

（2）集团公司直属单位职责

1）负责制定本单位型号质量正向确认实施细则或细化要求；

2）组织相关部门实施质量正向确认的归口管理工作；

3）为质量正向确认的实施提供指导；

4）监督检查质量正向确认的实施情况；

5）跟踪质量正向确认发现的问题的协调、解决情况。

（3）型号行政指挥系统职责

1）负责组织确定本型号的质量正向确认要求和内容，纳入型号研制计划，按要求组织实施和监督具体工作，并提供必要的资源保障条件；

2）审定质量正向确认结果，并对其完整性、正确性负责；

3）组织指导和审查外协单位的质量正向确认工作；

4）组织协调、解决质量正向确认发现的问题。

（4）型号设计师系统职责

1）开展本型号质量正向确认工作，审定技术质量正向确认结果，并对其完整性、正确性负责；

2）负责处理型号质量正向确认过程中的技术问题；

3）指导和审查外协单位的质量正向确认工作；

4）整理、反馈质量正向确认发现的问题。

22.2.3　一般要求

1）质量正向确认工作贯彻从源头抓起、分阶段进行、全过程控制的原则，与科研生产正常程序结合实施，保留证据，形成记录。

2）根据型号研制过程，各级产品质量正向确认工作均按设计过程、工艺过程、生产过程、试验过程、产品交付过程等五部分内容，随型号研制同步进行，并在关键环节进行控制。关键控制点一般选择为：文件发出（图纸下厂）前、产品生产前、单机产品出厂交付前（含交付系统试验和总装）、系统试验前、导弹和发射车出厂前、飞行试验（含靶场合练）进场前等。

3）质量正向确认工作应在型号研制中系统策划，纳入型号计划组织实施，保障资源，视需要可安排专题质量确认。专题质量确认应编制专题计划，并提出具体要求。

4）质量正向确认工作以承担型号设计、生产、试验任务单位的自查为主，相关单位应互相配合。

5）质量正向确认应全面、系统，核对实物及相关质量记录，查看原始凭证及实测数据，必要时，应补做检测或试验。每次确认均应做好详细、准确的记录。

6）设计、生产和试验单位分别对各自确认的结果负责，设计单位对所设计产品的质量正向确认结论负责。

7）质量正向确认发现的问题，责任单位应分析、解决，并按要求及时上报。

8）质量正向确认后若发现问题，或其他型号的问题在本型号举一反三时，应及时对相关部分进行再确认。

9）质量正向确认后，各项有关的文件资料等均应整理归档。

10）任务提出方应对外协单位的质量正向确认工作进行审定和把关；设计单位应对生产单位的质量正向确认工作进行审定和把关；总体单位应对分系统单位的质量正向确认工作进行审定和把关。

22.2.4　工作内容

（1）设计过程质量正向确认的内容

设计过程质量正向确认应随系统（或产品）设计工作同步进行，并在关键环节实施控制，一般应在产品设计评审或投产前完成。设计过程质量正向确认一般包括以下内容：

1）产品设计输入文件的完整性、有效性，产品设计输出文件的完整性、符合相关标准情况，产品设计功能和技术指标满足设计输入要求情况；

2）借用产品与本型号有关环境、要求的适应性情况；

3）新技术验证情况，关键技术解决情况；

4）产品与其他产品（系统）间的机械接口、电气接口、软件接口、计算接口设计的协调性；

5）可靠性、维修性、保障性、安全性、测试性、环境适应性等"六性"设计情况，"六性"工作项目、FME（C）A 等情况；

6）"三化"设计及标准执行情况；

7）元器件、原材料、外购外协件选用符合要求情况；

8）复核复算情况，复核复算遗留问题、待办事项落实情况；

9）试验策划情况，试验方案、试验项目审查情况；

10）测试覆盖性设计和分析情况；

11）特性分类分析情况，关键件和重要件清单的编制和审查情况；关键特性、重要特性在设计文件中的落实情况；

12）技术状态控制情况；

13）前一研制阶段设计评审遗留问题的解决和落实情况；

14）技术质量问题归零及举一反三情况；

15）软件工程化研制情况；

16）其他需要质量正向确认的内容。

（2）工艺过程质量正向确认的内容

工艺过程质量正向确认应随系统（或产品）设计图纸的工艺会签、工艺设计工作同步进行，一般应在产品生产前完成。工艺过程质量正向确认一般包括以下内容：

1）工艺设计输入文件的完整性、会签情况；工艺输出文件的完整性，与设计要求及有关规定的符合性，评审情况；

2）新工艺应用情况，关键工艺评审和工艺攻关成果的鉴定情况；

3）工艺评审遗留问题的处理情况；

4）关键工序设置情况，覆盖关键特性、重要特性情况；

5）《航天产品禁（限）用工艺目录》和《国家淘汰工艺、工艺设备及产品目录》执行情况，采用限用工艺的质量保证措施；

6）特种工艺（特殊过程）质量控制情况；

7）检验点设置的合理性，不可检测部位（或项目）工艺保证措施；

8）工艺技术状态更改控制情况；

9）其他需要质量正向确认的内容。

（3）生产过程质量正向确认的内容

生产过程质量正向确认应随系统（或产品）生产过程同步进行，一般应在产品出厂质量评审前完成。生产过程质量正向确认一般包括以下内容：

1）产品出厂验收情况，质量满足设计要求情况；产品证明书、产品质量履历书填写、签署正确性；

2）元器件、原材料、外购外协件采购及使用等情况；元器件、原材料、标准件代料情况；配套产品验收情况，验收遗留问题落实情况；

3）关键工序、特殊过程控制符合要求的情况；

4）电子产品装联工艺、三防（防潮、防盐雾、防霉菌）措施和固封措施情况；

5）多余物控制情况；

6）测试覆盖性及测试数据比对情况；

7）Ⅰ、Ⅱ级焊缝质量档案建立及焊缝质量情况；

8）产品配套软件的工程化实施情况；

9）产品环境应力筛选、例行试验等实施情况及遗留问题解决情况；

10）技术通知单、更改单和其他临时文件内容在产品上的落实情况；

11）不合格品审理及措施落实情况；

12）质量问题归零及其他型号质量问题在本型号举一反三情况；

13）生产、检测、试验用设备、仪器、量具贮存期、检定期符合规定情况；

14）其他需要质量正向确认的内容。

（4）试验过程质量正向确认的内容

试验过程分为系统试验和飞行试验。系统试验过程包括各分系统综合试验、半实物仿真、武器系统大型地面试验等。飞行试验一般指型号研制过程中的方案飞行试验、定型飞行试验等。

① 系统试验过程质量正向确认的内容

系统试验过程质量正向确认分两阶段进行，分别为试验前质量正向确认和试验后质量正向确认。

1）试验前质量正向确认内容。

a）试验大纲等试验依据文件完整性、有效性；

b）参试产品状态、试验方法等与试验大纲及有关要求的一致性；

c）检测项目满足试验大纲的要求情况；

d）其他需要质量正向确认的内容。

2）试验后质量正向确认内容。

a）试验数据与以前试验数据和设计指标比对情况；

b）异常现象的数据分析处理情况；

c）试验结果分析及报告编写情况，其中单机可靠性试验要确认试验条件与总体要求的符合性；

d）试验结果满足试验大纲、试验方案要求情况；

e）试验记录可追溯性；

f）其他需要质量正向确认的内容。

② 飞行试验过程质量正向确认的内容

飞行试验过程质量正向确认，根据任务要求、集团公司型号通用放行准则要求、各院（基地）飞行试验质量控制程序，结合本指南确定质量正向确认的内容和具体要求。

第 23 章　型号产品质量与可靠性数据包

23.1　概述

质量与可靠性数据包（以下简称"数据包"）是指型号产品在设计、生产、试验等过程形成的同质量与可靠性有关的要求，及其实现过程和实现结果客观记录的集合，为评价产品质量与可靠性特性提供客观证据，用于产品交付验收、质量复查、质量确认、质量问题归零、质量改进等质量工作。

该规范适用于各研制和批生产型号导弹、地面主战装备产品（含外协产品）设计、生产、试验等过程形成数据包的管理。地面非主战装备参照执行。

23.2　依据文件

QJ 903《航天产品工艺文件管理制度》；

QJ 1167《研究试验文件管理制度》；

QJ 1714《航天产品设计文件管理制度》；

Q/WE 895《二院型号软件工程实施规范》；

Q/WE 918《元器件明细表编写与管理规定》；

Q/WE 1022《二院型号 FPGA 软件产品设计实施规范》；

Q/WE 3004《二院型号产品质量问题归零实施细则》；

Q/WE 3010《型号产品元器件选用评审实施细则》；

Q/WE 008《常用工艺文件格式》。

23.3　管理职责

（1）院产品保证部职责

院产品保证部是质量与可靠性数据包管理的归口部门，负责各型号质量与可靠性数据包推广应用过程中的组织、协调和指导，具体职责包括：

1）负责数据包实施规范及相关规定的制定；

2）负责识别确定开展数据包应用的型号产品范围，制定型号质量与可靠性数据包实施计划，报型号两总审定；

　　3）负责组织数据包实施，对院属各单位的实施情况进行监督、检查。

　　（2）院科研部、生产部职责

　　院科研部、生产部负责将型号产品质量与可靠性数据包的实施工作纳入研制生产计划，推进数据包的实施。

　　（3）院属各单位职责

　　院属各单位是质量与可靠性数据包应用的责任主体，负责各型号数据包在本单位的推广应用工作，具体职责包括：

　　1）负责贯彻院数据包实施规范及相关规定，制定本单位数据包管理的实施细则；

　　2）型号设计师、工艺师负责识别确定型号产品性能、工艺、检验和试验数据要求，以及照片、视频记录要求，并在设计、工艺文件中明确，经型号所级指挥审查、批准；

　　3）负责数据包信息的采集、整理、归档工作，对数据包信息的完整性负责；

　　4）负责将数据包实施规范及相关规定传递给外协单位，组织外协单位落实数据包实施要求，对实施情况进行监督、检查。

23.4　数据包内容

　　依据型号阶段，数据包分为研制型号产品数据包和批生产型号产品数据包。

　　（1）研制型号产品数据包

　　研制型号产品数据包内容主要包括：

　　1）产品的设计文件、工艺文件、调试测试和检验文件、试验和验证文件；

　　2）产品保证文件、质量改进和综合管理文件；

　　3）产品设计、生产、试验全过程实施质量控制（含关键控制点、检验点）的记录；

　　4）发生质量问题和质量改进情况；产品技术状态偏离、变更的相关记录；

　　5）产品交付后提供使用、装配的相关文件和资料。

　　（2）批生产型号产品数据包

　　批生产型号产品数据包内容主要包括：

　　1）产品规范（技术条件）、工艺文件和检验文件；

　　2）产品生产、试验全过程质量记录（含关键控制点、检验点记录和相关试验报告；生产过程出现的转扩点、代料、让步接收、不合格品审理等相关记录）；

　　3）发生质量问题和质量改进情况；产品技术状态偏离、变更的相关记录；

　　4）质量证明文件（产品履历书）。

23.5　数据包交付

　　数据包依据型号产品层次与组成，以有产品代号的组合产品为基本单元，每个实物产品对应交付一套产品数据包，包括产品概况、数据包文档清单、交付清单类统计表、交付文件类统计表、交付清单分册和交付文件分册。

23.6　数据包内容要求

1）数据包内容为记录类的应按照本单位制定的格式要求填写完整，文字精练准确，对于关键（重要）工序、新工艺、新材料、新设备、新环境等环节应形成质量记录，对有量值要求的要填写实测数据。

对于关键（强制）检验点、关键（重要）过程和不能检测、不能通过复查确认、有多余物控制要求、甲方提出需提供影像资料的产品，都应保留照片或视频记录，要能够真实、完整、清楚地反映产品实际状况，具体拍摄时机、位置、分辨率等要求应与甲方沟通并在工艺文件中明确。照片应包括产品全局照片和各组合（组件）及模块照片，至少包括点胶（固化）前和点胶（固化）后两个阶段的内容。

2）数据包内容为清单类的应按照规定的模板填写完整，信息清晰准确。数据包内容为文件类的格式应符合 QJ 1714、QJ 1167、QJ 903、Q/WE 895 等有关规章规范和标准要求，描述内容应翔实清楚。

3）数据包文档清单中的每一项内容，应填写完整、准确，具有可追溯性，对于不涉及、不包含的项目以"/"标识。因特殊要求需要采集的信息超出文档清单范围的，各单位应组织审查确认。

4）数据包验收前，各单位应检查确认，对不符合要求的应进行整改。产品在交付前，按甲方要求提交数据包验收，数据包验收合格后随产品交付。产品在交付后的归零和返修过程中形成的质量与可靠性信息，应补充到产品数据包中。

5）产品交付后，交付和接受数据包的单位均应按型号产品文档的存档管理要求将数据包归档备查。

6）各单位应将数据包实施工作纳入型号科研生产工作计划。院将对各型号数据包的实施情况进行监督检查，将各单位实施情况纳入年度质量工作考核。

第 24 章　质量交集分析

24.1　定义

质量交集是数学中的正交代数原理、统计学中的权数理论、可靠性领域中的风险分析技术等基础理论和方法有机统一应用的一种产品质量可靠性程度的评估分析方法；即针对当前航天产品中的薄弱环节，选择"质量有前科"、"技术状态有变化"、"测试覆盖不到"、"单点失效模式"等 4 个质量交集项目，开展质量风险分析、可靠性分析及质量专项工作。经过航天系统多年的实践，质量交集分析广泛应用于型号产品的可靠性程度、风险程度的评估，用以指导型号规避风险，提高质量。

（1）质量有前科

质量交集分析对象（某一级别产品）曾出现过质量问题，并在质量交集分析组织单位（院、所）留有记录。

（2）技术状态有变化

质量交集分析对象（某一级别产品）与上次交集分析或技术状态确认（如方案评审、状态基线等）存在技术状态差异。

（3）测试覆盖不到

按质量交集分析对象技术文件所规定测试项目不能够覆盖，且在后续的各类武器系统等上一级别所进行的测试、联调等不能覆盖和直接测试的指标项目。

（4）单点失效模式

质量交集分析对象存在没有冗余或无法替代的失效模式。

24.2　职责

（1）集团公司

集团公司质量管理部门为质量交集分析工作的领导单位，主要职责有：

1）组织开展质量交集分析政策、规范、指南的编制；

2）组织开展质量交集分析方法的培训和教育；

3）监督检查各级、各型号开展质量交集分析工作。

（2）院（基地）的职责

院（基地）质量管理部门为质量交集分析工作的组织落实单位，主要职责有：

1）组织开展质量交集分析工作的实施；

2）进行质量交集分析工作的指导；

3）组织落实各型号进行质量交集分析；

4）检查监督质量交集分析工作过程的文件完整性和准确性；

5）确定开展质量交集分析的产品项目清单，并纳入型号研制工作计划和年度工作计划。

（3）型号两总的职责

型号两总是质量交集分析的直接责任人，主要职责有：

1）在型号中严格执行质量交集分析的方法；

2）根据不同的质量交集分析等级，组织落实质量复查等工作产品质量工作；

3）及时处理质量交集分析以及后继分析和复查发现的质量和技术问题。

24.3　质量交集分析的实施

（1）质量交集的适用范围

质量交集方法一般适用于具有独立功能的整机级产品，分系统级、组合级产品可参照执行，一般不在武器系统级及零部件级范围内实施。

（2）质量交集实施点的选择

质量交集一般结合产品质量复查工作进行，必要时也可在产品投产前、进场前、联调前、飞试前、归零中等时间点，结合方案评审、设计评审、归零评审、飞试评审进行。

（3）交集项目清理

根据产品特点和产品质量记录，参考质量复查项目表的形式，由产品的设计人员填写交集项目清单，经产品所在单位技术领导（或所在单位型号负责人）确认项目的准确性和完整性，并经所在单位质量部门会签，形成质量交集分析项目清单。

（4）进行质量交集的计算和产品质量交集等级的确认

质量交集的权项，依据航天系统多年来积累的经验，以及对近 10 年来型号试验和使用中发现的主要质量问题类型分类，目前为"质量有前科"、"技术状态有变化"、"测试覆盖不到"、"单点失效模式"等 4 个质量交集项，交集项权重值为 1；各级各单位可根据本单位实际情况和型号产品特点进一步补充和增加交集项目，并设定权重值。

根据质量交集确认单完成质量交集的计算，分别得到质量交集系数为 4、3、2、1 的产品。

（5）开展质量风险分析

根据质量交集系数的高低程度，结合产品的关键、重要程度，以及不同特点，运用FMECA 等可靠性工具，重点就质量交集项之间的关联程度、项目的风险水平、相互作用机理等进行分析，形成必要的分析总结报告。

对于质量交集系数为 4 或 3 的产品，应在质量活动分析总结报告（如质量复查报告）

中以独立章节的形式进行分析总结，关键重要产品必要时可独立编制专门的质量交集分析总结报告。

（6）质量交集分析结果的确认

质量交集分析结果应采取书面审查签署或会议审查的形式进行确认。

书面审查签署形式一般适用于质量交集分析系数为 2 或 1 的产品，签署形式依据 QJ 1714 航天产品技术文件管理要求进行，产品所在单位质量部门必须会签。

会议审查形式一般适用于质量交集分析系数为 4 或 3 的产品，其中质量交集系数为 3 的产品，审查组中院级相应专家不得少于 1/4；质量交集系数为 4 的产品，审查组中集团级相应专家不得少于 1/4。

（7）质量交集分析结果落实情况的跟踪与检查

各级质量管理部门应对质量分析结果落实情况开展跟踪和检查，并根据本单位质量体系程序文件要求，对跟踪与检查情况进行记录。

上级质量管理部门应对所属各单位（部门）质量交集分析工作落实情况进行抽查和专项检查。

第25章 技术风险控制

25.1 定义

（1）风险（Risk）

风险指对在规定的费用、进度和技术的约束条件下不能实现整个项目目标的可能性的一种度量。风险包括两个方面：1）不能实现具体目标的概率；2）因不能实现该目标所导致的后果。

（2）风险管理（Risk management）

风险管理指应付风险的活动或实际作法。它包括确定应付风险问题的策略和方法，评估风险区，拟定风险处理备选方案，监控风险变化情况和记录所有风险管理情况。

（3）风险评估（Risk assessment）

风险评估指对项目各个方面的风险和关键性技术过程的风险进行辨识和分析的过程，其目的是促进项目更有把握地实现其性能、进度和费用目标。风险辨识指对项目各个方面和各个关键性技术过程进行考察研究，从而识别并记录有关风险的过程。风险分析指对识别出的风险区或风险技术过程进行考察研究以进一步细化风险描述，找出风险致因并确定影响。

（4）风险处理（Risk handling）

风险处理指对风险进行识别、评价、选定并实施应对方案的过程。目的是在给定项目约束条件和目标下使风险保持在可接受水平上。

（5）风险监控（Risk monitoring）

风险监控指按既定的衡量标准对风险处理活动进行系统跟踪和评价的过程，必要时还包括进一步提出风险处理备选方案。

25.2 职责

（1）型号两总

型号两总负责领导型号研制过程风险分析与评估工作，并对采取的措施予以控制。

（2）科研生产部门

科研生产部门负责将型号研制过程的风险分析与评估工作安排纳入型号科研生产综合计划，并组织实施；负责型号进度和经费的风险分析、评估工作。

（3）产品保证部门

产品保证部门参与风险分析与评估工作的策划，并对实施情况进行监督检查。

（4）设计师、工艺师系统

设计师系统负责对型号研制过程中各阶段可能产生的技术风险进行识别（通常包括：识别风险源、将不确定因素转化为风险、量化风险、确定概率、确定风险项目的优先次序等）、分析、评估，并采取相应措施；负责做好记录，编写风险的分析、评估、处理方案以及控制结果的文件。工艺师系统负责对生产工艺风险进行分析与评估，并采取相应措施（包括向设计师系统提出修改完善设计的建议）。

25.3　管理内容和要求

（1）风险分析与评估的依据和总要求

1）GJB 9001A《质量管理体系要求》明确提出，组织对复杂产品实现的各阶段都应进行风险分析和评估，适时形成各阶段风险分析文件，并按要求提供给顾客。

2）根据与顾客（军方）签定的项目合同或上级下达的项目指令。

3）在型号产品研制和批生产阶段，从产品要求的确定、设计、开发、采购到生产和服务提供，对有关技术、进度及经费的风险进行分析、评估，适时形成各阶段分析文件并按要求提供给顾客。

（2）风险分析与评估的主要内容

一般应在以下方面开展风险分析、评估：

1）按型号研制阶段，对设计开发过程的关键技术进行风险分析、评估；

2）对型号大型飞行试验、重要地面试验过程的关键技术进行风险分析、评估；

3）对型号试制、批生产过程的关键技术进行风险分析、评估；

4）对其他环节进行风险分析、评估。

（3）风险分析与评估的基本要求

通过风险分析与评估的三个步骤：风险辨识、风险分析及风险排序，抓住最薄弱的环节，对其中最关键的风险进行处理，选择并实施应对方案，以避免风险或控制降低风险使其达到可接受的程度。

① 风险辨识要求

风险辨识的任务是找出风险事件。要对整个武器系统的各方面、各过程的事件进行考察和辨识。按型号的研制过程、产品层次划分，依据产品每项要求包括使用的条件和性能指标、关键参数，逐个考察各产品的单元和各过程的单元，确定关键的风险区和可能出现问题的事件，确定出可能对系统、分系统或组成部分产生不利影响的事件。产品实现过程的关键风险区及单元示例见表 25-1。

表 25 - 1　产品实现过程中的关键风险区及单元示例

风险区	包含的单元示例	
设计开发	设计/技术途径	综合要求
	使用环境	人机接口
	外部/内部接口	设计增长能力
	系统/分系统关键设计要求	设计成熟性
	人力\培训和技能	安全/健康危害
试验	综合试验	试验环境加速
	合格鉴定测试	保障性试验结果
	分系统试验限制	
生产制造	设计的生产性	专用工装/试验设备规划
	制造能力要求	过程/工装验证
	零件/组件可用性	生产设备可用性
维修保障	使用和维修方案	保障设备要求
	系统诊断要求	维修接口
	维修性要求	训练设备设计
	供应保障要求	机内测试要求
费用/资金	费用目标的可行性	投资进程的及时性
	费用-性能的权衡	
进度	项目进度安排的合理性	研制阶段并行

② 风险分析要求及基本方法

通过对型号各研制阶段设计、试验、生产等过程辨识出来的各重大风险进一步分析，找出风险的致因，判定可能出现的情况及关键过程对最佳惯例（或预期的目标）偏离的程度，确定每个风险事件发生的概率和后果，从而评定风险的大小。常用的风险分析方法如下：

1）故障树分析法（FTA）；

2）故障模式影响及危害性分析（FMECA）；

3）建模和仿真；

4）可靠性预计；

5）专家的技术评估（可结合评审进行）。

③ 风险排序要求

利用风险分析方法及风险矩阵等对风险大小或等级的高低顺序排队以进行风险排序，风险矩阵法见附件 A。

（4）风险分析与评估实施要求

① 开展风险分析与评估的策划

型号总体部根据型号研制特点及军方需求，在型号方案阶段进行全面策划，形成风险分析、评估策划文件（如：型号研制阶段风险分析设想）；各研制阶段初期，根据各阶段研制特点，提出各研制阶段风险分析、评估的具体要求，并形成专项报告（亦可在设计报告中叙述）。

各分系统研制单位应根据总体要求，对主管产品进行风险分析、评估策划。在确定产品设计输入时，应明确分系统风险分析与评估要求，必要时通过技术任务书等形式传递至外协单位。

② 设计开发过程的关键技术风险分析、评估

1）型号产品实现的设计和开发过程是风险控制的关键过程，确定风险的顺序及顾客要求，根据设计和开发过程的风险源（或风险区）识别风险事件，结合不同研制阶段的特点分析并找出其致因，确定其与其他风险的关系并用发生概率和后果表征其影响；确定并评价风险处理方法，实施风险控制措施，消除或减小其对型号（项目）产品的影响。

2）型号产品设计、开发过程风险分析与评估通常应根据型号特点及不同阶段的特殊要求，开展下列工作：

a）武器系统风险分析；

b）可靠性预计；

c）故障模式影响及危害性分析（FMECA）；

d）故障树分析（FTA）；

e）杀伤概率计算；

f）引战配合效能计算、仿真；

g）武器系统作战过程仿真；

h）安全性分析；

i）控制系统仿真；

j）制导精度仿真；

k）力学分析、试验；

l）软件在参加飞行试验任务和型号转阶段前必须通过验证和确认测试，并按 QJ 2236A 的要求将软件按其失效可能产生的风险及危险的严重性实施分级、分类管理；

m）元器件选用、采购风险分析。

3）设计开发过程风险分析、评估文件编制要求。

型号设计开发过程风险分析、评估一般要求完成相关风险分析工作，并完成各研制阶段风险分析文件的编制工作。风险分析报告应能描述风险源识别的正确性、风险处理方法的合理性、风险控制措施及实施要求。各级产品风险分析与评估报告，应作为转阶段设计评审的输入之一。

4）设计开发过程的风险决策。

设计开发过程的风险决策，一般采取下列形式：

a）各研制阶段的设计评审；

b）试验前对关键技术组织专家进行的设计复合、复算；

c）试验前评审；

d）两总决策。

③ 对型号大型飞行试验、重要地面试验过程的关键技术的风险分析、评估

通常应根据型号各项大型飞行试验、重要地面试验特点及不同阶段的特殊要求，开展下列工作：

1）试验准备前状态检查，按照《大型试验质量控制》的规定执行；

2）试验大纲专家评审；

3）试验故障预案、危害度分析；

4）试验安全性分析；

5）试验过程转场评审。

④ 对型号试制、批生产过程的关键工艺技术的风险分析、评估

对型号试制、批生产过程的关键工艺技术进行风险分析一般采取下列措施：

1）试制前工艺评审，对设计的工艺性作出评价，对工艺总方案进行评审；

2）试制前准备状态检查；

3）工艺定型阶段对试制、批生产过程的关键工艺技术进行风险分析；

4）对采购产品的可用性进行分析（含合格供方评价、元器件及原材料选用目录确定等），对采购产品实施质量控制。

⑤ 对型号研制进度、经费等环节风险的分析、评估

型号研制初期根据与军方签定的型号研制合同，从型号研制的进度和对经费的需求等方面分析，形成型号研制风险分析报告。随着研制工作的推进，必要时开展各研制阶段风险分析报告。

（5）风险分析与评估管理要求

科研生产部门将型号研制过程的风险分析与评估工作，纳入年度科研生产计划，并组织实施。

1）各研制单位按设计策划及科研生产计划要求落实各阶段风险分析与评估工作，掌握风险分析活动的连续评估过程。当型号按研制程序转阶段时要进行技术风险分析，以决策能否转阶段。按规定的要求形成风险分析、评估相应技术文件（亦可在设计报告中叙述），作为各型号研制转阶段设计评审的输入文件之一。

科研生产部门完成型号进度和经费风险分析、评估工作，组织完成生产工艺风险分析、评估工作。

2）产品保证部门对设计、试验、生产等过程中的风险分析与评估工作实施监督，并将此工作纳入过程监视测量计划。

3）教育部门负责组织对设计师、管理人员进行有关风险分析技术的培训。

4）按合同要求，将型号相关风险分析、评估文件提交顾客代表。

附件 A　风险矩阵法
（资料性附录）

　　风险矩阵法是对风险大小或等级的高低顺序进行排队的方法。

　　矩阵的纵坐标表示风险事件的发生概率，横坐标表示风险事件发生的后果。各风险事件依据其发生概率和后果都可以在矩阵中找到一个相应的位置点，该点在对角线上的投影点距离原点 O 越远，风险程度越高。事件 B 的投影 OB_1 比事件 A 的投影 OA_1 长，所以事件 B 的风险大，如图 A-1 所示。

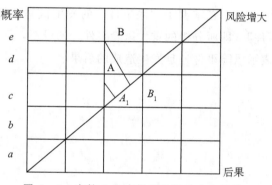

图 A-1　事件 A 和事件 B 的风险大小比较

　　风险排序后，按风险的大小需进行风险处理的优先次序列出风险事件。进一步的工作是按关键风险区和过程划分风险的类别，对每个关键风险过程的风险事件分别进行汇总，按一定的准则进行评定，确定该区或该过程整个汇总风险的等级，例如，设计过程的汇总风险等级最高。再将该区或该过程的风险按 Pf 和 Cf 等级列入汇总风险单中，并提出相应的对策，见表 A-1。

表 A-1　风险状态

项目××风险状况	
风险区状况：设计	Pf：高　Cf：高
重大设计风险：	
1. 风险名称：飞机重量	Pf：高　Cf：高
问题：超出飞机预计重量 10%，损失航程载荷 4%；	
对策：制定风险处理计划，用户复查其要求。	
2. 风险名称：	
……	

续表

风险区状况：生产制造 重大生产制造风险： 1. 风险名称： 　　……	Pf：高　Cf：高
风险区状况： 　　……	
风险区状况：维修保障 主要维修保障风险：无	Pf：高　Cf：高

　　顶事件的失效概率（Pf）：在掌握了"底事件"的发生概率的情况下，就可以通过逻辑关系最终得到"顶事件"（即所分析的重大风险事件）的概率，又称为"失效概率"。

　　失效后果（Cf）：表示风险事件一旦发生造成的后果。

第 26 章　质量信息管理

26.1　质量信息管理系统的建立

1）质量信息管理系统由质量信息中心和信息站（含产品保证技术支撑机构）组成。质量信息中心设在院产品保证部，信息站设在各部、所、厂质量管理部门。

2）质量信息中心是院质量信息的管理机构，配备专职人员负责质量信息业务归口管理工作。

3）信息站负责人由质量管理部门主要领导兼任，设专（兼）职人员负责本级质量信息的业务归口管理工作。产品保证技术支撑机构包括元器件可靠性分中心、软件评测中心、理化分析中心、可靠性环境试验中心，负责专业质量与可靠性信息的业务归口管理工作。

26.2　管理职责

（1）信息中心的职责

院质量信息中心的主要职责是：

1）负责制定二院质量可靠性信息管理工作计划；组织制定质量可靠性信息管理规章制度、工作程序和规范，并组织实施；

2）负责院级质量信息计算机管理系统的建设和运行管理工作，建立院级质量信息数据库；

3）组织对二院质量形势及产品质量进行综合分析，为采取有效纠正措施、实施质量改进提供决策依据；为院领导、型号两总及有关管理部门提供综合分析信息查询服务；

4）对各信息站工作进行检查、监督和指导，组织交流和表彰奖励；

5）负责部、所、厂级信息员的业务培训工作；

6）负责向上级业务归口部门提供有关信息。

（2）信息站（含产品保证技术支撑机构）的职责

质量信息站的主要职责是：

1）建立健全信息站的组织结构和各项规章制度，负责本单位各种质量信息的统一归口管理；产品保证技术支撑机构负责全院专业质量信息的归口管理；

2）制订信息站的工作计划并组织实施和监督检查；

3）建立、完善本单位的质量信息计算机管理系统，实现动态、闭环管理；

4）型号总体部负责建立型号可靠性数据库，负责型号大型试验质量信息的整理、汇总、统计、分析和上报，并建立数据库；

5）系统总体单位负责系统试验质量信息的归口管理，负责记录、整理，汇总、统计、分析、反馈和上报，以及跟踪闭环管理，建立数据库；

6）系统总装单位负责总装、测试全过程质量信息归口管理；负责记录、汇总、统计、分析、反馈和上报，以及跟踪闭环管理，建立数据库；

7）型号产品研制生产单位负责型号产品研制生产各阶段质量信息的采集、反馈、处理、贮存、传递等工作；

8）产品保证技术支撑机构负责专业质量与可靠性信息的收集、汇总、统计、分析和上报，并建立数据库；

9）负责本单位质量可靠性信息的综合统计、分析工作，以多种形式提供信息服务；

10）及时、完整、准确地向上级质量信息管理部门报送质量信息，接受集团公司、院质量信息管理部门的监督、检查和指导；

11）指导所属单位开展质量信息反馈工作；

12）组织本单位信息员的培训工作。

（3）信息员的职责

质量信息员的主要职责是：

1）在信息站站长领导下，具体负责本单位质量信息归口管理工作，负责制订年度工作计划并组织实施和监督检查；

2）负责型号产品质量信息采集、传递、统计和建立数据库的管理工作；

3）负责质量信息的外部反馈、归档与查阅、综合分析和上报工作，为各级领导提供信息服务。

26.3 管理内容

（1）院级质量信息管理内容

1）需上报上级主管部门的质量可靠性信息；

2）产品在总装总调、试验和交付使用过程中发生的质量问题信息；

3）原材料、元器件、外购（协）件的质量问题、批次性质量问题信息；

4）由于管理原因造成的质量问题（含人为质量问题）信息；

5）发动机试车信息；

6）院级组织的设计评审、工艺评审、产品质量评审、出厂评审报告及遗留问题的处理信息；质量问题归零评审信息和归零报告；

7）造成大型试验或重点任务停顿、延迟的质量事故、质量问题信息；

8）质量管理信息：季度质量综合分析报告、军工产品质量状况月报表、军品质量季报；

9）需综合的专业信息（含元器件筛选批次不合格信息、DPA 信息、失效分析信息、型号产品外协信息、软件评测信息、典型设备失效信息等）。

10）综合业务管理信息（含质量管理体系情况信息、质量培训与教育信息、QC 小组及成果情况信息等）。

（2）厂所级质量信息管理内容

1）院级管理的全部质量与可靠性信息；

2）产品在设计、生产、试验、安装和服务中发生的所有质量问题信息，发动机试车信息；

3）厂所级组织的设计评审、工艺评审、产品质量评审、出厂评审报告及遗留问题的处理信息。

产品保证技术支撑机构负责全院本专业质量与可靠性信息管理。

26.4　管理要求

（1）质量信息反馈、处理要求

1）元器件、原材料、外购（协）件发生的质量问题，由订货单位负责向制造厂反馈及跟踪处理。

2）总装、测试过程中发生的质量问题，由总装单位负责向型号产品生产单位反馈及跟踪处理。

3）系统试验发生的质量问题，由系统总体单位负责向有关生产单位反馈及跟踪处理。

4）大型试验发生的质量问题，由型号总体部负责汇总整理后，报院产品保证部向有关单位反馈及跟踪处理。

5）质量问题反馈、处理级别：应本单位内部处理的，自行解决；需总体部、系统总体、系统总装单位协调解决的，应向其反馈、处理；需院级协调解决的，应向院型号管理部门反馈，由其负责组织协调、处理。

6）各单位间反馈质量问题，一律使用院产品故障（问题）反馈单，格式见表 26-1。

7）顾客信息的反馈与处理

a）军工产品（含外贸产品）顾客信息的归口管理部门为院型号管理部门；院承接的大型民品顾客信息的归口管理部门为院民品管理部门。

b）顾客信息归口管理部门负责建立制度化、规范化的顾客信息管理系统，就顾客对产品的使用状况和对产品质量的满意程度的所有信息进行收集、分析和整理，并及时以产品故障（问题）反馈单形式发给有关单位和院信息中心。

c）顾客信息处理完毕后，受理单位应填写产品故障（问题）处理单，由本单位信息站负责将产品故障（问题）反馈单、处理单录入计算机，按期报院信息中心。

（2）信息采集格式及传递时间要求

① 信息采集格式

1）院级管理信息采集格式见本章附表 26-1～表 26-8，包括以下表格：

a）产品故障（问题）反馈单；

b）产品故障（问题）处理单；

c）质量事故与重大质量问题报表；

d）军工产品质量状况月报表；

e）航天飞行试验质量信息报表；

h）发动机试车质量信息报表；

g）军品质量季报；

h）航天型号产品质量问题汇总表。

2）各单位内部使用的质量信息采集格式，应以保证院级信息栏目的填写有案可查，不影响上报要求为原则。

② 信息传递时间要求

1）在型号产品研制、批生产阶段，故障（质量问题）发现后，按院产保〔2003〕400号文件《关于做好型号质量问题信息报送工作的通知》的要求，实行零报告和日报制度，由各责任单位质量管理部门负责组织产品故障（问题）反馈单和处理单的填写，当日以质量信息管理系统要求的形式上报院产品保证部，将信息纳入型号质量信息汇总库。

2）飞行试验及大型地面试验（含发动机试车）质量信息传递时间要求

a）靶场测试：故障（质量问题）发现后，按院产保〔2003〕400号文件《关于做好型号质量问题信息报送工作的通知》的要求，实行零报告和日报制度，由试验队质量安全组负责组织产品故障（问题）报告双联单的填写，当日以质量信息管理系统要求的形式上报产品保证部，将信息纳入型号质量信息汇总库；

b）飞行试验：属试验数据判读发现的故障（问题）由总体部负责组织产品故障（问题）报告双联单的填写并报送产品保证部，其余的由试验队质量安全组负责组织产品故障（问题）报告双联单和《航天飞行试验质量信息报表》的填写，24 小时内以质量信息管理系统要求的形式上报产品保证部，将信息纳入型号质量信息汇总库；

c）发动机试车：故障（质量问题）发现后，由发动机试车组织单位负责组织产品故障（问题）报告双联单和《发动机试车质量信息报表》的填写，24 小时内以质量信息管理系统要求的形式上报产品保证部，将信息纳入型号质量信息汇总库；

d）其他大型地面试验：型号参加系统级综合试验、匹配试验、总装测试、挂飞试验等大型地面试验中，发现故障（质量问题）后，由试验抓总单位负责在问题发生后 24 小时内组织填写《航天型号产品质量问题汇总表》，以质量信息管理系统要求的形式上报产品保证部，将信息纳入型号质量信息汇总库。

3）型号产品在研制生产过程中发生质量事故和重大质量问题后，各厂所应在 24 小时内填写《质量事故和重大质量问题报表》上报二院产品保证部，由产品保证部上报集团公司科技质量部，并将信息纳入型号质量信息汇总库。

4）各厂所应于每月末填写《军工产品质量状况月报表》，以质量信息管理系统要求的形式上报产品保证部。

5）各厂所应于每季度末完成本单位的季度质量综合分析报告，由主管领导审批后，以质量信息管理系统要求的形式上报产品保证部。

6）《军品质量季报》纳入国防科技工业综合统计报表，由各厂所按季填写，报送发展计划部综合计划处。

7）各单位对元器件质量管理全过程的质量信息进行管理。二院元器件可靠性中心必须建立元器件信息数据库，对监制、验收、复验、筛选、失效分析和 DPA 信息及时进行录入和归档，每季度末上报院产品保证部，同时向委托单位进行质量信息传递。代验产品的监制和验收信息由订货单位归档。

（3）信息建库要求

1）院管信息必须使用院研制开发软件进行管理、上报，确保联网信息共享。

2）各单位自行开发或在院软件基础上扩展的软件，以不妨碍联网使用及上报信息的准确为原则。

（4）信息上报要求

所有上报报表均要求字迹清晰、整洁，签署完整，并加盖公章。

（5）信息的存储要求

① 信息存储期限

1）长期存储：对本型号和后续型号产品均有应用价值的信息应永久保存，仅在本型号更新前有应用价值的信息应存储至该型号淘汰为止；

2）短期存储：只在研制、生产或使用期阶段内有使用价值的信息，一般不超过五年。

② 信息存储要求

1）信息存储期内，要按有关规定完整、准确、安全地保存各类信息，进行编号、编目，并提供方便的查询和检索方式。

2）存储期内信息一般不准修改，如确系信息本身有错误必须修改的，应经主管领导批准，并将修改后信息按原上报渠道重新上报。

3）属于产品（或工作）改进的信息，应按原上报渠道重新上报。原信息如果在存储期内应继续保留。

4）信息销毁按有关保密规定执行。

（6）信息使用要求

1）院不定期发布质量信息简报，动态信息及时报告，为领导提供决策依据，为各单位提供交流信息，提高信息利用率。

2）院内单位有权提出信息查询要求，需经履行批准手续后索取有关信息。

3）院外单位索取信息需按任务书或合同规定执行。索取信息在任务书或合同书中无规定的，须由需方提出申请，经信息提供单位领导批准后方可提供。

4）信息使用单位应按不同密级要求分别管理，未经信息提供单位同意不应随意扩散。

26.5　考核与奖惩

1）院产品保证部对各单位上报的数据进行验收和检查。

2）年终对在质量可靠性信息管理工作中作出贡献的单位和个人给予奖励。

3）对在质量可靠性信息工作中不执行有关规定的单位给予批评和处罚，扣除院年终考核质量系数分值。对因失职造成损失的追究直接责任者和主要领导的责任。

附表　院级管理信息采集格式

表 26 - 1 为产品故障（问题）反馈单；

表 26 - 2 为产品故障（问题）处理单；

表 26 - 3 为质量事故与重大质量问题报表；

表 26 - 4 为军工产品质量状况月报表；

表 26 - 5 为航天飞行试验质量信息报表；

表 26 - 6 为发动机试车质量信息报表；

表 26 - 7 为军品质量季报；

表 26 - 8 为航天型号产品质量问题汇总表。

表 26-1　产品故障（问题）反馈单

卡号：　　　　　　　　　　　　　　　　　　传送级别：

故障产品	型号名称		型号代号		型号批次		系统代码		出厂日期	
	系统名称		系统编号		系统批次		设计单位		生产单位	
	产品名称		产品代号		产品编号			研制阶段	C○S○D○P○	

工作阶段	复验○机加○电装○整机装配○整机调试○应力筛选○可靠性试验○交验○自检○单元测试○总装○总调○					
	系统联调○综合试验○匹配试验○校飞○内部验收○军检○代表室验收○飞行试验○运输试验○贮存试验○					
	交付○用户使用○发动机试车○其他○	试验代号		试验阵地	技术阵地○发射阵地○	试验反馈○

故障概况	故障部位名		器材名称		故障程度	致命○严重○一般○
	部位代号		型号规格		故障性质	事故○批次○重复○关联○
	部位编号		生产厂家		故障分类	弹上○地（舰）面○
	故障日期		批次数量		发现地点	

原因初步分析	

原因分类	设计○工艺○生产○器材○管理○操作○测试设备○外购（协）件○软件○其他○

现场措施	措施分类	更换○返工○返修○超差特许○报废○现场修复○其他○		责任单位		
	解决程度	彻底解决○基本解决○临时解决○待解决○	抓总单位		归零否○	

承办人签名	质量部门签名	军方代表签名	反馈单位盖章	
			反馈日期	
签收单位		签收人	签收日期	

表 26-2 产品故障（问题）处理单

卡号：　　　　　　　　　　　　　传送级别：

型号名称			系统名称		试验代号			反馈卡号	
产品名称			产品编号		故障日期			责任单位	
原因分析	故障部位名			器材名称		故障性质	事故○批次○重复○关联○		
	部位编号			型号规格		故障程度	致命○严重○一般○		
	批次数量			生产厂		故障分类	弹上○地（舰）面○		
故障模式	开路○短路○泄漏○绝缘下降○接触不良○多余物○松动○变形○开裂○断裂○性能不稳○								
	不协调○腐蚀○烧穿○爆炸○软件程序错误○软件病毒○死机○表面碰伤○错漏工序○其他○								
原因分类	设计○工艺○生产○器材○管理○操作○测试设备○外购（协）件○软件○其他○								
纠正措施及效果	措施分类	更换○返工○返修○超差特许○报废○更改工艺○更改设计○技术改造○制度完善○其他○								
	解决程度	彻底解决○基本解决○临时解决○待解决○								
承办人签名		质量部门签名		军方代表签名		责任单位盖章			
验收单位		验收人		验收日期					

表 26 - 3 质量事故与重大质量问题报表 (试行)

标题：

型号名称			
发生日期		发生单位、地点	
事故/问题情况			
影响后果			
产生原因初步分析			
备注			
填表人	审核人	报出日期	质量部门
		年　月　日	(盖章)

表 26 - 4 军工产品质量状况月报表

单位名称：　　　　　　　　　　　统计期：

本月军工产品科研生产进度和质量情况	
本月主要质量问题及归零情况	
重大质量问题和事故情况	
质量部门负责人		主管人员		填报人员	

填报日期：

表 26-5　航天飞行试验质量信息报表

填报日期：　　　　　　　　　　　　　　报表编号：

型号名称		型号代号		型号类型	战术○空间飞行器○ 战略○　运载火箭○
型号批次		技术状态		研制阶段	M○C○S○D○P○Z○Y○
试验代号		试验性质		试验地点	
总体单位				总装单位	
导弹编号		发射日期		发射情况	按时发射○推迟发射○
飞行结果			圆满成功○　成功○　部分成功○　失败○		
飞行试验情况					

填表人：　　　　　　　　　　　　　　主管负责人：

注：1. 每发导弹填一张表。

2. 试验性质：按演示验证飞行试验、研制性飞行试验、定型或鉴定飞行试验、批抽检试验和交付用户后飞行
试验 5 类填写。

3. 飞行结果：如在 24 小时内无法确定，可先不填。待结果确定后，再行上报。

4. 飞行试验情况：简要描述发射平台、目标、射程以及重要装订参数和本发导弹的发射时间（几时几分）、
发射、飞行、交会（精度）等情况。

表 26 - 6 发动机试车质量信息报表

填报日期：   报表编号：

<table>
<tr><td rowspan="3">发动机</td><td></td><td>名　称</td><td>代　号</td><td>批　次</td><td>编　号</td><td colspan="2">研 制 阶 段</td></tr>
<tr><td></td><td></td><td></td><td></td><td></td><td colspan="2">M○C○S○D○P○Z○Y○</td></tr>
<tr><td></td><td>设计单位</td><td>生产单位</td><td colspan="4">所 属 型 号</td></tr>
</table>

<table>
<tr><td></td><td>名　称</td><td>代　号</td><td>批　次</td></tr>
<tr><td>所属型号</td><td></td><td></td><td></td></tr>
</table>

<table>
<tr><td rowspan="8">试车情况</td><td colspan="2">试车（代号）序号</td><td>试车地点</td><td>试车台站</td><td>试车日期</td></tr>
<tr><td colspan="2"></td><td></td><td></td><td></td></tr>
<tr><td rowspan="2">环境</td><td colspan="2">温度（℃）</td><td>气压（MPa）</td><td>湿度（%）</td></tr>
<tr><td colspan="2"></td><td></td><td></td></tr>
<tr><td colspan="2">工作时间（s）</td><td>试车结果</td><td colspan="2">成功○部分成功○失败○</td></tr>
<tr><td colspan="2"></td><td></td><td colspan="2"></td></tr>
<tr><td rowspan="2">试车目的</td><td colspan="4"></td></tr>
<tr><td colspan="4"></td></tr>
</table>

填表人：   主管负责人：

> 注：1. 一台次试车填一张表。
>
> 　　2. 试车目的：简要描述本次发动机试车的目的。

表 26 - 7 军品质量季报

综合填报单位：

<table>
<tr><td rowspan="2">指标名称</td><td rowspan="2">代码</td><td colspan="3">计量单位</td><td colspan="4">本期实际</td><td colspan="3">本期累计</td></tr>
<tr><td>指标</td><td>子项</td><td>母项</td><td>指标</td><td>子项</td><td>母项</td><td>比上期</td><td>指标</td><td>子项</td><td>母项</td></tr>
<tr><td>甲</td><td>乙</td><td>丙</td><td>丁</td><td>戊</td><td>1</td><td>2</td><td>3</td><td>4</td><td>5</td><td>6</td><td>7</td></tr>
<tr><td>军品质量损失率</td><td>01</td><td>%</td><td>万元</td><td>万元</td><td></td><td></td><td></td><td></td><td></td><td></td><td></td></tr>
<tr><td>内部损失成本</td><td>02</td><td>万元</td><td>—</td><td>—</td><td>—</td><td>—</td><td>—</td><td></td><td>—</td><td>—</td><td></td></tr>
<tr><td>外部损失成本</td><td>03</td><td>万元</td><td>—</td><td>—</td><td>—</td><td>—</td><td>—</td><td></td><td>—</td><td>—</td><td></td></tr>
<tr><td>大型试验次数</td><td>04</td><td></td><td></td><td></td><td></td><td></td><td></td><td></td><td></td><td></td><td></td></tr>
<tr><td>产品更换数</td><td>05</td><td></td><td></td><td></td><td></td><td></td><td></td><td></td><td></td><td></td><td></td></tr>
<tr><td>产品返修数</td><td>06</td><td></td><td></td><td></td><td></td><td></td><td></td><td></td><td></td><td></td><td></td></tr>
<tr><td>质量事故及重大质量问题次数</td><td>07</td><td></td><td></td><td></td><td></td><td></td><td></td><td></td><td></td><td></td><td></td></tr>
</table>

单位负责人：   填表人：   报出日期：

表 26 - 8　航天型号产品质量问题汇总表

单位：　　　　　　　　　　　　　　　　　　型号：

序号	产品名称	产品编号	所属（分）系统	故障日期地点	工作阶段	质量问题（故障）概述及定位	原因分析	原因分类	是否批次性问题	纠正措施及举一反三情况	责任单位	归零情况及效果	备注

填报人：　　　　　　　　　　　　　　　　　填报日期：

第 5 篇
质量基础技术

第 27 章 质量经济学

有学者认为质量经济学是一门从经济和经济学的角度全面研究质量问题的经济效益学科（银路，1988）。也有学者认为这个概念并不完全，而更偏向于认为质量经济学是一门研究质量问题在社会经济发展中的地位和作用、质量范畴所反映的社会经济关系，以及提高质量的社会经济条件的科学（郭克莎，1992）。关于质量经济学的概念解释都大致可以归为以上两种，第二个概念较第一个范畴更为广泛，但相比起来是对第一个概念的修正与扩充，将之视为质量经济学的广义概念对狭义概念更妥当些。

这里所说的质量是产品通过客观性能满足一定消费条件下某种社会需要的程度，这是从质量的效用上来讲的，若从经济学的角度认识"质量"，"质量"一词本身就是经济的概念（尤建新）。这个定义适用于服务产品和精神产品的质量定义，所不同的只是客观性能上的差别。同样，工作质量和工程质量的定义从本质上来说也是与此一致的，一切具有商品性质的物品或过程的质量，都可以概括为满足某种社会需要的程度。

狭义质量经济学研究的是质量的经济性问题，有时是具体的技术经济问题，它多从企业的角度来研究质量问题。广义质量经济学的研究对象，是关于"质量"的总体性经济理论问题，是一门研究质量问题在社会经济发展中的地位和作用、质量范畴所反映的社会经济关系，以及提高质量的社会经济条件的科学，而不是具体的技术经济问题。它不是从企业内部而是从总体上来研究质量问题。

质量经济性是指用尽可能少的劳动消耗和劳动占有，提供满足用户需要的产品质量，以获得尽可能多收益的特征。质量经济性分析，是通过产品的质量、成本、利润之间关系的分析，研究在不同经营条件下经济的质量，常常被简化称之为"质量经济分析"。

深圳市质量发展战略课题组在《质量经济——劳动价值论深化研究中的一个新概念》（2002）一文中提到"前农业社会的经济实力基本标志是拥有奴隶的数量，农业社会的经济实力基本标志是拥有土地的数量，工业社会的经济实力基本标志是拥有资本的数量，而知识社会的经济实力基本标志则是拥有知识的质量"。并将质量经济定义为"以各个经济主体的知识的质量为主要动力所创造出来的经济"。

质量经济学、质量经济性与质量经济三个概念虽然字面接近，但含义却大相径庭。概括来说，质量经济学描述的是一门学科，而质量经济性描述的是某一特定水平质量具有的特性，而质量经济则是一种经济形态。要分清楚三者之间的关系，就必须引入另一个概念：质量经济效益学。

质量经济效益学（或质量经济效益分析），是一门专门研究质量与经济效益内在联系和数量关系的学问或学科，是一门从经济和经济效益的角度，通过对质量和质量管理进行经济分析、经济比较和经济效益评价，以确保用最少的人力、物力和财力，生产出尽可能多的质优价廉产品，创造尽可能大的质量经济效益的新兴交叉学科。质量经济效益学是质量经济学的一个分支和重要组成部分，质量经济性分析，是质量经济效益学的一个分支和组成部分，主要研究质量与企业经济效益的关系。三者之间的关系可由图 27-1 来表述。

图 27-1　质量经济学、质量经济效益学与质量经济性分析的关系

至于质量经济则是游离于上述三者的完全不同概念。虽然对同一概念还有着不同理解，虽然有的还处于不成熟阶段；但重要的一点是，它们完全不同的含义对应的是不同的表述角度，混用和错用都是应该避免的。

综上所述的三个概念，虽然具有一定的相互联系。但无论从概念的内涵还是外延来说，都是三个截然不同的概念。而有不少研究者却不加分辨而有所混淆。如杜广春等人在《宏观质量经济评价指标体系》（1994）一文中，关键字就将"质量经济"代替"质量经济性"使用，并在文章中进行混用。虽然"质量经济性分析"常被缩略为"质量经济分析"，"质量经济性指标"也在实用中与"质量经济指标"等同，但当"质量经济性"作为单独的名词出现时（比如关键字），使用"质量经济"来代替，似乎不妥。一方面会造成歧义，另一方面容易忽略研究的对象是一种性质、特性，而并非"经济"本身。

当然造成类似上述问题的原因一方面与研究者无心中的省略或错用有关，另一方面与概念所代表内容本身的复杂性也不无关系。例如，另一个相关的概念"质量"，其定义就具有相当的多样性。目前见到的众多的关于质量的定义或解释，虽各有差别，但基本上可以归为两大类：一类主要从质量的自然属性方面来下定义，解释为商品的物质特性，物品有用性能的综合或总和；另一类主要从质量的社会属性方面来下定义，解释为商品的适用性，产品满足一定社会需要的能力或程度。近年来，前一类解释有逐渐向后一类解释转化的趋势。例如，日本的石川馨（1984）教授认为，"真正的质量特性"是满足消费者的要求，而不是国家标准或技术指标，后者只是质量的代用特性。苏联学者也说："现代商业的实际作法改变了'质量'这一概念的内容。质量被看作产品与用户的要求相符合的程度。"英国政府一份文件的解释则更为简单明确："质量就是要使用户获得完全满意的产品。"

因为人类日益发现，"质量"是一种相当复杂的社会现象，在国际上质量问题已成为哲学、经济学、技术学、组织学、商品学、统计学、社会学、法学等科学研究的对象，因此，如同苏联的经济学博士雅·科特里科夫所说："试图为产品质量下个对各种学科都同样适用的定义的做法，是徒劳无益的。"

　　面对今日学科如此众多、体系如此庞大的科学系统，研究工作者的职责除了对这一系统进行更新、推进外，维护其统一性与严谨性也应当是不容推辞的职责。本书所深究的并不是强要为每个概念固定含义，并宣布其不容改动；而是列出几个相近概念加以对比，以避免混淆，提醒研究者注意，科学表述应当尽量使用最准确的词汇，这是一个十分重要的原则。

第 28 章　质量机能展开

28.1　质量机能展开的历史与现状

质量机能展开（QFD）产生于日本。在 20 世纪 60 年代，随着 TQC（全面质量管理）的深入，日本人开始考虑能否在产品的设计阶段就确定制造过程中的质量控制要点，以减少生产初期大量错误的发生。1972 年，三菱重工有限公司神户造船厂首先使用了 QFD。QFD 就是一种在开发阶段对产品的适用性实施全方位保证的系统方法。美国随后引入了 QFD 技术，并在汽车工业和国防工业进行推广，进一步地提高了 QFD 技术。目前，质量机能展开已在全球几十个国家得到应用。QFD 作为一种策划工具，已经不只被应用于最初的生产领域，而且被广泛地应用于非生产领域，如服务业、软件业等。

该方法立足于市场上顾客的实际需要，开展质量策划，确定设计指标体系，并提前揭示后续加工过程中存在的问题，采取相应对策。它从市场调查开始，经过质量展开、功能展开、装置展开、零部件展开、成本展开、工艺方法展开、可靠性展开、工序展开和质量职能展开，从质量、成本、可靠性全方位地对产品实施保证。该方法已从以汽车为代表的机加工行业发展到消费品生产、计算机软件生产、航空航天工业、医院、医疗器械及辅助设施、国防工业、广告业乃至福利部门，几乎涉及所有行业，在提高产品适用性、降低成本、缩短交货期方面都收到了非常显著的效果。美国国防部和美国国家航空航天局已要求企业广泛使用 QFD，其中，国防部强制要求所有生产军工产品的企业应用 QFD，美国三大汽车公司制定的 QS 9000 标准中，将 QFD 的应用正式纳入其中。

28.2　质量机能展开的概念

28.2.1　什么是质量机能展开

质量机能展开的英文名为 "Quality Function Deployment"，欧美国家也称之为质量屋（The House of Quality），形式上以大量的系统展开表和矩阵图为特征，集合价值工程或价值分析（VE 或 VA）和 FMEA 的思路，对在生产中可能出现的问题尽量提前予以揭示，以期达到多元设计、多元改善和多元保证的目的。

（1）质量机能展开的内容

质量机能展开从全面质量管理的视角出发，将质量要素（其中包括理化特性和外观要素、机械要素、人的要素、时间要素、经济要素、生产要素和市场及环境要素）构成一个有机的系统，并明确产品从设计开发到最终报废全过程的质量机能，并使各质量机能得以切实完成，是质量机能展开的目的。

质量机能展开（QFD）包括综合的质量展开和狭义的质量机能展开（也可称作质量职能展开），而综合的质量展开又包括质量展开（质量表的绘制）、技术展开、可靠性展开和成本展开。质量机能展开的基本构成见图 28 - 1。

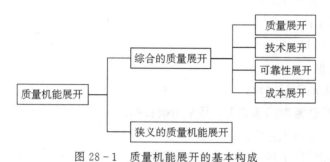

图 28 - 1　质量机能展开的基本构成

（2）质量机能展开的性质

它本身原理简单，但包括了大量管理技术的应用，例如，价值工程和价值分析、FMEA、FTA、KJ 法、矩阵图法、系统图法、层次分析法（AHP）、市场调查和用户访问技术等。它通过系统对应地展开，将大量的管理技术有机地融为一体。质量机能展开与其说是一种方法，倒不如说它是一种系统管理的思想在新产品开发中的体现更为贴切。

28.2.2　综合的质量展开与狭义的质量机能展开

质量机能展开由综合的质量展开和狭义的质量机能展开组成。综合的质量展开中质量的含义是多方面的。它包括质量、技术、成本和可靠性。它以用户需求为依据，从质量表出发，横向经过技术展开、可靠性展开、成本展开，纵向以技术展开为中介，进行零部件展开。

狭义的质量机能展开（质量职能展开）就是有关质量保证的业务职能的展开。是继质量展开之后，经过工序展开、绘制工序计划表、进而展开至工序质量保证项目一览表和作业标准，同时进行协作企业的展开。通过展开，明确要解决的问题，并反馈到有关部门，成为质量改进的出发点和突破口，也成为改变设计的依据。

28.2.3　质量机能展开的作用

质量机能展开与统计过程控制等质量控制的方法有本质的区别，它不仅可以消除用户的不满，还可将企业的质量管理水平提高到一个新阶段。根据有关文献，质量机能展开的有效性包括以下几个方面。

（1）有形的效益

1）大大减少研制时间；

2）有效地减少后期的设计更改；

3）在早期进行低成本设计；

4）提高设计可靠性；

5）降低企业的管理费用。

（2）无形的效益

1）使顾客更加满意；

2）健全企业质量保证；

3）QFD 数据库；

4）改进产品策划的基础。

（3）积累的价值

1）强化了当前的研制过程；

2）在市场和经营需求的基础上，尽早明确目标；

3）同时注意产品和工艺技法；

4）使主要问题一目了然，以便优化资源分配；

5）改进部门间的协作与联系；

6）提高了企业开发设计人员的水平；

7）有效地获得了用户真正所需的产品；

8）更好地满足了顾客的需求；

9）产品更具竞争优势。

28.2.4　质量机能展开的应用步骤

第一步：确定对象产品。

设定质量以前，须明确对象属于哪类产品。是全新产品还是现有改进型产品；是计划生产型产品还是订货生产型产品；是有形产品还是无形产品；是整机还是零部件。根据产品类型的不同，质量展开也会有细微的区别。以下步骤以第一种情况（全新产品、计划生产型产品……）为前提介绍。

第二步：把握市场要求，绘制要求质量展开表。

1）明确是哪些用户；

2）用户对产品基本功能的要求；

3）用户的特殊要求或偏好。

第三步：绘制质量特性展开表。

第四步：就质量特性和可靠性与其他公司比较。

第五步：绘制质量表。

第六步：用户投诉和意见的分析。

这是传统的实际过程中也要考虑的问题。

第七步：确定策划质量。

第八步：与其他公司比较，确定卖点。

这是企业对所生产产品的总体设想和设计的根据。

第九步：决定开发前的评价。

进入设计阶段之前，必须在以上探讨的各种资料和结果的基础上，对策划质量进行评价，也就是通常所说的第一次设计评审。

第十步：制作功能展开表。

从这一步开始，就进入了技术展开的范围。

虽然已经明确了对最终产品的质量要求及其质量特性值，但用什么样的技术来达到要求，这是重要的专业技术问题。产品开发一直都是以技术部门为中心进行的，而时刻围绕质量，为达到质量目标，如何发挥专业技术的作用是非常重要的。

价值分析中，功能展开是其中的重要内容。功能展开起着向专业技术过渡桥梁的作用。

第十一步：制作子系统展开表。

很多产品是由许多功能部件组成的，这些功能部件有时由一系列零部件组成，对它们进行树状展开，并与质量特性展开表、功能展开表形成矩阵图。

第十二步：质量投诉、质量特性、可靠性及成本分析。

结合第六步，并对现有的数据进行分析，把握生产工序现有的工序能力，对各零部件进行可靠性分析，掌握各种零部件的可靠性数据并进行分析。同时，根据要求质量成本设定目标成本。积累的以上资料，可以作为设计时的参考。

第十三步：设定设计质量，选定重要的安全部件和功能部件。

到此为止，对第七步的策划质量进行了纠正，确定了产品设计质量，进而确定了子系统和零部件的质量特性。这里还必须考虑工序能力、制造的容易性和经济性。同时，确定安全部件和功能部件，分别注上相应的标志。将能力不足的工序或可靠性低的部件作为改进的对象。

第十四步：应用 VE、FMEA 实施改进。

第十五步：设定质量评价项目。

即便是已经具有产品质量评价项目乃至实验项目体系的企业，其内容往往也是从技术角度考虑的，没有充分反映用户使用方法的可能性很大。

第十六步：设计评审。

经过以上的探讨，进入了确立基本设计的阶段，结合 VE、FMEA 的审查结果，开展设计评审。如果发现问题，必须反馈到相应步骤再进行探讨。决定所开发的新产品是否能够成立的工作主要在该阶段进行，设计变更尽可能在该阶段彻底地完成。进入详细设计阶段后，不要再去反复改变基本设计的内容。而且，从此要开始考虑与协作厂家共同探讨的内容。

第十七步：绘制零部件展开表。

首先围绕第十一步明确的子系统展开以及第十三步或第十四步中确定了的重点零部件

绘制展开表，也就是重要的零部件先进行展开，逐渐地层层展开，形成一个零部件展开系统。最好把 FMEA 分析的结果与此表结合起来一起考虑。到此为止，质量展开才算告一段落。

第十八步：作业方法研究和展开。

对企业内实现用户要求的手段进行的展开就是作业方法展开。以最小的成本和最容易的操作实现设计质量目标，达到质量和成本的最优化。

第十九步：工序展开。

到目前为止，已经将用户要求转换成产品质量特性，有确定的合适装置和功能来实现这些质量特性，进而展开到了零部件的质量特性，而将各零部件的质量特性进一步展开到各道工序的各项具体操作指令或管理项目中去。

第二十步：质量标准、作业标准、检验标准的制定。

产品、半成品、零部件质量标准的制定要参照工序能力的结果进行。为确保符合质量标准，要制定作业标准；再与第十五步的质量评价项目结合起来，确定适当的检验方法，制定相应的检验标准。

第二十一步：设计评审和试制品评价。

反复进行评审、改进，是将质量隐患消除在批量生产之前的必由之路。这时应该再次整理出《问题或缺陷一览表》，再次利用企业现有的所有质量信息进行探讨，查找原因，解决问题。

第二十二步：编制作业指导书。

将与用户关心的项目密切相关的各项作业作为重点，编写详细的指导、说明、注意事项、出现问题如何处理或通知谁等，而不是仅提出工艺要求。

第 29 章　统计过程控制

统计过程控制（SPC）的基本原理和方法是 20 世纪 30 年代 Shewhart 博士为了有效地对生产过程中产品质量进行监测控制而提出的，至今已有 70 多年的历史。自创立以来，它就在工业和服务等行业得到了推广和使用。二战时期美国将其制定为战时质量管理标准，为保证军工产品的质量和及时交付起到了重要作用。战后的日本从 1950—1980 年在工业界广泛推广和应用 SPC，使日本跃居世界产品质量和生产率的领先地位，以至于美国著名的质量管理专家 Berger 教授也曾说："日本成功的基石之一就是 SPC。"

从 20 世纪 80 年代起，SPC 在许多工业发达国家复兴，世界很多大公司也纷纷在自己内部积极推广和应用 SPC。虽然，SPC 是从产品的质量监控开始的，但经过 70 多年的实践和发展，尤其是与计算机技术的紧密结合，其原理和方法现已广泛应用于设计、销售、服务、管理等过程。

29.1　统计过程控制管理的内涵

（1）统计过程控制管理

统计过程控制（Statistical Process Control，SPC）是一种借助数理统计方法的过程控制工具。在企业的质量控制中，可应用 SPC 对质量数据进行统计、分析，从而区分出生产过程中产品质量的正常与异常波动，以便对过程的异常及时提出预警，提醒管理人员采取措施消除异常，恢复过程的稳定性，从而提高产品的质量。SPC 是企业提高质量管理水准的有效方法，它通过检测数据的收集和分析，可以达到事前预防的效果，从而有效控制生产过程，不断提高质量。未采用 SPC 技术之前，质量管理就是检验，这样单纯的检验只能发现和剔除不合格品，而不合格品被发现时，其损失已经造成。即便是采取措施，也只能是亡羊补牢。SPC 技术的采用，使质量管理从被动的事后把关发展到生产过程中积极的事前预防，从而大大降低了企业的生产成本，同时也为企业赢得了更多的订单和更好的商誉。

（2）SPC 技术原理

SPC 是一种借助数理统计方法的过程控制工具。它对生产过程进行分析评价，根据反馈信息及时发现系统异常因素出现的征兆，并采取措施消除其影响，使过程维持在仅受随机性因素影响的受控状态，以达到控制质量的目的。当过程受控时过程特性一般服从稳定的随机分布；而失控时过程分布将发生改变。SPC 正是利用过程波动的统计规律性对过程进行分析控制的，因而，它强调过程在受控和有能力的状态下运行，从而使产品和服务稳定地满足顾客的要求。

（3）实施 SPC 的效果

作为全球制造业所信赖和采用的品质改进工具，SPC 能帮助企业最终达到 6σ 质量水平。SPC 还将带来巨大效益：品质稳定可以提高客户更大的满意度，增加订单；减少变异极大地降低不良品返工和停工的损失，节省大量时间和资金；并可大幅提升企业的竞争优势。SPC 强调全过程监控、全系统参与，并且强调用科学方法（主要是统计技术）保证全过程的预防。SPC 不仅适用于质量控制，更可应用于一切管理过程（如产品设计、市场分析等）。正是这种全员参与质量管理的理念，可以帮助企业在质量控制上真正做到事前预防和控制，实现：

1）对过程做出可靠的评估；

2）确定过程的统计控制界限，判断过程是否失控和是否有能力；

3）为过程提供早期报警系统，及时监控过程的情况以防止废品的发生；

4）减少对常规检验的依赖性，系统的测量方法替代了大量的检测和验证工作；

5）降低不良率，减少返工和浪费，降低成本。

29.2 统计过程控制管理的基本问题

（1）监测问题

所谓 SPC 的监测问题，狭义上理解就是如何利用所获得的被监测过程的统计数据，构造控制图，使之在所监测的过程有异常变化时能迅速地报警。由于被监测过程大都是在随机因素影响的环境中进行的，因而我们可将其看成是随机过程。既然是随机过程，当对其进行监测报警时，就可能存在误报问题。因此，监测问题的关键就变成如何构造最优的控制图，使之在所监测的随机过程有异常变化时能在很小的误报率前提下，最快地报警。

（2）诊断问题

这里所说的诊断是指统计诊断，它是利用被监测过程的统计数据，对过程异常变化的大小、程度、范围以及变化的方向和趋势等及时地做出统计推断。在过去的几十年，通过构造各种控制图来对所监测过程的异常变化进行诊断已有很多研究工作。

（3）变点时间估计问题

监测一个随机过程，除了要尽可能快地知晓它是否发生了异常变化以及异常变化的大小、程度和范围，还需要及时地推断过程是在什么时间发生异常变化的。因为，知道了过程发生异常变化的时间，将有助于我们找到过程发生异变的原因。因此，利用被监测过程的统计数据对过程发生异常变化的时间进行统计估计和分析（称之为变点时间估计），也是 SPC 的一个重要问题。

第30章 卓 越 绩 效

30.1 卓越绩效模式

该模式源自美国波多里奇奖评审标准，以顾客为导向，追求卓越绩效管理理念。它不是目标，而是提供一种评价方法。"卓越绩效模式"是 20 世纪 80 年代后期美国创建的一种世界级企业成功的管理模式，其核心是强化组织的顾客满意意识和创新活动，追求卓越的经营绩效。"卓越绩效模式"得到了美国企业界和管理界的公认，该模式适用于企业、事业单位、医院和学校。世界各国许多企业和组织纷纷引入实施，其中施乐公司、通用公司、微软公司、摩托罗拉公司等世界级企业都是运用卓越绩效模式取得出色经营成果的典范。2001 年起，中国质量协会在研究借鉴卓越绩效模式的基础上，启动了全国质量管理奖评审，致力于在中国企业普及推广卓越绩效模式的先进理念和经营方法，为中国企业不断提高竞争力取得出色的经营绩效提供多方面的服务。

中国加入 WTO 以后，企业面临全新的市场竞争环境，如何进一步提高企业质量管理水平，从而在激烈的市场竞争中取胜是摆在广大已获得 ISO 9000 质量体系认证的企业面前的现实问题。卓越绩效模式是世界级成功企业公认的提升企业竞争力的有效方法，也是我国企业在新形势下经营管理的努力方向。

一个追求成功的企业，它可以从管理体系的建立、运行中取得绩效，并持续改进其业绩、取得成功。但对于一个成功的企业如何追求卓越，"卓越绩效模式"提供了评价标准，企业可以采用这一标准集成的现代质量管理的理念和方法，不断评价自己的管理业绩走向卓越。

30.2 《卓越绩效评价准则》标准的特点

《卓越绩效评价准则》标准的特点如下：

一是全面质量管理理论的发展和现实相结合的反映。质量管理作为一门科学，从产生、发展到不断变革已经历了将近一个世纪。《卓越绩效评价准则》源自全面质量管理的基本思想和方法，是对全面质量管理的创新和发展。《卓越绩效评价准则》更加强调质量对组织绩效的增值和贡献，反映质量和绩效、质量管理和质量经营的系统整合；强调质量是组织的一种系统运营的全面质量，要以追求组织效率的最大化和顾客价值的最大化为目标；强调组织的文化建设。

二是国际成功经验和中国国情相结合的成果。国家质量奖是我国质量领域的最高奖项，应代表国际先进的质量管理理念和方法，应该是许多成功企业的经验总结。因此，《卓越绩效评价准则》定位在国际先进质量管理经验和方法的最新总结上，要求全方位地提升企业综合素质。同时，结合中国企业质量管理的实际情况，强调坚持科学发展和可持续发展的原则，强调战略和资源，强调企业的社会责任和建立诚信体系等。

三是关注五大利益相关方。关注顾客、股东、员工、供应商和社会五大相关方的利益，旨在创造和谐共赢的平衡价值。

30.3　《卓越绩效评价准则》与 ISO 9001：2000 标准之间的关系

1)《卓越绩效评价准则》与 ISO 9001：2000 标准都是质量管理的标准，二者既有区别又有联系。ISO 9001 标准是质量管理体系标准，是符合性标准，目的是为了证实企业有能力稳定地提供满足顾客和适用法律法规要求的产品。而《卓越绩效评价准则》则对企业提出了更高的要求，它为企业提供了追求卓越绩效的经营管理模式，为国家质量奖的评价和企业自我评价提供了依据，它用量化指标（1 000 分）平衡地评价企业卓越经营的业绩，是评价企业卓越绩效成熟度的标准。

2）如果说 ISO 9001 等合格评定体系侧重于解决组织内部职责及接口的清楚的"分工"问题，那么《卓越绩效评价准则》所评价的就是组织内部乃至内外部"协调一致、融合互补"程度的"不分家"问题。"不分家"的程度越高，则管理的成熟度也越高，也就越卓越。

根据《中华人民共和国产品质量法》、国务院颁布的《质量振兴纲要》的有关规定，由国家质量监督检验检疫总局质量管理司提出，由中国标准化研究院负责起草制定 GB/T 19580—2004《卓越绩效评价准则》国家标准。标准于 2004 年 8 月 30 日发布，2005 年 1 月 1 日起实施，并配套发布《卓越绩效评价准则实施指南》。

该标准参照国外质量奖的评价准则，结合我国质量管理的实际情况，从领导，战略，顾客与市场，资源，过程管理，测量、分析与改进以及经营结果等七个方面规定了组织卓越绩效的评价要求，为组织追求卓越绩效提供了自我评价的准则，也可用于质量奖的评价。

《卓越绩效评价准则》国家标准（GB/T 19580—2004）的正式发布，标志着我国质量管理进入了一个新的阶段。引进、学习和实践国际上公认的经营质量标准——卓越绩效模式，对于适应我国市场经济体制的建立和经济全球化快速发展的新形势，具有重要的意义。卓越绩效模式反映了当今世界现代管理的理念和方法，是许多成功企业的经验总结，是激励和引导企业追求卓越，成为世界级企业的有效途径。北京质量协会从 2002 年重新启动北京质量奖的评审工作，2005 年开始启动表彰"实施卓越绩效模式先进企业"活动（原为"质量效益型先进企业"）的评审工作，都是采用或参照《卓越绩效评价准则》有关条款进行的。在各级政府的大力支持和各行业企业积极参与下，在很大程度上促进了企业质量管理水平的提高和核心竞争力的增强，赢得了社会各界的广泛赞誉。

第 31 章　价 值 工 程

31.1　基本概念

1）价值工程又称为价值分析，它是研究怎样以最低的成本去实现产品合格的功能。

2）价值：价值是个尺度，产品的价值就是功能和实现这个功能所耗费用（成本）的比值。

$$价值(V) = 功能(F) / 成本(C)$$

3）产品功能：就是指产品所起的作用，所具有的使用价值，或者说是产品的效用。其分类有：

a）按功能的重要性可分为基本功能（实现产品用途必不可少的功能）和辅助功能（为实现基本功能而附加的功能）。

b）按功能本身的性质可分为使用功能（产品的实际用途或使用价值）和美学功能（产品的外观功能或艺术功能）。

c）按功能与用户的关系可分为必要功能（用户要求的功能）和过剩功能（用户不需要的功能）。

4）成本（也称为总成本）。

a）是产品的寿命周期成本，是为实现产品的功能所必须的一切支出。

b）总成本＝生产成本＋使用成本。

c）可绘制成本曲线。

随着产品功能水平的提高，生产成本也将提高，而使用成本将减少，呈马鞍形曲线变化。

31.2　价值工程的特点

1）以提高产品的实用价值为目的。

2）以功能分析为核心。

3）推广和应用价值工程要依靠集体的智慧和力量。

4）提高产品的价值不能凭经验，要运用科学方法进行分析和最优化选择。

31.3　价值工程的作用

1）消除产品中零件的过剩质量和不必要的成本。

2）可以延长产品的市场寿命周期。

3）降低产品成本的有效途径。

4）体现"用户第一"和"质量第一"。

5）弥补设计工作的不足。

31.4　应用范围

简单说可以在各个部门具体运用。既可用于简单产品的设计和生产，也可用于复杂的产品和大型工程；既适用于新产品，也可用于老产品的改进；既可用于产品的设计和工艺的改进，也可用于原材料的采购供应和生产工序的安排等方方面面。

第32章 质量管理体系（评估）评价

2012 年度二院产保部下发了《关于印发质量管理体系成熟度评价工作计划的通知》（院产保〔2012〕213 号）要求，贯彻落实集团公司《质量制胜战略报告》和二院《质量制胜战略实施纲要》的要求，进一步深化质量管理体系持续改进，对院属各单位进行体系成熟度评价。院属十三家单位结合《二院质量管理体系成熟度自我评价实施细则（试行）》开展了质量管理体系成熟度自评价工作，并由院产保部牵头对试点单位开展了质量管理体系成熟度现场评价工作。通过质量管理体系成熟度评价的过程，提出了院属各单位的质量体系运行过程中的薄弱环节，结合年度质量管理体系改进计划和管理评审，提出切实有效的改进措施，进一步提高质量管理体系有效性。

32.1 评价内容

质量管理体系成熟度评价这套评价体系从领导作用、质量体系改进、资源管理、型号研制和生产质量控制、质量基础、质量体系运行结果等 6 个方面对质量体系运行的成熟度进行评价，评价模型见图 32-1，评价体系共包括 39 项，总分为 1 000 分。

（1）领导作用

从总体上评价单位的最高管理层如何应用过程方法建立以顾客为导向的质量体系和过程，确保其有效和高效地运行及持续改进。包括管理承诺、职责和权限、制定质量方针和目标、体系策划、战略管理、质量文化、质量奖惩、质量责任等方面，共 10 项，分数为 130 分。

（2）质量体系改进

评价单位如何使用有效和系统的监视测量方法来识别有待改进的区域。包括体系改进计划的制定、体系文件的完善、管理评审和内审的实施、数据分析的开展、纠正和预防措施的实施、产品质量改进、体系成熟度自我评价机制等，共 9 项，分数为 130 分。

（3）资源管理

评价单位如何确保识别、获得并有效应用实施本单位战略和实现组织目标所需资源，尤其是建立、运行和改进质量体系所需的资源。包括人力资源、基础设施、工作环境、技术资源等，共 4 项，分数为 50 分。

（4）型号研制和生产质量控制

评价单位如何运用过程方法实施过程管理，确保产品实现过程及相关过程网络有效和高效地运行，从而使单位具备满足顾客要求的能力。包括产品实现策划、设计开发和生产

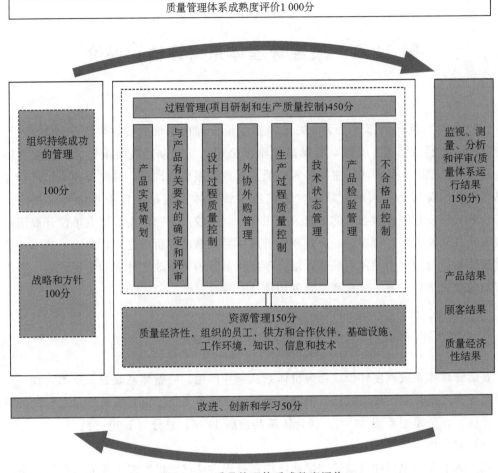

图 32-1　质量管理体系成熟度评价

全过程、外协外购管理、检验管理和不合格品控制等，共 8 项，分数为 420 分。

（5）质量基础

评价单位对质量基础工作的重视程度，以及如何开展质量基础建设和管理，提高质量基础保障能力。包括质量信息管理、标准化管理、计量管理、质量技术方法推广、阶段重点工作等，共 5 项，分数为 120 分。

（6）质量体系运行结果

从产品、顾客和质量经济性等角度并运用量化数据评价质量体系的运行效果，共 3 项，分数为 150 分。

32.2　评价等级

依据 GB/T 19004—2000《质量管理体系业绩改进指南》，将质量管理体系成熟度分为五级，具体见表 32-1：

表 32 - 1 质量管理体系成熟度等级表

成熟度等级	运作水平	指南	对应分值
初始级	没有正式方法	没有采用系统方法的证据，没有结果，不好的结果或非预期的结果	<600 分
事后管理级	反应式的方法	基于问题或纠正的系统方法；改进结果的数据很少	600～699 分
基本受控级	稳定的、正式的系统方法	系统的基于过程的方法，处于系统改进的初期阶段；可获得符合目标的数据和存在改进的趋势	700～799 分
保证级	重视持续改进	采用了改进过程；结果量化且保持改进趋势	800～899 分
成熟级	最好的运作级别	最强的综合改进过程；证实达到了水平对比的最好结果	900～1 000 分

32.3 评价原则

开展质量管理体系成熟度评价要遵循以下原则：

1) 采用定性和定量相结合的方式；

2) 突出当前阶段质量工作的重点；

3) 注重发现薄弱环节和总结提炼最佳实践。

32.4 评价方法

评价应依据评价内容的条款要求，依据查阅的资料及相关证明性材料，如实记录评价情况及评价中发现的问题，对照评价项目逐项填写现场评价记录表，对扣分情况需进行详细说明。对产品实现过程进行评价时，样本选择应覆盖本单位承担型号产品的 30% 以上。评价内容应采用"要求—落实—改进"的评定方式来确定每个项目的成熟度等级。每个评价项目分为四个成熟度等级，每个成熟度等级对应着相应的成熟度系数，成熟度系数分值越高，该评价项目开展的工作越好。具体判定指南见表 32 - 2。

在对具体评价项目进行成熟度等级评定时，对于"一级"的评定方法是：如果符合评价要点前两项（即要求和落实）中的一项，成熟度等级系数就判定为 0，其他情况的成熟度等级系数判定为 0.4。对于"二级"至"四级"的判定方法是：如果评价要点前两项中有一项不满足，成熟度等级则降到下一个等级；如果评价要点前两项都满足，但第三个评价要点（即改进）没有满足，则成熟度系数评定为该等级的下限值，即 0.5、0.7、0.9；如果三个评价要点都满足，则成熟度系数评定为该等级的上限值，即 0.6、0.8、1。

对有关单位因科研、生产任务性质，不涉及部分评价子项，该部分子项分数从总分中扣除，质量管理体系成熟度量化评价分数按下列公式计算

$$T = 1\,000 \times \sum (a_i \times n_i)/(1\,000 - B)$$

式中 T——质量体系评价总分；

a_i——第 i 个评价子项的总分值；

n_i——第 i 个评价子项的成熟度系数；

B——删减子项的总分数。

表 32 - 2　评价项目成熟度等级和系数对照表

成熟度等级	成熟度系数	成熟度评价要点
一级	0 或 0.4	针对该项目尚未确定符合评价细则的明确要求和相应方法（要求）；要求和方法尚未在相应的过程和部门得到展开、落实（落实）；缺少有针对性的改进过程，没有针对问题的分析方法，只有就事论事的处理（改进）
二级	0.5 或 0.6	针对该项目的主要方面，具有符合评价细则的正式、明确的要求和基本有效的方法（要求）；要求和方法在各主要过程和部门得到基本展开、落实（落实）；有针对问题的基本分析和改进过程，但举一反三不到位（改进）
三级	0.7 或 0.8	针对该项目的全部方面，具有符合评价细则的具体、有效的要求和可操作、可检查的方法（要求）；要求和方法在所有相应的过程和部门都得到较为全面的展开、落实（落实）；具有系统的分析和评价方法，对关键过程实施有效的分析和改进（改进）
四级	0.9 或 1	针对该项目的全部方面，具有符合评价细则的系统、规范、详细的要求和比较先进、高效的方法（要求）；要求和方法在所有相应的过程和部门都得到全面、彻底有效的展开、落实（落实）；基于详细信息支持的、全面系统的分析、评价和深入、彻底的改进，形成持续改进的机制（改进）

32.5　评价程序

（1）自评价

自评价由院属各单位自行组织实施，具体步骤如下：

1）单位最高管理层决策开展体系成熟度自评价工作；

2）制定质量管理体系成熟度自评价实施计划，并在本单位范围内组织实施；

3）组织有关职能部门组成评价小组，对本单位质量管理体系运行实施自评价；

4）依据评价结果形成自评价报告，并通过最高管理层评审后，报送上级管理部门；

5）对评价发现的主要问题实施质量改进，并落实到本单位质量管理体系改进中。

（2）院机关对所属单位进行评价

在所属单位完成自评价的基础上，上级管理部门组织对所属单位的质量管理体系成熟度进行评价工作。具体步骤如下：

1）制定对所属单位的质量管理体系成熟度评价计划；

2）依据评价计划安排，组织相关业务主管部门及专家组成评价组，依据本细则的要求组织实施评价；

3）依据评价结果形成评价报告反馈给受评价单位，作为指导所属单位完善质量管理体系的依据。

附录 A 质量管理常用工具和技术

A.1 概述

A.1.1 产品质量波动

（1）产品质量具有波动性和规律性

1）产品质量的波动具有普遍性和永恒性；

2）其波动都服从一定的分布规律。

（2）正常波动

正常波动是由随机原因引起的产品质量波动。称仅有正常波动的生产过程为处于统计控制状态，简称控制状态或稳定状态。

（3）异常波动

异常波动是由系统原因引起的产品质量波动。称有异常波动的生产过程为非统计控制状态，简称失控状态或不稳定状态。

（4）质量管理的重要工作

1）找出产品质量波动规律，并区分正常波动和异常波动；

2）控制正常波动在合理范围内；

3）消除系统原因引起的异常波动。

（5）引起产品质量波动的原因

主要来自：人、机、料、法、环、测六个方面，也称 5M1E。

A.1.2 统计数据、总体和样本

统计数据可以归成两大类：计量数据和计数数据。

（1）计量数据

凡是可以连续取值的，或者说可以用测量工具具体测量出小数点以下数值的这类数据，就叫作计量数据。计量数据一般服从正态分布，如图 A-1 所示。

图 A-1 横坐标为所测产品的质量特性值（计量数据），纵坐标为概率密度，曲线为概率密度曲线。

从这条曲线可以看出，曲线最高点的横坐标，为正态分布总体的均值，用 μ 表示，意味着 x 在 μ 的附近出现的概率最大，当 x 向左右远离时，即 x 离平均数 μ 越远，其出现

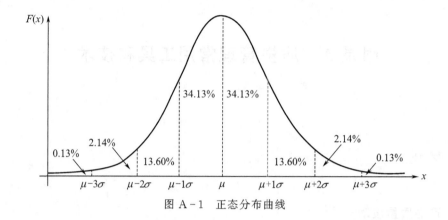

图 A-1　正态分布曲线

的概率就越小。

正态分布的特点有：

1) 正态分布规律由 μ、σ 两参数完全确定，μ 亦称为正态分布的位置参数，σ 为正态分布总体的标准差，亦称为正态分布的形状参数。

2) 曲线以 $x=\mu$ 这条直线为轴，左右对称。

3) 曲线与横坐标轴所围成的面积等于 1。

4) 曲线与横坐标任意两点间的面积为数据取值在这两数据之间的概率。

5) 在远离一定范围以外的偏差，其出现的概率很小（如在 $\mu\pm3\sigma$ 以外的偏差，出现的概率不到 0.3%）。

（2）计数数据

1) 计数数据是不能连续取值的，无论如何也得不到小数点以下的数据。

2) 计数数据又分计件数据和计点数据。

3) 当数据以百分率表示时，以分子的数据类型为依据判断百分率的数据类型。如：分子是计量数据时，百分率为计量数据。分子为计数数据时，百分率为计数数据。

4) 计件数据一般服从二项式分布，是离散型分布的一种，它描述的只有两种结果，一般可用"成功"和"失败"或"接收"和"拒收"来表示。在产品检验中或在试验中用得较多。

5) 计点数据一般服从泊松分布，也是离散型分布的一种，这种分布总是与计点过程相关联，并且计点是在一定时间内、一定区域内或一特定单位内的前提下进行的。

（3）总体（N）

1) 总体：又叫"母体"，是指我们分析研究对象的全体。可以是一个过程也可以是这一过程的结果，即产品。

2) 组成总体的每个单元（产品）叫作个体。

3) 总体中所含的个体数叫作总体含量，也称总体大小。

4) 常用 N 表示。

（4）样本（n）

1）样本：也叫"子样"，它是从总体中随机抽取出来并且要对它进行详细研究分析的一部分个体（有样品的意思）。

2）样本中所含的样品数目，一般叫作样本容量或样本大小。

3）常用 n 表示。

（5）抽样

1）抽样：是指从总体中随机抽取样品组成样本的活动过程。

2）随机抽样：是要使总体中的每一个个体（即产品）都有同等机会被抽取出来组成样本的活动过程。

3）在质量管理中常采用抽取样本获得样本信息去估计或预测总体的这种统计方法。

A. 1. 3　随机抽样方法

（1）一般随机抽样法（通用，等概率）

就是通常所说的随机抽样法。将全部产品编号后，可用抽签、抓阄、查随机数表或掷骰子等办法。优点是抽样误差小，缺点是较繁杂。

（2）顺序抽样法（又称等距抽样法、系统抽样法或机械抽样法）

先将全部产品编号，用随机抽样法产生一个抽样起点，每隔一段时间或一定间隔抽取一个个体来组成样本。具体使用时要注意周期性变化，易产生较大的偏差。优点是操作简便，缺点是偏倚可能很大。

（3）分层抽样法（又称类型抽样法）

总体可分为不同的子总体（也可称层）时，按规定的比例从不同层中随机抽取样品（子样）来组成样本的方法。常用于产品质量验收。优点是抽样误差较小，缺点是较一般随机抽样法还要繁杂。

（4）整群抽样法（又称集团抽样法）

将总体分成许多群，每个群由个体按一定方式结合而成，然后进行随机抽取若干群，并由这些群中的所有个体组成样本。优点是实施方便，缺点是代表性差，误差大。

A. 1. 4　统计特征数

统计方法中常用的统计特征数可分为两类，一类是表示数据的集中位置的；另一类是表示数据的散布或离散程度的。

（1）样本平均值

样本平均值是表示数据集中位置的最基本的一种统计特征数，常用符号 $\overline{X}$ 表示。

（2）样本中位数

样本中位数也是表示数据集中位置的一种统计特征数。是将收集到数据按大小顺序重新排列，将排列在中间位置上的数叫作中位数，用符号 $\widetilde{X}$ 表示。

（3）样本方差

样本方差是表示数据散布或离散程度的一种统计特征数。用符号 S^2 表示。

（4）样本标准偏差

国际标准化组织规定，将样本方差的平方根作为样本标准偏差，用符号 S 来表示。

（5）样本极差

样本极差也是表示数据散布或离散程度的一种统计特征数，用符号 R 表示，是一组数据中最大值与最小值之差。

A.1.5　两类错误和风险

在质量管理中常用抽取样本获得样本的质量状况，以此来推测判断整批总体的质量好坏。这种统计方法将犯两种错误。

（1）"弃真"错误

把质量好的一批成品（总体）当成质量坏的一批去看待和处理，亦称为第Ⅰ类错误。犯这类判断错误的概率一般用 α 来表示，要承担风险的，所以 α 又称为第Ⅰ类错误的风险率。

（2）"取伪"错误

把质量坏的一批成品（总体）当成质量好的一批来看待和处理，亦称为第Ⅱ类错误。犯这类判断错误的概率一般用 β 来表示，也是要承担风险的，所以 β 又称为第Ⅱ类错误的风险率。

A.2　排列图与直方图

A.2.1　排列图

（1）定义

排列图又叫帕累托图。它是将质量改进项目从最重要到最次要进行排列而采用的一种简单的图示技术。

（2）图形

排列图由一个横坐标、两个纵坐标、几个按高低顺序排列的矩形和一条累计百分比折线组成。

（3）用途

显示质量改进项目对整个质量问题的影响作用，并识别进行质量改进的机会。

（4）帕累托原理

"关键的少数，次要的多数"。在具体应用时，即所选择的少数项目对整个的影响占累计百分比要大，注意所选项目数一定要少，不能违反这一原理。

（5）应用程序

1）选择要进行质量分析的项目。

2）选择用于质量分析的度量单位。

3）选择进行质量分析的时间范围。

4）画横坐标，按度量单位量值递减的顺序自左向右在横坐标上列出项目。将量值很小的几个项目合并归为"其他"项，放在最后。

5）画纵坐标，在横坐标的两端画 2 个纵坐标，左边的纵坐标单位与度量单位量值的单位一致，其高度须与所有项目的量值和相等，右边的纵坐标应与左边纵坐标等高，并按 0～100％进行定标。

6）在每个项目上画矩形，其高度表示该项目的度量单位量值，用以显示出每个项目的作用大小。

7）由左至右累加每项目的量值，并画出累计频率曲线，此曲线又叫帕累托曲线，用来表示各项目的累计百分比。

8）利用排列图的原理可以确定对质量改进最重要的项目。

A. 2. 2　直方图

（1）定义

直方图是用一系列宽度相等、高度不等的矩形表示数据分布的图形。

（2）用途

1）显示质量波动分布的状态。

2）较直观传递有关信息。

（3）应用

1）收集数据。要求应大于 50 个，为更方便一般多为 100 个数据。

2）确定数据的极差（R）。

3）确定组距（h）。一般确定分组数为 10 组，然后用极差（R）除以 10 所得数取整数。如 $47/10＝4.7$，取整数为 5。

4）确定各组的边界值。为避免出现数据落在边界上，组的边界值单位应取为最小测量单位的 1/2。

5）编制频数分布表。将所有数据填入表内。

6）画直方图，如图 A–2 所示。

（4）观察分析

1）对照图 A–3 所示 6 种图形形状，对所画图形形状观察分析，判断是否属于正常型。

a）正常型直方图：说明过程处于统计控制状态。

b）偏向型直方图：可能由单向公差要求或加工习惯引起。

c）双峰型直方图：数据来自两个不同的总体。

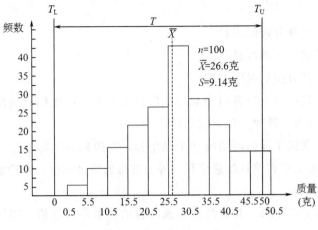

图 A-2　直方图示例

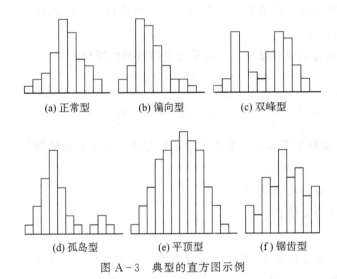

图 A-3　典型的直方图示例

d）孤岛型直方图：可能发生原料混杂、操作疏忽、测量工具有误差、外人替岗等。

e）平顶型直方图：生产过程中有缓慢变化因素的影响。

f）锯齿型直方图：由于分组过多或测量数据不准等。

2）对照 5 种规范进行分析。

当直方图为正常型时，还需对照规范进行比较，常见的有 5 种规范，如图 A-4 所示。

a）图 A-4（a）所示的状况不需要调整，因为直方图充分满足公差要求。

b）图 A-4（b）所示直方图能满足公差要求，但不充分。这种情况下，应考虑减少波动。

c）图 A-4（c）所示直方图必须采取措施，使平均值接近规格的中间值。

d）图 A-4（d）所示直方图要求采取措施，以减少变差（波动）。

e）图 A-4（e）所示直方图要求同时采取图 A-4（c）和（d）的措施，既要使平均值接近规格的中间值，又要减少波动。

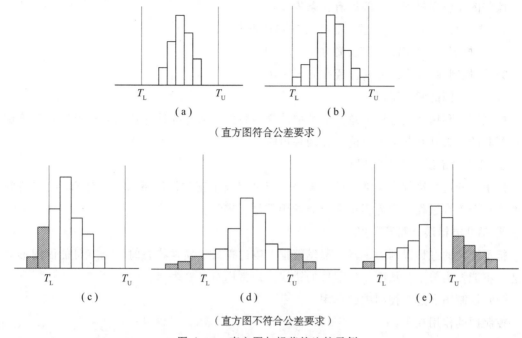

（直方图符合公差要求）

（直方图不符合公差要求）

图 A-4 直方图与规范的比较示例

（5）直方图的定量表示

直方图定量表示的主要是特征值平均值 $\overline{X}$ 和标准偏差 S。

1）平均值 $\overline{X}$ 与标准中心 M 越靠近越好。

2）标准偏差 S 越小越好。

A.3 控制图

A.3.1 概述

（1）定义

控制图是将一个过程定期收集的样本数据按顺序点绘成图形的一种图示技术。

控制图（又叫管理图）是用于区分由异常原因引起的波动，或是由过程固有的随机原因引起的偶然波动的一种统计工具。

可以理解为，控制图是用于判断过程正常或异常的一种统计工具。

（2）3σ 原则

我们控制多少质量数据才能实现对过程的控制呢？如前面所讲，当质量数据服从正态分布时，全部质量数据的 99.73% 落在 $\mu \pm 3\sigma$ 范围内，是绝大部分数据。根据小概率事件可以"忽略"的原则，如果将这 99.73% 的质量数据控制住，过程就基本实现了受控。如果超出 $\mu \pm 3\sigma$ 范围，则认为过程存在异常（失控）。

控制图在应用过程中一般设有三条界线：

1）中心线（CL），其位置与正态分布均值重合。

2）上控制线（UCL），其位置在 $\mu+3\sigma$ 处。

3）下控制线（LCL），其位置在 $\mu-3\sigma$ 处。

（3）控制图的两类错误

控制图是利用从过程这一总体中抽取的样本数据，通过统计计算来对该过程是否稳定进行判断的，就其判断结果可能存在两种风险。

① 第 I 类错误（虚发警报）

把正常的过程错判为异常，虚发警报。当过程处于正常情况下时，仍然有小于 3‰ 的概率将一个正常过程错判为不正常。通常用符号 α 表示。

② 第 II 类错误（漏发警报）

把不正常的过程误判为正常，漏发警报。当过程处于异常状态时，仍有可能因图形的表达，不能发出警报，从而发生漏报的错误。通常用符号 β 表示。

（4）控制图在过程控制中的作用

控制图的作用在于：

1）质量诊断，用来度量和评估过程的稳定性，即过程是否处于统计控制状态。

2）质量控制，用来确定过程何时需要调整，何时需使过程保持其稳定的统计控制状态。

3）质量确认，用来确认某过程是否得到了改进。

A.3.2　控制图的判断

小概率事件原理（又称为小概率事件不发生原理）：若事件发生的概率很小（如 0.01），现经过一次（或很少次数）试验，事件居然发生了，就有理由认为事件的发生是异常的。

当控制图出现下列两种情况之一时，则可认为生产过程发生了异常变化，必须把引起变化的原因查找出来，排除掉。

1）所打点子越出上下控制界线

2）点子虽然没有超出控制界线，但其排列有如下缺陷：

a）呈"链状"——连续七点以上在中心同一侧出现；

b）呈"趋势"——连续七点以上上升或下降；

c）呈"周期"——以一定的时间间隔作相同的上升或下降的重复性排列；

d）在连续三点中至少有两点"接近控制界线"。

A.3.3　常用的控制图

控制图的种类很多，一般按数据的性质分成计量控制图和计数控制图两大类。

（1）计量控制图

计量控制图以均值-极差 $\overline{X}-R$ 控制图为例，其应用步骤如下：

1）确定控制的质量指标，即控制对象。

2）取得数据（至少 25 组样本，样本量通常为 5 个）。

3）计算 $\overline{X}_i$，R_i。

4）计算 $\overline{\overline{X}}$，$\overline{R}$。

5）计算 R 图控制界线、$\overline{X}$ 图控制界线，并作图。

6）将数据在 R 图上打点，并判稳。

7）将数据在 $\overline{X}$ 图中打点，并判稳。

8）计算过程能力指数并检验其是否满足技术要求。

9）延长 $\overline{X} - R$ 图的控制界线，进入过程的日常控制阶段。

（2）选择控制图

选择控制图主要是根据所控制质量指标的数据性质来进行选择的。

1）计量数据的选择 $\overline{X} - R$ 图；

2）数据为计件的可选择不合格品数控制图（简称 Pn 图）或不合格品率控制图（简称 P 图）；

3）数据为计点的可选择缺陷数控制图（简称 c 图）或单位缺陷数控制图（简称 u 图）。

A. 3. 4　过程能力及过程能力指数

（1）过程能力

1）定义：过程能力是指当过程处于稳定状态（正常受控状态）时，加工产品的能力。

2）含义：过程能力是过程的一种可以度量的特性。

3）定量描述：通常用过程的产品质量特性分布的 6 倍标准偏差来描述。

4）符号及算式：记为 B。算式为 $B = 6\sigma \approx 6S$。

5）理解：数值越小越好。数值越小代表加工的均匀性好，稳定一致的能力强。

（2）过程能力指数

1）定义：过程能力满足质量要求的程度。

2）含义：过程的特性与技术需求的关系。

3）定量描述：是公差范围和过程能力的比值。

4）符号及算式：符号记为 C_P。

算式为

$$C_P = \frac{T}{6\sigma} \approx \frac{T}{6S}$$

5）过程能力指数的计算

a）分布中心与公差中心重合时

$$C_P = \frac{T}{6S} = \frac{T_U - T_L}{6S}$$

式中　T_U——公差上限；

T_L——公差下限。

b) 分布中心与公差中心不一致，存在中心偏移量（ε）时

$$C_{PK} = \frac{T - 2\varepsilon}{6S}$$

式中

$$\varepsilon = |M - \overline{x}|$$

（3）过程能力与不合格品率

根据 C_P 值的大小，可定量计算出该加工过程的结果（即产品）的不合格品率，如表 A-1 所示。

表 A-1

C_P	不合格品率	C_P	不合格品率
0.33	31.75/100	1.2	3/1 万
0.67	4.55/100	1.33	6/10 万
1	3/1 000	1.5	7/100 万
1.1	1/1 000	1.67	6/1 000 万

（4）提高过程能力指数

由过程能力指数的计算公式 $C_{PK} = \frac{T - 2\varepsilon}{6S}$ 可知，影响过程能力指数有 3 个变量，即产品质量规范（公差范围 T）；过程加工的分布中心 $\overline{X}$ 与公差中心 M 的偏移量 ε；过程加工的质量特性值的分散程度，即标准偏差 S，因此提高过程能力指数的途径有 3 个：

1）减少中心偏移量 ε；
2）减少标准偏差 S；
3）增大公差范围 T。

A.4　散布图

A.4.1　散布图的概念与应用

（1）什么是散布图

散布图是研究成对出现的两组相关数据之间相关关系的简单图示技术。

（2）散布图的作用

在质量管理和质量控制中常用于分析研究质量特性之间或质量特性与影响因素之间两变量的相关关系。

应用时要求收集的数据要≥30 对。

六种典型的散布图图形如图 A-5 所示。

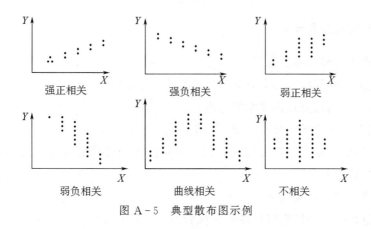

图 A-5　典型散布图示例

A.4.2　散布图的判断

（1）对照典型图例法

将实际画出的图与图 A-5 所示典型图例对照，就可得到两个变量之间是哪种相关关系的结论。

（2）简单象限法（见图 A-6）

1）画 P 线将点子从左右两侧平分，画 Q 线将点子从上下两侧平分。

2）分别计算对角象限区域内的点数，即 n_1+n_3，n_2+n_4。

3）当 $n_1+n_3>n_2+n_4$ 时，为正相关；当 $n_1+n_3<n_2+n_4$ 时，为负相关。

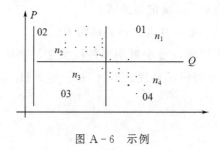

图 A-6　示例

A.5　统计推断

A.5.1　定义及其作用

1）定义：统计推断是在概率论的基础上根据样本的有关数据，对未知总体的质量特性参数（如平均值、方差等）进行合理的判断和估计。

2）假设检验和参数估计是统计推断常用的领域。

3）作用：对总体质量特性参数的变化进行判断，并确定其数值的大小和范围。

A.5.2　假设检验的应用步骤

（1）假设检验的解决办法思路

1）明确要处理的问题。答案只能为"是"或"不是"。

2）取得样本，同时要知道样本的分布。

3）把"是"转化到样本分布上得到一个命题，称为"假设"。

4）根据样本值，按照一定的规则，做出接受或拒绝假设的决定。回到原问题上，就是回答了"是"或"不是"。

（2）假设检验的原理或规则

即小概率原理——小概率事件在一次试验中几乎不会发生。

（3）假设检验可能犯两种错误

一类为"弃真"，用 α 表示，又称显著性水平。$1-\alpha$ 称置信水平或置信度。另一类为"取伪"，用 β 表示。实际问题中总是控制 α 的大小，一般常取 0.01，0.05 等值，而不考虑 β。

（4）参数的假设检验应用步骤

1）根据问题的要求，提出质量特性值的论断，称为"原假设"（或零假设）H_0，对立假设（又称为备择假设）H_1。

2）在 H_0 成立的前提下，选择合适的检验统计量，这个统计量包含要检验的参数，同时它的分布应该是已知的。

3）根据给定的显著性水平 α，确定拒绝域。

4）由样本值计算统计量的值，并查出必要的常数值。

5）判断小概率事件是否发生，若小概率事件没发生，则认为原假设合理，接受 H_0。若小概率事件发生，则认为原假设不合理，拒绝 H_0，接受 H_1。

（5）实例

1）总体平均值的检验。

2）总体方差的检验。

A.5.3　参数估计的应用步骤

1）参数估计主要有点估计和区间估计两类。

2）点估计通常用样本的平均值来估计总体的平均值，以样本的方差来估计总体的方差。

3）区间估计就是根据样本求出总体质量特性参数的估计区间，并使这个区间包含未知数的可靠程度达到预定的要求。在一定的置信度下，估计区间又可叫作置信区间。

4）具体实例：

a）总体平均值的估计。

b）总体方差的估计。

A.6　调查表、分层法和矩阵图

A.6.1　调查表

（1）定义

调查表是用来系统地收集资料和积累数据，确认事实并对数据进行粗略整理和分析的统计图表。

（2）作用

能够使我们按统一的方式收集资料，以便于分析。

（3）式样

多种多样，一般根据所调查的质量特性的要求不同而自行设计。

（4）应用步骤

1）明确收集资料的目的。

2）确定为达到目的所需搜集的资料。

3）确定对资料的分析方法（如运用哪种统计方法）和负责人。

4）根据不同目的，设计用于记录资料的调查表格式，其内容应包括：调查者、调查的时间、地点和方式等栏目。

5）对收集和记录的部分资料进行预先检查，目的是审查表格设计的合理性。

6）如有必要，应评审和修改调查表格式。

（5）示例

1）不合格项目调查表；

2）缺陷位置调查表；

3）质量分布调查表；

4）矩阵调查表。

A.6.2　分层法

（1）定义

分层法是按照一定的标志，把搜集到的大量有关某一特定主题的统计数据加以归类、整理和汇总的一种方法。

（2）分层的原则

使同一层次内的数据波动（或意见差异）幅度尽可能小，而层与层之间的差别尽可能大。

（3）分层的标志

可采用：

1）人员：按年龄、工级和性别等。

2）机器：按设备类型、新旧程度、不同的生产线和工夹具类型等。

3）材料：按产地、批号、制造厂、规格、成分等。

4）方法：按不同的工艺要求、操作参数、操作方法、生产速度等。

5）测量：按测量设备、测量方法、测量人员、测量取样方法等。

6）时间：按不同的班次、时期等。

7）环境：按照明度、清洁度、温度、湿度等。

8）其他：按地区、使用条件、缺陷位置、缺陷内容等。

（4）应用步骤

1）收集数据或意见。

2）将采集到的数据根据不同目的选择分层标志。

3）分层。

4）按层归类。

5）画分层归类图。

A.6.3　矩阵图

（1）定义

矩阵图是以矩阵的形式分析问题与因素、因素与因素、现象与因素之间相互关系的图形。

（2）组成

矩阵图由对应事项、事项中的具体元素、对应元素交点处表示相关程度的符号 3 部分组成。

（3）矩阵图格式（见图 A-7）

		B							
		B_1	B_2	B_3	B_4	B_5	B_6	···	B_n
	A_1					○			
	A_2			◉					
A	A_3								
	A_4		○				◉		
	⋮								
	A_m				△		△		

图中 ◉ 表示有强相关；○ 表示有关系；△ 表示可能有关系。

图 A-7　矩阵图格式示例

（4）矩阵图的作用和分类

① 主要用途

1）确定系列产品的研制或改进的着眼点。

2）原材料的质量展开。

3）寻找产品的不良现象与原材料、设备、工艺之间的关系。

4）拟定与市场相关联的产品战略方案。

5）加强质量审核制度并使之效能化。

6）明确产品质量特性与管理职能或负责部门的关系。

7）明确用户质量要求与工序管理项目之间的关系等。

② 矩阵图的分类（一般常用的）

1）L 型矩阵图，是最基本的形式。

2）T 型矩阵图，是由两个 L 型矩阵图组合而成的矩阵图。

3）Y 型矩阵图，有 3 个事项，其中两两相对应的事项分别构成 3 个 L 型矩阵图。

A.7　水平对比法、流程图、头脑风暴法及亲和图

A.7.1　水平对比法

（1）概念

水平对比法就是将过程、产品和服务质量同公认的处于领先地位的竞争者的过程、产品和服务质量进行比较，以寻找自身质量改进的机会。

（2）作用

寻找最佳的水平，并与企业（组织）实际对照，找出差距。在确定产品质量水平、过程质量改进、质量方针和质量目标时都很有用。

（3）应用程序

1）确定对比的项目。

2）确定对比的对象。

3）收集有关资料。

4）归纳、整理和分析资料。

5）进行对比。

A.7.2　流程图

（1）概念

流程图就是将一个过程（如工艺过程、检验过程、质量改进过程等）的步骤用图的形式表示出来的一种图示技术。

（2）图示标志（见图 A-8）

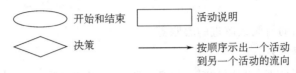

　　开始和结束　　　　　　活动说明

　　决策　　　　　　　　　按顺序示出一个活动
　　　　　　　　　　　　　到另一个活动的流向

图 A-8　常用流程图图示标志

（3）作用

可以用来描述现有的过程和设计新的过程。

（4）应用程序

① 描述现有过程的流程图应用程序

1）判断过程的开始和结束。

2）观察从开始到结束的整个过程。

3）规定在该过程中的步骤（输入、活动、判断、决定、输出）。

4）画出表示该过程的一张流程图草图。

5）与该过程中所涉及的有关人员共同评审该草图。

6）根据评审结果改进流程图草图。

7）与实际过程比较，验证改进后的流程图。

8）注明正式流程图的形成日期，以备将来使用和参考。

② 设计新过程的流程图应用程序

1）判别该过程的开始和结束。

2）使此新过程中将要形成的步骤（输入、活动、判断、决定、输出）形象化。

3）确定该过程中的步骤（输入、活动、判断、决定、输出）。

4）画出表示该过程的流程图草图。

5）与预计该过程将要涉及的有关人员一起评审该流程图草图。

6）根据评审结果改进流程图草图。

7）注明形成正式流程图的日期，以备将来使用和参考。

A.7.3　头脑风暴法

（1）定义

头脑风暴法又称畅谈法、集思法。是采用会议的方式，引导会议的每一个人围绕着某个中心议题（如质量问题等）广开言路，激发灵感，在自己头脑掀起思想风暴，毫无顾忌、畅所欲言地发表独立见解的一种集体创造思维的方法。

（2）作用

可以用来识别存在的质量问题并寻求解决的办法，还可用来识别潜在质量改进机会。

（3）应用程序

① 引发和产生创造思维阶段

所有与会者都要共同遵守的规则：

1）领导同与会者是平等的，无领导和被领导之分。

2）明确头脑风暴法会议的目的。

3）与会的每位成员依次发表一条意见、一个观点。

4）成员可以互相补充各自的观点但不能评论，更不能批驳别人的观点。

5）当面记录下每个成员的观点。

6）会议持续到无人发表意见为止。

7）将每个人的观点重述一遍。

② 整理阶段

重述每个人的观点，以使每个成员都知道全部的内容。去掉重复的、无关的观点，对各种见解进行评价、论证。最后集思广益，按问题进行归纳。

A. 7. 4　亲和图

（1）概念

亲和图是将收集到的大量有关某一特定主题的意见、观点、想法和问题，按它们之间相互亲（接）近关系加以归类、汇总的一种图示技术。

（2）用途

常用于归纳、整理由"头脑风暴法"所产生的各种意见、观点和想法等语言资料。

（3）应用步骤

1）确定活动小组的主题。

2）制作语言资料卡片（尽量每张卡片只记录一条意见、一个观点和一种想法）。

3）汇总、整理卡片。

a）把卡片集中起来随机地放在一起；

b）把有关联的卡片归在一起；

c）找出或另写一张能代表该组内容的主卡片；

d）把主卡片放在该组的最上面。

4）按类（组）将卡片中的信息加以登记、汇总。

5）画出亲和图。

6）提交报告，写出分析报告，指明结论。

A.8　因果图、树图和对策表

A. 8. 1　因果图

（1）概念

因果图是揭示质量特性波动与其潜在原因关系，即表达和分析因果关系的一种图表。

（2）作用

1）分析因果关系。

2）表达因果关系，积累经验。

3）寻找措施以促进问题的解决。

（3）应用程序

1）简明扼要地规定结果，即规定需要解决的质量问题。

2）规定可能发生问题的原因的主要类别。一般考虑数据和信息系统、人员、机器设备、材料、方法、度量和环境等主要类别。

3）开始画图。把"结果"画在右边的矩形框中，然后把各类主要原因放在它的左边，作为"结果"框的输入。

4）寻找所有下一个层次的原因，画在相应的主（因）枝上，继续一层层地展开下去。一张完整的因果图展开的层次至少应有2层，一般情况下要有3层。

5）从最末端层次的原因中选取和识别少量对结果有较大影响的原因。

（4）注意事项

1）画因果图时，一般应用"头脑风暴法"，将每个人的意见都经分析因果关系后按层次记录在图上。

2）不能笼统地确定所要分析的主要质量问题，一张图上只能对应一个结果，即是单目标的。

3）因果关系的层次要分明，末端原因应寻找到可直接采取对策为止。

4）"要因"一定要确定在末端因素（最高层次因素）上，而不能确定在中间层次上。

A.8.2 树图

（1）概念

树图是表示某个质量问题与其组成要素之间的关系，从而明确问题的重点，寻找达到目的所应采取的最适应的手段和措施的一种树枝状图。

（2）分类

按展开方向可分为宝塔型树图和侧向型树图。

（3）作用

1）目标方针、实施事项的展开。

2）为确定质量保证活动而进行的保证质量要素（事项）的展开。

3）工序分析中对质量特殊性进行主导因素的展开。

4）用于因果分析。

5）安全和故障分析。

（4）应用程序

1）简明扼要地阐述要研究的主题（如质量问题）。

2）确定该主题的主要类别，即主要层次。可以利用亲和图中的主卡片。

3）构造树图。

4）针对每个主要类别确定其组成要素和子要素。

5）把针对每个主要类别的组成要素及其子要素放在主要类别右边相应的方框内。

6）评审画出的图。确保在顺序上或逻辑上无差错和空档。

A.8.3　对策表

（1）概念

对策表又叫措施计划表。是针对质量问题的主要原因而制定的应采取措施的计划表。

（2）作用

1）用于针对不合格原因，防止不合格的再次发生而采取纠正措施的实施计划。

2）有效措施贯彻实施、检查和评价的依据。

（3）表头

是按"5W1H"原则来制定的。即 What（对策）、Why（目标）、Who（负责人）、Where（地点）、When（时间）、How（措施），见图 A-9。

序号	要因	对策	目标	措施	地点	时间	负责人

图 A-9　对策表表头

A.9　容差分析及田口方法

A.9.1　容差分析

（1）基本概念

① 容差分析定义

根据 GJB/Z 89—97《电路容差分析指南》的定义，容差分析是一种预测电路性能参数稳定性的方法。它主要分析电路组成部分的参数偏差在规定的使用条件范围内对电路性能容差的影响。

② 容差分析目的

在产品规定的使用范围内，确保产品各组成部分的参数变化对产品性能稳定性的影响控制在允许范围内，并据此对电路组成部分参数容差进行修正。

③ 产生容差问题的原因

1）组成系统的元器件参数通常是以标称值表示的，实际却存在着公差。

如标称值为 1 000 Ω，精度为±10％的电阻，其实际电阻值在 900～1 100 Ω 范围内，这个原因产生的参数偏差是固定的，见图 A-10。

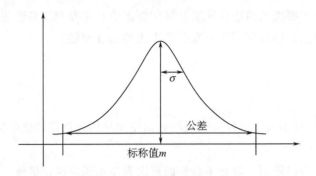

图 A-10　元器件参数偏差

2）外部条件（环境、电源、负载）变化产生参数漂移。

环境温度、相对湿度的变化，电应力的波动，以及负荷的变化、频率变化、元器件的瞬态特性等都会使电子元器件参数发生变化。在设备工作过程中存在各种干扰，会引起电源电压波动，从而使电源电压和元器件参数的实际值发生变化，偏离标称值产生漂移。漂移之后的元器件参数就可能使电路的性能参数超出允许范围。这种情况的偏差，在多数情况下是可逆的，即随着条件改变参数可能恢复到原来的值。

3）退化效应。

很多电子产品在长期的使用过程中，元器件参数分布中的均值和标准方差都可能随着时间的积累，在环境条件的影响下发生变化。这种情况产生的偏差是不可逆的。

④　容差分析时机

电路容差分析应从设计早期初步电路图给出时开始，一般在做过故障模式影响分析（FMEA）之后进行，电路在修改后应再进行容差分析。

（2）容差分析流程

容差分析流程图如图 A-11 所示。

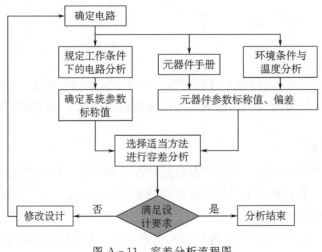

图 A-11　容差分析流程图

① 确定电路

需进行容差分析的关键电路的确定原则：

1）经费与进度的限制；

2）任务重要性；

3）FMEA 或其他分析结果。

② 关键电路

关键电路的确定原则：

1）严重影响安全或严重影响任务完成的电路；

2）昂贵的电路；

3）采购或制作困难的电路；

4）需要特殊保护的电路。

③ 规定工作条件下的电路分析及系统参数标称值的确定

在规定的使用条件下，明确被分析电路的功能，进行各种工作方式下电路性能的试验分析或仿真分析，得到电路参数在规定条件下输出的标称值。

④ 元器件手册、环境条件与温度分析及元器件参数标称值

明确电路使用的环境应力条件，按照电路元器件清单和元器件手册，或利用热测试试验以及技术人员经验，分析电路和元器件的实际工作温度范围；明确电路中主要元器件参数的标称值、偏差范围以及分布，电源和信号源的额定值和偏差值，电路接口参数等。

⑤ 选择适当方法进行容差分析

根据已明确的电路条件按选定的方法对电路进行容差分析，求出电路输出性能参数的偏差范围，找出对电路输出性能敏感度影响最大的参数并进行控制，使电路满足要求。

⑥ 满足设计要求

把容差分析所得到的参数偏差范围与电路性能指标要求相比较，如符合要求则分析结束，如不符合要求则应修改设计，直到能够满足电路性能指标要求为止。

A. 9. 2　田口方法

田口方法是一种质量工程方法。就其采用的方法而言，主要是正交试验设计法的运用。本节对田口三次设计的基本思想和内容作简要的介绍。

（1）基本概念

① 质量干扰

质量控制的主要目的之一是控制产品质量特性的波动，因为质量特性波动超越一定界限时就会使产品发生故障或丧失功能。引起质量特性波动的原因，一般称为质量干扰，或叫质量波动源。质量干扰具体表现形式多种多样，归纳起来大致有以下三个方面：

1）外干扰。由于环境因素与使用条件的变化或波动，如温度、湿度、位置、尘埃、输入电源、磁场、机械振动、腐蚀气体等的变化或波动，从而引起产品性能波动。这些干扰会使质量性能不稳定，影响产品功能的正常发挥，但这些干扰出现在产品的外部，故称

为外干扰或外噪声。

2）内干扰。产品在库存或使用中，产品本身的零件、材料会随着时间的推移发生质量变化，从而引起产品性能的变化。例如，电气产品绝缘材料的老化，零件在使用中承载负荷产生磨损、蠕变，滑动器件润滑材料的干扰与老化等，都会恶化产品质量特性，使产品产生故障甚至丧失功能。这些使产品性能波动的原因存在于产品本身内部，故称为内干扰或内噪声。

3）产品间的波动。由于构成产品的材料、元件、零件，在外协或外购时就存在波动，在制造过程中由于操作、设备、原材料或坯件、工艺参数或环境条件等也不可避免地存在着波动，使得按同一规格和生产条件下生产出来的一批产品，其间的质量特性也会存在波动。这种波动称为产品间波动。这种干扰也是一种内干扰，如果说，老化干扰是时间上的内干扰，则产品间的波动就是空间的内干扰。

产品的质量好，性能稳定，应表现为产品性能波动小。在各种外干扰和内干扰的情况下，产品仍能正常发挥功能，这样的产品才算得上性能优良的产品。因此，为了保证和提高产品质量，应研究如何减少上述三种干扰，也就是说，应提高产品的抗干扰能力。

② 质量的评价

1）质量损失函数。设产品的质量特性值为 y，目标值为 m，质量损失函数为 $L(y)$。当 $y = m$ 时，$L(y)$ 达到最小且为零。质量损失函数为

$$L(y) = K(y - m)^2$$

式中，K 为质量损失函数的比例常数。不同情况下 K 值有所不同，并可定量求出。当产品成批生产时，应考虑各质量特性偏离目标值的偏差平方的平均值，即方差 σ^2。这时的质量损失函数（又称质量水平）为

$$L(y) = K\sigma^2$$

2）安全系数。如果将质量特性偏离目标值而使产品丧失功能时的功能界限用 Δ_0 表示，质量损失为 A_0，则根据质量损失函数公式可得

$$A_0 = K\Delta_0^2, \quad K = \frac{A_0}{\Delta_0^2}$$

工厂制订产品技术规格时，不能按功能界限考虑，而应该更严格些，采用一定的安全系数。设产品技术规格要求的容差为 Δ，超出技术规格时工厂的损失为 A，则根据质量损失函数公式可得

$$A = K\Delta^2 = \frac{A_0}{\Delta_0^2}\Delta^2$$

$$\Delta = \sqrt{\frac{A}{A_0}}\Delta_0 = \frac{\Delta_0}{\Phi}$$

式中，$\Phi = \sqrt{\dfrac{A_0}{A}}$，称为安全系数。

安全系数是质量工程中的一个重要概念，采用安全系数，可以合理地确定与评价工程中多层次的容差，包括原因特性容差、各工序容差及老化特性容差等。

3）信噪比。为了对质量进行评价，需要对质量特性值的波动进行分析研究。在各种设计、工艺和试验条件下，若有若干个质量特性值，设其与目标值之差分别为 y_1，y_2，…，y_n。在质量工程中经常运用的评价指标有

$$全波动\ S_T = y_1^2 + y_2^2 + \cdots + y_n^2$$

$$一般平均波动\ S_m = \frac{y_1^2 + y_2^2 + \cdots + y_n^2}{n}$$

$$误差波动\ S_e = S_T - S_m$$

$$误差方差\ V_e = \frac{S_e}{n-1}$$

$$信噪比\ \eta = \frac{\frac{1}{n}(S_m - S_e)}{V_e}$$

$$灵敏度\ S = \frac{1}{n}(S_e - V_e)$$

其中信噪比是质量工程中用得较为广泛的质量评价指标。

由于质量特性的类型不同，信噪比的表达公式也有所不同。产品或系统的质量特性可分为静态特性和动态特性。静态特性包括望目、望小和望大特性。

望目特性是有预定目标值的特性，希望质量特性值趋向目标值。为了避免计算中出现过大的数值，往往要对信噪比取常用对数的 10 倍来使用，即

$$\eta = 10\ \lg \frac{\frac{1}{n}(S_m - S_e)}{V_e}\ (\text{dB})$$

望小特性是不去负值，希望越小越好的特性。设望小特性值与目标值零的偏差为 y_1，y_2，…，y_n，则其方差 σ^2 为

$$\sigma^2 = (y_1^2 + y_2^2 + \cdots + y_n^2)$$

望小特性的信噪比为

$$\eta = 10\ \lg \frac{1}{\sigma^2} = -10\ \lg\sigma^2$$

望大特性是不取负值，希望越大越好的特性。对于望大特性 y，如取其倒数，就可以和望小特性同样处理。这时，方差 σ^2 为

$$\sigma^2 = \frac{1}{n}\left(\frac{1}{y_1^2} + \frac{1}{y_2^2} + \cdots + \frac{1}{y_n^2} \right)$$

望大特性的信噪比为

$$\eta = -10\ \lg\sigma^2 = -10\ \lg \frac{1}{n} \sum_{i=1}^{n} \frac{1}{y_i^2}$$

（2）三次设计

三次设计又称三阶段设计，即系统设计、参数设计和容差设计。三次设计可应用于产品的开发设计，也可应用于各种工艺参数的优化、测试系统的最优设计、材料配方和材料

工艺等各个方面。

① 系统设计

根据产品规划所要求的功能，利用专业知识和技术，对该产品的整个系统结构和功能进行设计，称为系统设计。系统设计又叫功能设计或一次设计。

进行系统设计时，往往提出具有相同功能的各种系统方案，这就需要将有关人员集中在一起，对规划阶段确定的功能、成本、寿命等各个项目的优劣，进行方案论证，交换意见，然后作出选择。当产品因丧失功能会给社会造成重大损失时，系统设计的内容还应考虑是否要进行安全设计。

对于复杂的系统产品，当总体设计方案确定后，就要进行分系统设计，零部件设计、原材料的研制等。其中任一阶段都有系统设计、参数设计和容差设计的问题。

② 参数设计

在系统设计之后，就要进行参数设计，故也称参数设计为二次设计。参数设计是要确定系统中有关的参数值及其最优组合，以提高质量和降低成本。通过参数设计，使系统的参数值合理搭配，从而有可能用廉价的元器件制造出性能良好的整机，或放宽系统中有关数值的容差，从而达到系统输出特性值的稳定。

三次设计的重点是参数设计，参数设计的重点是稳定性设计。

设系统的质量特性值为 y，y 的目标值为 $y_0 = m$，其影响因素为 A，B，$\cdots$，L。一般优化设计的任务是寻找一组最优解 A_0，B_0，$\cdots$，L_0（参数可取的值或水平），使得

$$y_0 = f(A_0，B_0，\cdots，L_0) = m（或 \to m）$$

稳定性设计的目的不是着眼于找出满足约束条件的最优解 A_0，B_0，$\cdots$，L_0，或求出目标函数值 y_0，而是使系统输出特性 y 的波动尽可能小，稳定性好，抗干扰能力强。

由于影响系统输出特性值 y 的各种参数值是有误差或有波动的，因而 y 值也是有波动的。设各参数值的误差或波动 ΔA，ΔB，$\cdots$，ΔL，这时，$y = f(A_0 \pm \Delta A，B_0 \pm \Delta B，\cdots，L_0 \pm \Delta L)$ 将偏离理想的目标值 m。因此，要考虑 $y = f(A_0 \pm \Delta A，B_0 \pm \Delta B，\cdots，L_0 \pm \Delta L)$ 与目标值 m 的接近程度。误差因素水平的不同，y 取值也不同。也就是说，y 有可能取值 y_1，y_2，$\cdots$，y_n。若不同的 y 值都接近目标值并在允许范围内，则稳定性才是好的。

衡量稳定性好坏的指标，常用的是信噪比或方差。采用稳定性设计，可使产品或部件中参数搭配合理，即使元件和零件的性能波动较大，也能保证整机性能的优良与稳定。这就是说，可以利用价廉的元器件制造出性能优良的整机，从而有利于降低成本、保证质量和参与市场竞争。

作为稳定性优化设计的参数设计，田口成功地运用了内正交表和外正交表相结合的方法进行试验或计算（对于系统中质量特性和各参数之间已建立函数关系式的可进行计算），并以信噪比作为质量评价指标，以寻求稳定性最优的参数组合。

采用这种方法需要对影响输出特性的因素进行分类，按其在系统中所起的作用分为 4 类：可控因素、标示因素、信号因素和误差因素。可控因素是因素的各水平能

加以控制的因素；标示因素是与环境条件和使用条件有关的因素，可以了解因素的水平，但不能加以选择和控制；信号因素是动态特性中输出变量因素；误差因素是除上述因素以外的因素，是对产品质量特性有影响的所有内、外干扰因素。经这样分类后，在内正交表上安排可控因素和标示因素，而在外正交表上安排信号因素和误差因素。

　　稳定性设计首先考虑的是改善系统的信噪比，使系统输出的波动减小到最低程度，然后在目标给定时将特性值调整到目标值。按照这种思想，试验或计算出可控因素对信噪比和灵敏度 S 的效应，选择对信噪比有影响的因素，取其最优水平组合以达到系统的稳定性。然后选用一个对信噪比影响小，而对灵敏度 S 影响大的因素作为调整因素，调整系统的输出值使之达到或接近于目标值。

　　稳定性设计方法也称为参数设计的二阶段设计法。

　　③ 容差设计

　　通过参数设计确定了系统各参数值之后，就要进行容差设计，以进一步确定有关参数容许波动的范围。

　　容差设计不仅要考察系统本身各参数对目标特性值的影响，还应考虑环境条件和时间效应诸因素对目标特性值的影响。同时，进一步分析系统中各因素的波动对输出特性值波动的影响程度，并利用贡献率作为因素效应的定量评价指标。对于影响大的因素，可以规定较狭小的允许波动范围，并可用波动幅度小的一级品或二级品代替三级品。虽然采用质量等级高的元件或部件，能将波动幅度控制在较狭小的范围内，但会引起成本的上升。因此，要从质量、成本、市场等来综合考虑，合理决定各因素的参数值容差的大小及所采用的零件、元件和材料等的质量等级的高低。